普通高等教育"十四五"规划教材

国产卡伦特CAD教程

陶冶 丁乔 张瑞秋 主编

中国农业大学出版社
·北京·

内 容 简 介

本书首次以教材的形式，系统地介绍国产软件——卡伦特 CAD 的使用。全书分为 11 章，主要内容包括认识卡伦特 CAD、设置绘图环境、绘图功能、编辑功能、图层与对象特性、精确绘图、文字与表格、尺寸标注、块、布局与图纸打印输出、共享卡伦特 CAD 数据与协同设计。

本书结构清晰，语言简练，结合机械、建筑、电子等许多实例编写，由浅入深，循序渐进，突出了实用性和先进性。部分章节配有思考题和典型绘图操作练习题。

本书配有多媒体教学课件，部分实例操作教学视频可供学习者随时扫码学习。

本书既可作为高等学校相关专业的教材，也可作为计算机绘图技术研究与应用人员的参考书。

图书在版编目(CIP)数据

国产卡伦特 CAD 教程 / 陶冶，丁乔，张瑞秋主编. -- 北京：中国农业大学出版社，2025. 6. -- ISBN 978-7-5655-3449-2

Ⅰ. TP391.72

中国国家版本馆 CIP 数据核字第 2025DN5272 号

书　　名　国产卡伦特 CAD 教程
Guochan Kalunte CAD Jiaocheng

作　　者　陶　冶　丁　乔　张瑞秋　主编

策划编辑　司建新　赵　艳　　**责任编辑**　赵　艳　刘艳平
封面设计　李尘工作室
出版发行　中国农业大学出版社
社　　址　北京市海淀区圆明园西路 2 号　　**邮政编码**　100193
电　　话　发行部 010-62733489，1190　　读者服务部 010-62732336
编辑部 010-62732617，2618　　出　版　部 010-62733440
网　　址　http://www.caupress.cn　　**E-mail** cbsszs@cau.edu.cn
经　　销　新华书店
印　　刷　河北朗祥印刷有限公司
版　　次　2025 年 6 月第 1 版　　2025 年 6 月第 1 次印刷
规　　格　185 mm×260 mm　　16 开本　　15.75 印张　　388 千字
定　　价　56.00 元

编审人员

主　编

陶　冶　南京航空航天大学金城学院

丁　乔　北京石油化工学院

张瑞秋　华南理工大学

副主编

杨　谆　北京建筑大学

黄　娟　江苏大学

王　梅　广东工业大学

参　编

方　军　江西科技师范大学

孙金余　集美大学

林新英　闽南理工学院

宋永林　厦门卡伦特科技有限公司

段　念　华侨大学

李茂盛　北京石油化工学院

刘晓然　北京建筑大学

郑　华　福建师范大学

吴明忠　华侨大学

颜佳佳　厦门大学

主　审

王建华　北京工业大学

前 言

计算机绘图是工科学生必须掌握的一门重要技能,它被广泛应用在机械、建筑、电子、航天、造船、石油化工、土木工程、冶金、农业、气象、纺织、家具制造及所有涉及工程的领域。近20年来,关于计算机绘图的教材已屡见不鲜,但所引用的软件几乎都是围绕国外的CAD软件来讲解如何使用和实现计算机绘图。本书是以国产CAD为对象,全面介绍如何利用卡伦特CAD绘制工程图的教材。卡伦特CAD是中国领先的自主可控云原生国产CAD软件,作为一款工程设计软件,它为工程设计人员提供了完善的二维工程设计与绘图功能,兼具机械、电气、建筑、教育特色设计功能,软件界面简洁易懂,上手时间短,能够让工程师快速高效地完成二维图形制作、设计资源共享、设计成果管理。

党的二十大报告指出:"必须坚持科技是第一生产力、人才是第一资源、创新是第一动力,深入实施科教兴国战略、人才强国战略、创新驱动发展战略,开辟发展新领域新赛道,不断塑造发展新动能新优势。"我们在本教材的编写过程中注重学生实践能力的培养,努力使理论与应用有机地结合起来。我们致力于培养学生的大国工匠精神、合作精神;提高学生的组织能力、沟通能力和创新能力,在内容的编排上,尽量覆盖所有的知识点,内容由浅入深,循序渐进,文字简洁,通俗易懂,结构紧凑,图文并茂,突出实用性和先进性。本书首先让读者认识并熟悉卡伦特CAD,结合机械、建筑、电子等许多绘图案例让读者充分了解并掌握卡伦特CAD的使用方法,并在部分章节的最后布置习题,让读者通过练习达到灵活运用软件的目的。

本书内容编排具有以下特点:

(1)从零开始。读者在没有任何计算机绘图的基础时,也能通过本书达到入门、了解、掌握,从而实现从新手迈入高手的行列。

(2)可读性。全书内容精心选取、编排,许多例题贴近工程实际,突出重点、分散难点,帮助读者理解所学内容,达到触类旁通的目的。

(3)适用范围广。本书可为机械类、土建类、电子类等专业的学生的学习和相关设计提供帮助。

(4)视频教程和课件助力教学。本书配备的视频教程与书中知识紧密结合、相互补充,可以帮助读者感受实际工作环境,掌握绘图所需的知识和技能，学以致用。同时配有教学课件，方便教师的教学。

本书共 11 章，其中陶冶、宋永林编写第 1 章，丁乔编写第 2 章，段念和吴明忠编写第 3 章，张瑞秋和颜佳佳编写第 4 章，黄娟和杨谆编写第 5 章，王梅、杨谆和刘晓然编写第 6 章，方军编写第 7 章，孙金余编写第 8 章，杨谆、刘晓然和郑华编写第 9 章，林新英编写第 10 章，宋永林编写第 11 章。

与本教材配套的视频资源由以下编者制作：陶冶制作第 1 章，李茂盛制作第 2 章，吴明忠制作第 3 章，张瑞秋和颜佳佳制作第 4 章，黄娟制作第 5 章，王梅制作第 6 章，方军制作第 7 章，孙金余制作第 8 章，刘晓然制作第 9 章，林新英制作第 10 章，宋永林制作第 11 章。

与本教材配套的教学课件由以下编者制作：陶冶制作第 1 章，李茂盛制作第 2 章，吴明忠制作第 3 章，张瑞秋和颜佳佳制作第 4 章，黄娟制作第 5 章，王梅制作第 6 章，方军制作第 7 章，孙金余制作第 8 章，郑华和杨谆制作第 9 章，林新英制作第 10 章，宋永林制作第 11 章。本教材教学课件仅对教师开放，如有需要请联系中国农业大学出版社。

本教材全部教学资源（含示例、视频、课件）均基于卡伦特在线 CAD V2025R1 版本开发，确保内容与软件功能、界面布局及操作流程一致。

全书由陶冶、丁乔、张瑞秋担任主编并统稿，中国农业大学出版社为本书提供了许多宝贵的建议。感谢其他关心和帮助本书出版的人员。

由于编者水平有限，编写时间仓促，书中难免存在疏漏，欢迎读者指正。

编　者

2025 年 1 月

目 录

第 1 章　认识卡伦特 CAD

卡伦特 CAD 是中国领先的自主可控的云原生国产 CAD 软件，由厦门卡伦特科技有限公司开发，它拥有众多的企业与高校用户，多年来积累了许多设计数据资源。该软件采用全云架构，通过云计算、协同技术以及人工智能（AI）等技术，赋予产品在线设计、在线实时协作、图档数据管理等能力，为机械（机床 / 汽车 / 飞机 / 航天器等）、电气、建筑、教育等行业用户提供 CAD 设计与管理的完善的解决方案，其灵活的授权体系与低耗高效的软件性能，有效降低了 CAD 使用的人力及软硬件综合成本，被全国大量设计工程师所采用。作为一款工程设计软件，它为工程设计人员提供了完善的二维工程设计与绘图功能，兼具机械、电气、建筑、教育特色设计功能，软件界面简洁易懂，上手时间短，能够让设计师快速高效地完成二维图形制作、设计资源共享、设计成果管理。

卡伦特 CAD 开创了在云端进行协同绘图和设计的新纪元，设计人员无须安装任何软件及插件，使用主流浏览器，即连即用；设计师在线设计，图纸云端实时存储，无须担心数据丢失；图纸分级权限管控，安全可靠。如今，卡伦特 CAD 经过了 10 年打磨及版本升级，已经成为一款功能完善的计算机辅助设计通用软件，广泛应用于机械、电气、建筑、教育等行业，形成了庞大的用户群体，拥有大量的设计资源，受到中国各地众多工程设计人员的青睐，完美地实现了 CAD 国产化替代。

本章将引导读者初步认识卡伦特 CAD，主要介绍以下内容：

◎ 卡伦特 CAD 的功能
◎ 启动卡伦特 CAD
◎ 卡伦特 CAD 的工作界面和作用
◎ 使用卡伦特 CAD 的命令
◎ 新建卡伦特 CAD 图形文件
◎ 打开卡伦特 CAD 图形文件
◎ 绘制简单的图形和保存文件
◎ 撤回和重做
◎ 几何关系
◎ 查看卡伦特 CAD 的技术支持视频

本章操作示范，请参阅数字资源 1-1。

数字资源 1-1

1.1　卡伦特 CAD 的功能

卡伦特 CAD 是一款辅助设计软件，满足通用设计和绘图的要求，提供了各种标准接口，可以和其他设计软件共享设计成果，并能十分方便地进行图形文件管理。卡伦特 CAD 提供了如下主要功能。

1. 基本绘图功能

- 提供绘制各种二维图形的工具，并可以根据所绘制的图形进行测量和标注尺寸。

- 具备对图形进行修改、删除、移动、旋转、复制、偏移、修剪、圆角等多种强大的编辑功能。
- 具备缩放、平移等动态观察功能，并具有透视、投影、轴测、着色等多种图形显示方式。
- 提供栅格、正交、极轴、对象捕捉及追踪等多种辅助工具，保证精确绘图。
- 提供图块及属性等功能，极大提高绘图效率。
- 使用图层管理器管理不同专业和类型的图线，可以根据颜色、线型、线宽分类管理图线，并可以方便地控制图线的显示或打印。
- 可对指定的图形区域进行图案填充。
- 提供在图形中书写、编辑文字的功能，提供插入、编辑表格的功能。

2. 辅助设计功能

卡伦特 CAD 软件不仅具备绘图功能，它还提供了许多有助于工程设计和计算的功能。

- 可以查询图形的长度、面积、体积等特性。
- 可以进行图纸对比，高亮显示图纸不同之处，且列出每条不同之处的具体信息。
- 可以进行在线协同设计，支持多名设计师同时在一张图纸上完成设计。
- 可以在线对图纸进行评论、批注，提高设计沟通效率。
- 提供图纸集功能，可方便地管理设计图纸，进行批量打印等。
- 提供多种软件的接口，可方便地将设计数据和图形在多个软件中共享，进一步发挥各个软件的特点和优势。

3. 开发定制功能

针对不同专业的用户需求，卡伦特 CAD 提供强大的软件开发工具包 SDK，让用户能定制和开发适用于本专业设计特点的功能。

4. 组织管理功能

系统管理员可在系统的右上角打开公司设置界面，在该界面下，系统管理员可以看到组织内的所有用户信息，并且可以调整用户的信息、给用户分配权限、停用或注销账号等。除此之外，系统管理员还可以在该界面对组织下的部门信息进行新建、修改、删除等操作，如图 1-1 所示。

图 1-1　卡伦特 CAD 公司设置界面

1.2　启动卡伦特 CAD

首先打开浏览器，在网址栏中输入卡伦特 CAD 网址：www.currentcad.com（注：推荐使用最新版本的谷歌浏览器、Edge 浏览器），即可进入卡伦特 CAD 网站首页，如图 1-2 所示，单击右上角开始使用即可进入登录界面。

图 1-2　卡伦特 CAD 网站首页

在登录界面，如图 1-3 所示，若已有账号则输入账号和密码登录，若还没有账号可单击下方的注册按钮，注册属于自己的卡伦特 CAD 账号。

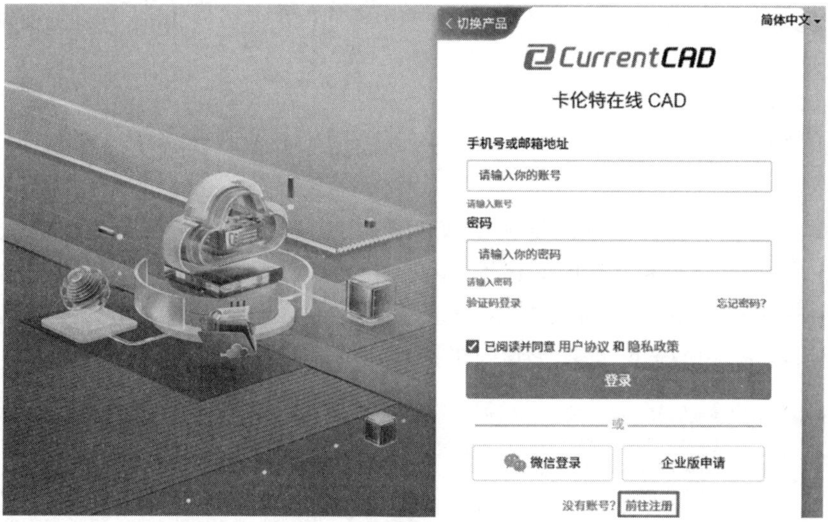

图 1-3　卡伦特 CAD 登录页

1.3　卡伦特 CAD 的工作界面和作用

打开卡伦特 CAD，直接进入绘图的工作界面，该界面显示了二维绘图特有的工具，如图 1-4 所示。

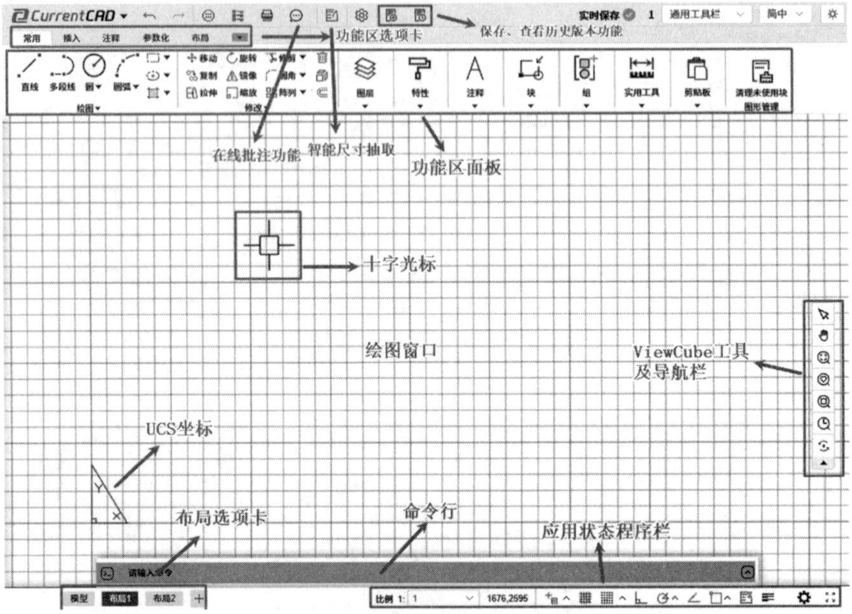

图 1-4　卡伦特 CAD 绘图界面

卡伦特 CAD 的工作界面包含如下几个部分。

1. 标题栏

在界面最上面的位置是文件的标题栏，最左边显示软件的名称和中间靠右的位置则显示了当前打开的文件名称，最右侧是【工具栏视效切换】【语言切换】和【日间 / 夜间模式切换】按钮。

2. 功能区面板

功能区由许多面板组成。它为与当前工作空间相关的命令提供了一个单一、简洁的放置区域。

功能区面板包含了设计绘图的绝大多数命令，用户只要单击面板上的按钮就可以激活相应命令。切换功能区选项卡上不同的标签，卡伦特 CAD 显示不同的面板。

功能区面板可以水平显示、垂直显示，也可以将功能区面板设置显示为浮动选项板。创建或打开图形时，在默认情况下，在图形窗口的顶部将显示水平的功能区面板，如图 1-5 所示。

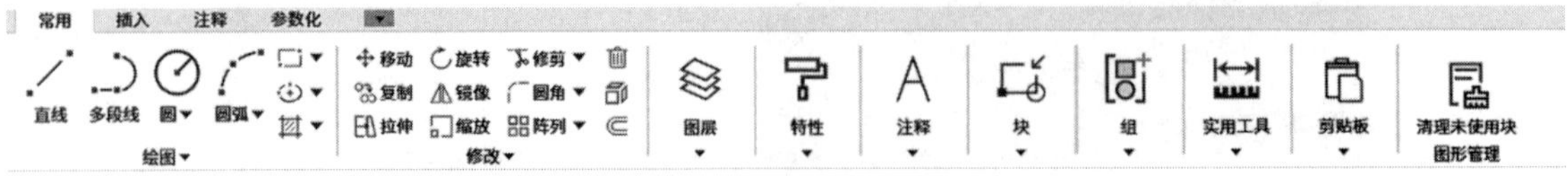

图 1-5　功能区面板

3. 绘图窗口

软件窗口中最大的区域为绘图窗口。它是图形观察器，类似于照相机的取景器，从中可以直观地看到设计的效果。绘图窗口是绘图、编辑对象的工作区域，绘图区域可以随意扩展，在屏幕上显示的可能是图形的一部分或全部区域，用户可以通过缩放、平移等命令来控制图形的显示。

在绘图区域移动鼠标会看到一个十字光标在移动，这就是图形光标。绘制图形时图形光标显示为中间有个框的十字形“-⌖-”，拾取编辑对象时图形光标显示为拾取框“□”。

绘图窗口左下角是卡伦特 CAD 的直角坐标系显示标志，用于指示图形设计的平面。窗口底部有一个模型标签和一个以上的布局标签，在卡伦特 CAD 中有两个工作空间，即模型代表模型空间和布局代表图纸空间，单击标签可在这两个空间中切换。

绘图窗口是用户在设计和绘图时最为关注的区域，因为所有的图形都在这里显示，所以要尽可能保证绘图窗口大一些。利用全屏显示命令，可以扩大绘图窗口。单击应用程序状态栏右下角全屏显示按钮“⛶”或使用快捷键“Ctrl+0”，激活全屏显示命令，卡伦特 CAD 图形界面显示如图 1-6 所示。再次单击全屏显示按钮或使用快捷键“Ctrl+0”，恢复原来界面设置。

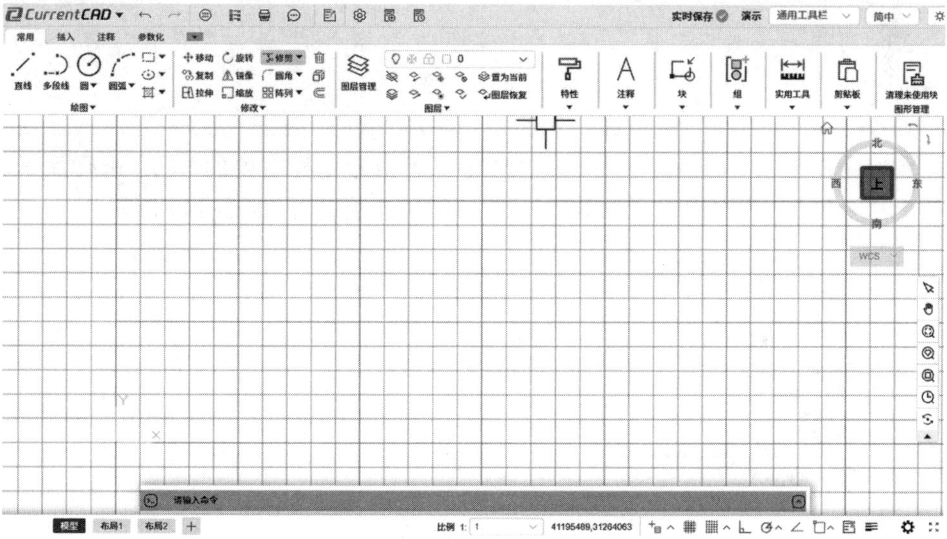

图 1-6　全屏显示的图形界面

4. 命令行

在图形窗口下面是一个输入命令和反馈命令参数提示的区域，称为命令行或命令窗口，默认设置显示一行命令，如图 1-7 所示。

图 1-7　命令行

卡伦特 CAD 里所有的命令都可以在命令行实现，比如需要画直线，单击功能区【常用】标签 |【绘图】面板 |【直线】按钮“⟋”可以激活画直线命令，直接在命令行输入“LINE”或者直线命令的简化命令“L”，一样可以激活，如图 1-8 所示。

图 1-8 正在执行命令的命令行

命令行本身很重要,它除了可以激活命令外,还是卡伦特 CAD 软件中最重要的人机交互的地方。也就是说,输入命令后,命令行会提示用户一步一步进行选项的设定和参数的输入,而且在命令行中还可以修改系统变量,所有的操作过程都会记录在命令行中。

当命令执行后,命令行总是给出下一步要如何做的提示,如图 1-8 所示,直线命令激活后,卡伦特 CAD 提示“LINE 指定第一个点:”,因而,这个窗口也被称为“命令提示窗口”。

命令行的显示行数可以调节,将光标移至命令行和绘图窗口的分界线时,光标会变为“↕”,这时拖动光标可以调节命令行的显示行数。

提示

在今后的学习或者应用当中,当使用一个并不熟悉的命令时,一定要注意看命令窗口的提示,根据提示逐步执行命令操作,就可以得出正确的结果。初学者往往容易犯这样一个错误:激活命令后,就用鼠标在绘图区域盲目单击,然后抱怨得不出想要的结果。殊不知并非每个命令激活后的第一件事都是获取坐标,或许是需要输入参数,这时在绘图区域盲目单击,卡伦特 CAD 是不会有任何响应的。

如果想查看命令行中已经运行过的命令,可以单击命令栏右侧的“⌃”进行展示,卡伦特 CAD 将弹出命令窗口,其中记录了命令运行的过程和参数设置,如图 1-9 所示。

图 1-9 命令行

5. 应用程序状态栏

命令行下面有一个反映操作状态的应用程序状态栏,如图 1-10 所示。

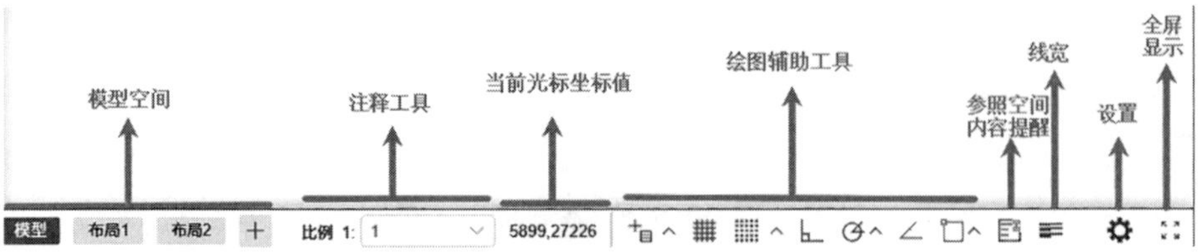

图 1-10 应用程序状态栏

中间的数字显示为当前光标的 XY 坐标值;模型空间用来控制当前图形设计是在模型空间中进行的还是在布局空间中进行的;绘图辅助工具用来帮助快速、精确地作图;注释工具可以显示注释比例及可见性；工作空间菜单方便用户切换不同的工作空间；隔离对象和控制对象在当前图形上显示与否。

1.4　使用卡伦特 CAD 的命令

在卡伦特 CAD 中，所有的操作都使用命令，可以通过命令来告诉卡伦特 CAD 要进行什么操作，卡伦特 CAD 将对命令做出响应，并在命令行中显示执行状态或给出执行命令需要进一步选择的选项。

1. 卡伦特 CAD 命令的激活方式

在卡伦特 CAD 中，命令有多种方式激活。

- 在功能区的面板上单击相应的命令按钮。
- 在命令行中直接键入命令。

在这些激活方式中，使用功能区面板和快捷菜单对于初学者来说既容易又直观。其实在命令行直接键入命令是最基本的输入方式，也是最快捷的输入方式。无论使用何种方式激活命令，在命令行都会有命令出现，实际上无论使用哪种方式，都等同于从键盘键入命令。

提示

很多熟练的卡伦特 CAD 用户可以不用工具面板和菜单，直接在命令行中键入命令。大多数常用的命令都有一个 1~2 字符的简化命令（命令别名），只要熟记一些常用的简化命令，对命令行的掌握便会得心应手。单击位于最上方左侧的快捷键按钮㊂，用户可以在打开的快捷键设置面板中自己定制简化命令。

2. 如何响应卡伦特 CAD 命令

在激活命令后，都需要给出坐标或参数，例如需要输入坐标值、选取对象、选择命令选项等，要求用户做出回应来完成命令，这时可以通过键盘、鼠标或者右键快捷菜单来响应。

卡伦特 CAD 的动态输入工具，使得响应命令变得更加直接。在绘制图形时，动态输入可以不断给出几何关系及命令参数的提示，以便用户在设计中获得更多的设计信息，使得界面变得更加友好。

(1) 在给出命令后，屏幕上出现动态跟随的提示小窗口，可以在小窗口中直接输入数值或参数，动态指针输入会在光标落在绘图区域时不断提示光标位置的坐标，如图 1-11 所示。

(2) 在动态输入的同时，在命令行同时出现提示，需要输入坐标或参数。在提示输入坐标时，一般情况下，可以直接用键盘输入坐标值，也可以用鼠标在绘图窗口拾取一个点，这个点的坐标便是用户的响应坐标值。

(3) 在提示选取对象时，可以直接用鼠标在绘图窗口选取。

(4) 在有命令选项需要选取时，可以直接用键盘响应，提示文字后方括号“[　]”内的内容便是命令选项。图 1-12 所示为画圆的命令执行后给出的提示。

CIRCLE　指定圆的圆心或[三点(3p)　两点(2p)　切点、切点、半径(T)]

对所需的选择项，用键盘输入其文字后面括号中的字母来响应，然后按 Enter 键或空格键来确认。此时若想选择三点画圆的方式，则直接在键盘上输入“3p”，然后按 Enter 键即可。

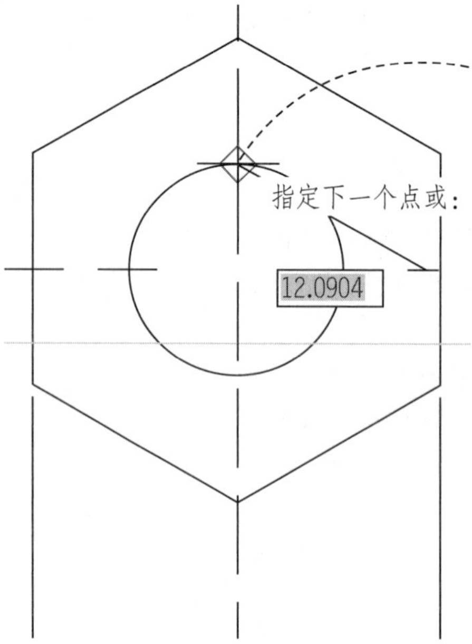

图 1-11　动态输入

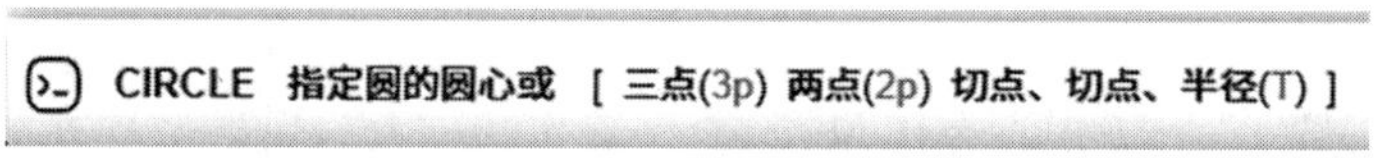

图 1-12　命令行的命令选项

提示

在卡伦特 CAD 中除书写文字外，空格键与 Enter 键等效。

使用卡伦特 CAD 的命令还需注意以下几点。

- 如果要中止命令的执行，一般可以按键盘左上角的 Esc 键，有时需要多按几次才能完全从某个命令中退出来。
- 如果要重复执行刚执行过的命令，按 Enter 键或空格键均可。

1.5　新建卡伦特 CAD 图形文件

在卡伦特 CAD 中新建图形文件的方法如下。

- 登录系统后，单击左侧导航栏的【我的项目】，再单击选择创建类型。【创建通用项目】与【创建建筑项目】过程相同，这里以【创建通用项目】为例。
- 点击选择【创建通用项目】，如图 1-13 所示。

图 1-13　创建通用项目

出现【新建项目】弹窗，输入项目名称，单击【确认】按钮，即可完成通用项目的创建。

- 单击新建的通用项目后，进入的界面如图 1-14 所示。

图 1-14　通用项目页面

- 单击【创建图纸】，如图 1-15 所示。

图 1-15　创建图纸

• 出现【新建图纸】弹窗，如图 1-16 所示。输入图纸名称，并选择图纸模板后，单击【确定】按钮，即可完成图纸的创建。

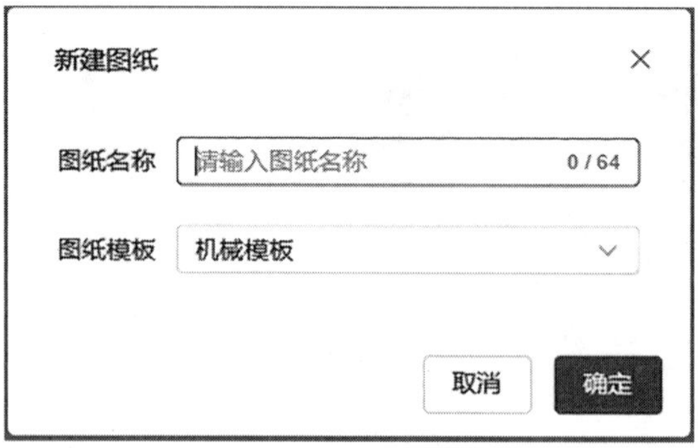

图 1-16　新建图纸

1.6　打开卡伦特 CAD 图形文件

在卡伦特 CAD 中打开图形的方法如下。

• 首先打开浏览器，输入卡伦特 CAD 网址，登录账号，详见本章 1.2 节。

• 上一节已经在我的项目中成功创建了图形文件，现在单击左上角处【我的项目】，然后找到之前创建的项目，单击它。

• 进到项目文件夹后即可看到之前创建的图形文件，单击即可进入到图形编辑页面，如图 1-6 所示。

如果要同时浏览多个文件，还可以利用卡伦特 CAD 的多文档工作环境，一次同时打开多个图形文件，在文件选项卡中选择文件。在多文档之间还可以相互复制图形对象，但只能在一个文档上工作。

提示

也可以使用快捷键“Ctrl+Tab”在已经打开的图形文件间切换。

1.7　绘制简单的图形和保存文件

1. 绘制简单的图形

在卡伦特 CAD 中将所有的图形元素称为“对象”，一张工程图就是由多个对象构成的。本节将介绍如何绘制简单的直线对象。

绘制直线对象过程如下。

(1) 首先进入预先创建的项目文件夹，单击左上角的【创建图纸】按钮，创建一个新的图形文件。输入图纸名称，并选择默认的“机械模板”直接新建文件。

(2) 单击功能区【常用】标签 |【绘图】面板 |【直线】按钮，此时命令行提示如下。

LINE　指定第一点：

用鼠标在绘图窗口连续单击，画出最简单的形状(如三角形、任意四边形等)，按 Enter 键即可结束命令，如图 1-17 所示。通过类似的方法，用户可以方便地创建简单的图形。

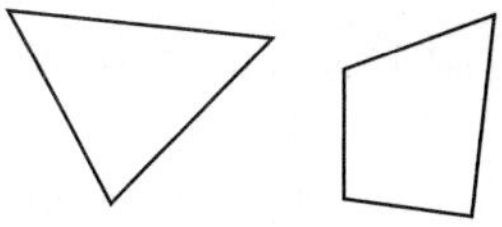

图 1-17　用【直线】命令绘制的三角形和任意四边形

2. 保存文件

卡伦特 CAD 的图纸会实时保存，但如果用户希望把它保存到电脑硬盘中，可以下载文件。调用下载命令的方法如下。

- 单击图形绘制页面左上角的“CurrentCAD ▾”，会弹出选项卡，将鼠标停留在“导出为 >”上，即可选择想下载的格式，如图 1-18 所示。这里以 DWG 格式举例，在选择完导出的格式为 DWG 后，系统将弹出弹窗，如图 1-19 所示。在这里可以更改文件名称，选择版本，一共有 AutoCAD 2000、2004、2007、2010、2016 5 个版本可以选择，在面临桌面端软件比较老旧时，可以选择较早的版本，不易发生图纸不兼容无法打开的情况。最后选择保存路径即可。

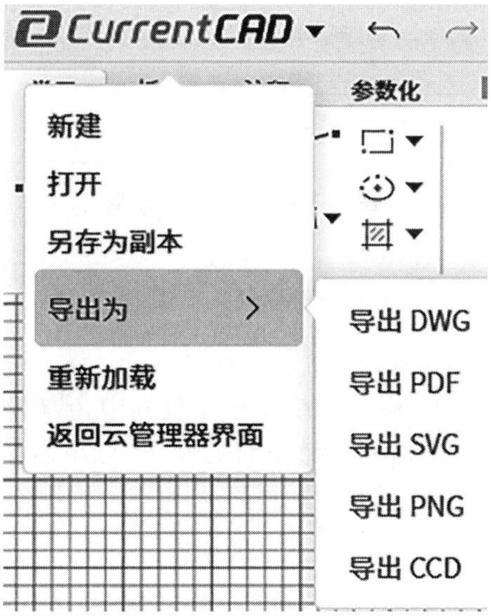

图 1-18　选择下载文件格式

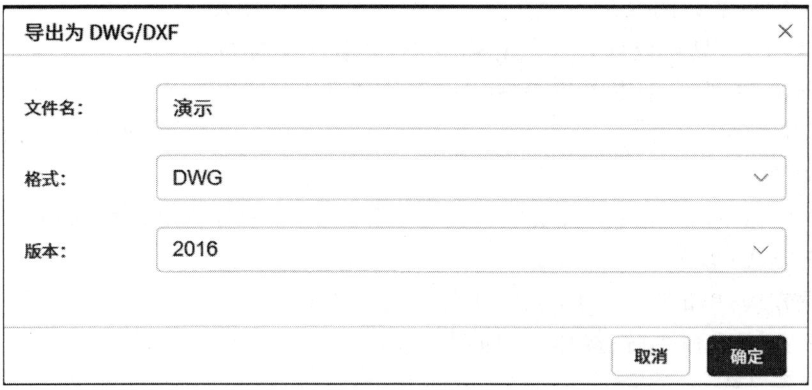

图 1-19　更改文件名称及版本

- 还可以返回到创建文件处，单击图形文件右下角的【…】，选择下方的下载选项也可进行图形文件的下载，如图 1-20 所示。

图 1-20　下载图形文件

1.8　撤回和重做

“撤回”/“重做”命令的用法：用户在绘制操作过程中，若出现绘制失误时，可单击【撤销】按钮，返回上一步操作；若此时又想保留撤销前的操作，可单击【重做】按钮，可将撤销前的操作恢复。调用“撤回”/“重做”命令的方法如下。

顶部工具栏：

1.9　几何关系

几何操作包括常见的几种约束关系，卡伦特 CAD 在默认配置中，将【几何】工具栏设计在参数化命令下，其各个图标按钮的功能如图 1-21 所示。使用相等、平行、垂直等工具，可以快速修正两者的约束关系。

图 1-21　【几何】工具栏

1. 相等约束

“相等约束”命令的用法：使两条直线长度相等。调用“相等约束”命令的方法有以下几种：

- 快捷键方式：输入“XDYS”，单击空格键或 Enter 键。
- 工具栏方式：单击【几何】工具栏中的“==”图标按钮。

调用“相等约束”命令后，操作步骤如下：

请选择一条直线

选择基准直线。

请选择需要被约束的直线

选择需要被约束的直线。

2. 平行约束

"平行约束"命令的用法:使两条直线平行。调用"平行约束"命令的方法有以下几种:

- 快捷键方式:输入"PXYS",单击空格键或 Enter 键。
- 工具栏方式:单击【几何】工具栏中的"⫽"图标按钮。

调用"平行约束"命令后,操作步骤如下:

请选择一条直线

选择基准直线。

请选择需要被约束的直线

选择需要被约束的直线。

3. 垂直约束

"垂直约束"命令的用法:使两条直线垂直。调用【垂直约束】命令的方法有以下几种:

- 快捷键方式:输入"CZYS",单击空格键或 Enter 键。
- 工具栏方式:单击【几何】工具栏中的"⟀"图标按钮。

调用"相等约束"命令后,操作步骤如下:

请选择一条直线

选择基准直线。

请选择需要被约束的直线

选择需要被约束的直线。

1.10 查看卡伦特 CAD 的技术支持视频

在用户今后学习和使用卡伦特 CAD 的过程中,可能会遇到一系列的问题和困难,卡伦特 CAD 提供了高清的技术支持视频,观看这些视频可以帮助用户快速上手并熟练使用卡伦特 CAD。

在卡伦特 CAD 中查看技术支持视频的方法如下。

(1)打开浏览器,输入 www.currentcad.com 后,点击右上角的"技术支持",如图 1-22 所示。

图 1-22 卡伦特 CAD 首页技术支持入口

在技术支持页面，即可看到卡伦特 CAD 不同产品的技术支持视频，单击对应视频即可直接在线查看，如图 1-23 所示。

图 1-23　技术支持视频页面

（2）若已经登录账号，在卡伦特 CAD 的使用界面，如图 1-24 所示，单击右上角的⑦即可进入到如图 1-23 所示的技术支持视频查看页面，单击对应视频即可直接在线查看。

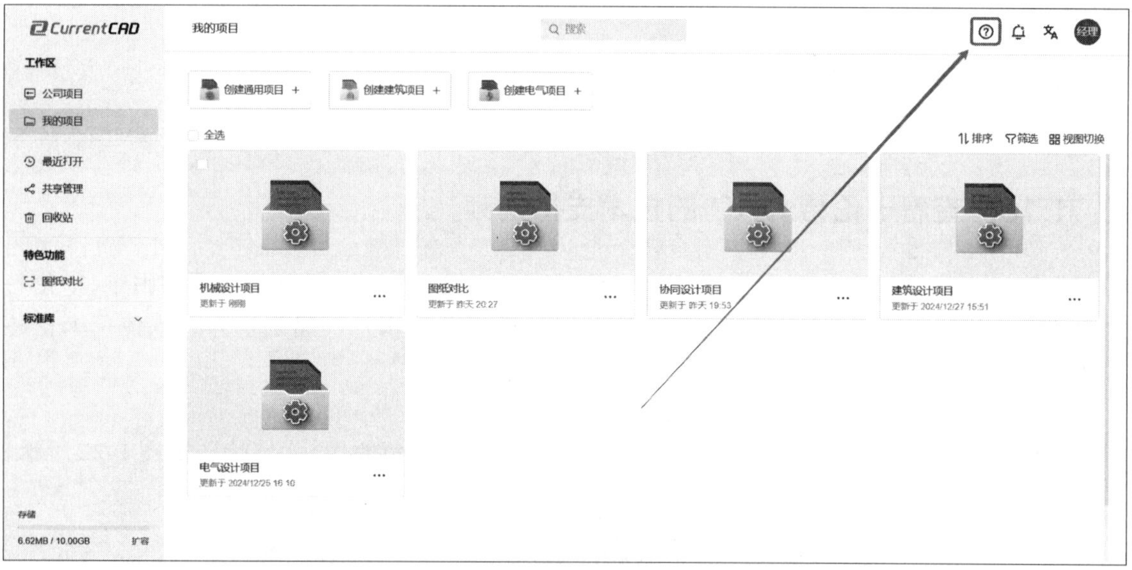

图 1-24　卡伦特 CAD 使用页技术支持入口

第2章 设置绘图环境

在使用卡伦特CAD进行绘图之前，需要对绘图必需的条件进行定义，如图形单位、绘图比例、图形界限、设计样板、布局、图层、图块、标注样式和文字样式等，这个过程称为设置绘图环境。新建图形时采用已设置好绘图环境的图纸保存的样板图，即模板，可以规范设计部门内部的图纸，减少重复性的劳动，提高设计绘图的效率。

本章主要介绍以下内容：

◎ 设置【图形单位】　　◎ 设置【设置】

◎ 设置【快捷设置】　　◎ 显示/隐藏【线宽】

本章操作示范，请参阅数字资源2-1。

数字资源2-1

2.1 设置【图形单位】

图形单位是在绘图中所采用的单位，创建的所有对象都是根据设置的图形单位进行测量的。设置图形单位包括设置绘图时使用的长度单位的格式、角度单位的格式以及它们的精度等。

调用设置图形单位的方法如下：

输入命令“UNITS”或快捷键“UN”。

在执行设置图形单位命令后，会弹出【图形单位】对话框，如图2-1A所示。在该对话框中可分别对长度、角度、插入时的缩放单位及方向进行设置。其中“长度”选项用于确定长度单位的格式及精度；“角度”选项用于确定角度单位的格式、精度以及默认情况下角度的正方向；“插入时的缩放单位”选项可修改插入块对象的单位。下面介绍这些设置的含义。

1. 长度单位

卡伦特CAD提供5种长度单位类型供用户选择，如图2-2B所示。在“长度”选项区域的“类型”下拉列表中可以看到“分数”“工程”“建筑”“科学”“小数”5个列表项。

我国的技术制图中长度尺寸一般采用“小数”格式，单位为毫米(mm)。

在“长度”选项区域的“精度”下拉列表中可以选择长度单位的精度，如图2-2C所示。对于机械设计专业，通常选择“0.00”，精确到小数点后2位。而对于工程类的图纸一般选择“0”，只精确到整数位。

确定了长度的“类型”和“精度”后，卡伦特CAD在状态栏的右下方将按此种类型和精度显示鼠标所在位置的点坐标。

在“插入时的缩放单位”选项区域的“用于缩放插入内容的单位”下拉列表中，可以控制插入到当前图形中的块和图形的测量单位。如果块或图形创建时使用的单位与该选项指定的单位不同，则在插入这些块或图形时，将对其按比例缩放。插入比例是源块或图形使用的单位与目标图形使用的单位之比。如果插入块时不按指定单位缩放，则选择“无单位”。虽然卡伦特CAD的绘图单位本身是无量纲的，但是涉及和其他图形相互引用时，必须指定一个单位，这样在和其他图形相互引用时，卡伦特CAD会自动地在两种图形单位间进行换算。

在“输出样例”区域中会显示用当前单位和角度设置的例子。

图 2-1 【图形单位】对话框

2. 角度单位

对于角度单位，卡伦特CAD同样提供了5种类型，如图2-1D所示，即在“角度”选项区域的“类型”下拉列表中可以看到“百分度”“度/分/秒”“弧度”“勘测单位”“十进制度数”5个列表项。

角度类型一般采用“十进制度数”格式，“精度”通常取0.00。“顺时针”复选框指定角度的测量正方向，卡伦特CAD默认的角度正方向为逆时针方向。

注意：在这里设置的单位精度仅表示测量值的显示精度，并非卡伦特CAD内部计算使用的精度，卡伦特CAD使用了更高精度的运算值以保证精确制图。

3. 方向设置

在【图形单位】对话框底部单击【方向】按钮，弹出【方向控制】对话框，如图 2-2 所示。在对话框中定义起始角(0° 角)的方向，通常将“东”作为 0° 角的方向，也可以选择其他方向(如：北、西、南)或任一角度(选择其他，然后在角度文本框中输入值)作为 0° 角的方向，单击【确定】按钮退出【方向控制】对话框。最后，单击【图形单位】对话框中的【确定】按钮，完成对卡伦特 CAD 绘图单位的修改。

图 2-2 【方向控制】对话框

2.2 设置【快捷设置】

快捷键是较为快捷的一种命令启动方式，在执行这些命令时只需要按下相应的快捷键即可。设计过程中可根据自己的需求设置快捷键，便于提高绘图效率。单击顶部工具栏按钮，会弹出【快捷设置】对话框，在该对话框中有【常规快捷键】和【数字快捷键】两种，如图 2-3 所示，可分别查看和更改【常规快捷键】和【数字快捷键】的设定。【常规快捷键】是命令表达式的缩写，使用这类快捷键时需要配合 Enter 键。例如，“直线”命令的英文缩写为“L”，用户只需按下 L 键后再按 Enter 键，就能执行画线命令。使用【数字快捷键】前，需要先【启用数字快捷键】，然后输入数字即可执行相应的命令。

图 2-3 【快捷设置】对话框

2.3 设置【设置】

在顶部工具栏和底部工具栏上各有一个齿轮图形的【设置】按钮，单击后会弹出同一个对话框。不同的是，顶部的【设置】按钮默认展示【自定义布局】界面，如图 2-4 所示；底部的【设置】

按钮默认展示【常规】界面，如图 2-5 所示。单击鼠标右键也能出现如图 2-4 所示的【自定义布局】界面对话框。【设置】对话框中可分别对常规、线型线宽、绘图、选择集及自定义布局进行设置。

图 2-4　顶部的【设置】对话框

图 2-5　底部的【设置】对话框

2.3.1　常规

【常规】选项包括设置背景色、标注单位、使新标注可关联开关、右键表示 Enter 键开关、应用实体填充开关。

在第一次运行卡伦特 CAD 时，模型空间的绘图区背景颜色是黑色，可根据需要将背景色设置为白色或其他颜色。操作步骤如下：

(1) 在【背景色】选项下拉列表中选择“白色”或其他颜色，如图 2-6 所示。单击【应用】按钮。

(2) 单击【设置】对话框中的【确定】按钮。

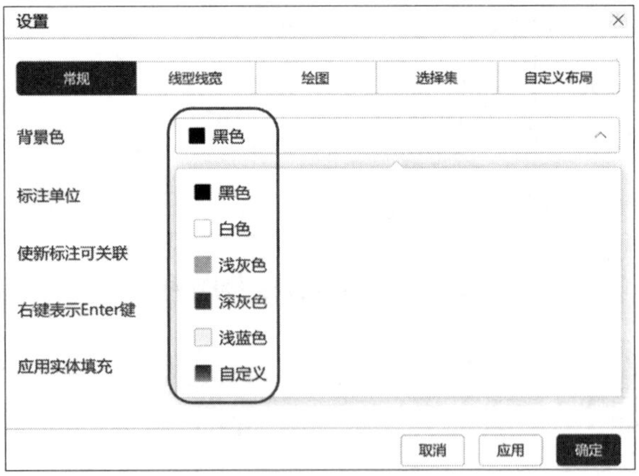

图 2-6　【背景色】选项下拉列表

2.3.2　线型线宽

单击【线型线宽】按钮，弹出【线型线宽】选项对话框，可以设置线宽显示、线宽显示比例、线型比例、线型文件类型，如图2-7所示。

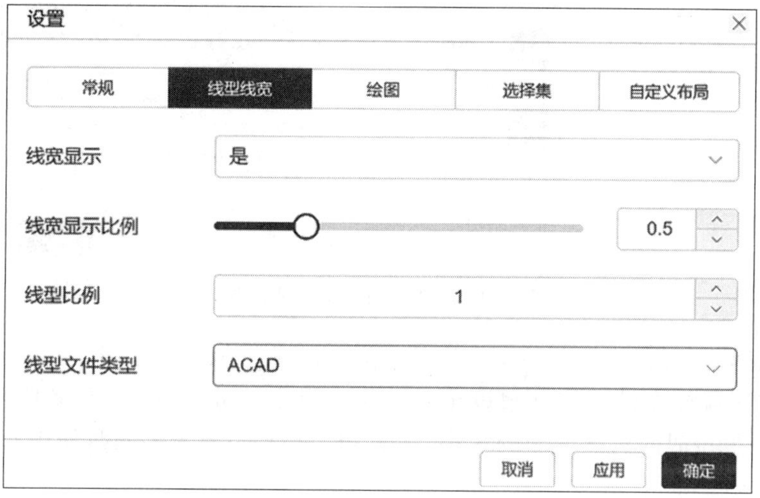

图2-7　【线型线宽】选项对话框

2.3.3　绘图

【绘图】选项对话框可以设置自动捕捉标记大小、靶框大小、反转鼠标滚轮缩放开关，如图2-8所示。可在数值框中输入数值来设定其大小，设定的数值越大，自动捕捉标记、靶框大小也越大。在设定时应选择适当的大小，太大和太小都不便于绘图时使用。

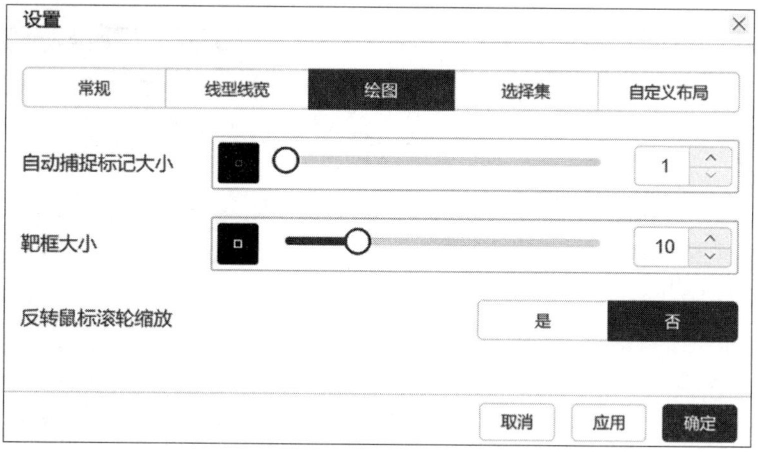

图2-8　【绘图】选项对话框

2.3.4　选择集

【选择集】选项对话框可以设置十字光标大小、拾取框大小、夹点尺寸，如图2-9所示。

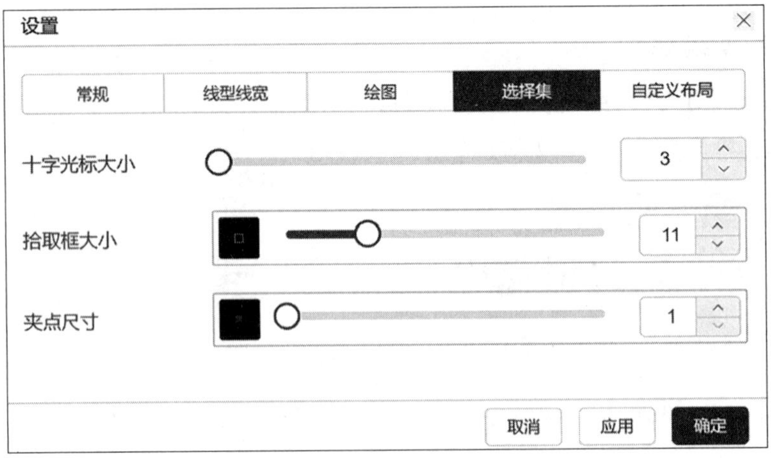

图 2-9 【选择集】选项对话框

可在数值框中输入数值来调整十字光标、拾取框、夹点尺寸的大小,也可将光标箭头放在拖动按钮上,按下鼠标左键并拖动来设定其大小。设定的数值越大,十字光标、拾取框、夹点尺寸也越大。在设定时应选择适当的大小,太大和太小都不便于绘图时使用。

2.3.5 自定义布局

【自定义布局】选项对话框包含左侧边栏按钮(经典模式)、顶部栏按钮、左侧边栏模块、命令栏模块的设置。

(1) 左侧边栏按钮(经典模式) 采用经典模式时,工具栏位于屏幕左侧,为边栏,如图 2-10 所示。其中:

①按钮大小:调节经典模式下左侧边栏按钮大小,如图 2-4 所示。

②图标大小:调节经典模式下左侧边栏图标大小,如图 2-4 所示。

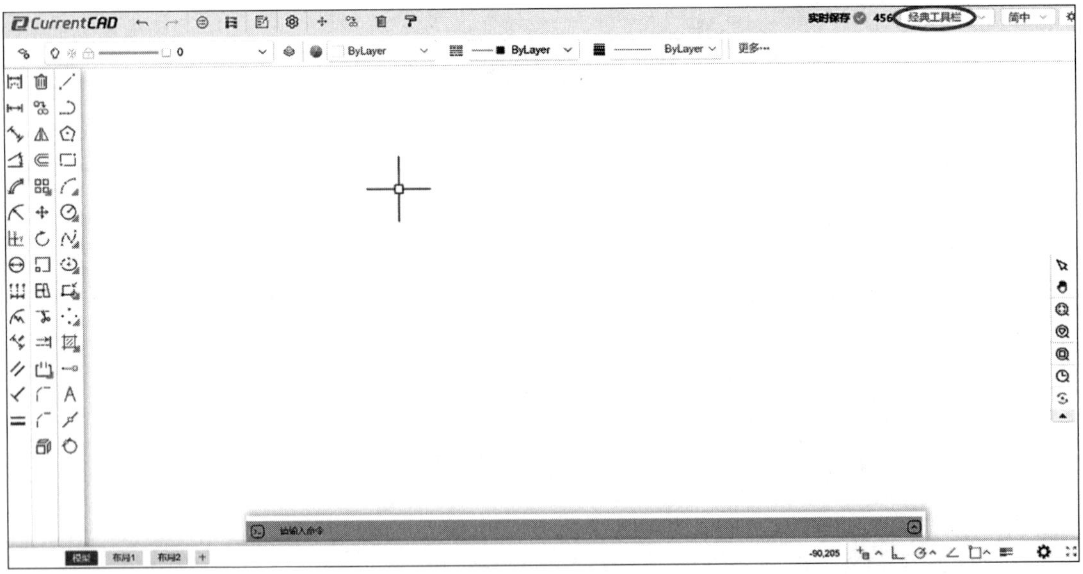

图 2-10 经典模式界面

(2)顶部栏按钮　调节顶部栏按钮的图标大小。

(3)左侧边栏模块　通用模式和经典模式的切换。默认设置是通用模式,如图 2-11 所示。单击“否”“应用”“确定”即可切换到经典模式,如图 2-4 所示。

图 2-11　通用模式界面

(4)命令栏模块　控制底部命令栏的隐藏和显示。默认设置下,命令栏是浮动形式的,用于显示用户输入的命令和卡伦特 CAD 提示信息,如图 2-12 所示。

图 2-12　底部命令栏

2.4　显示/隐藏【线宽】

在底部工具栏上有一个打开或关闭【线宽】显示的按钮☰。当打开时,图形线宽按照实际粗细设置显示效果;当关闭时,所有图形显示为细线效果。

第 3 章　绘图功能

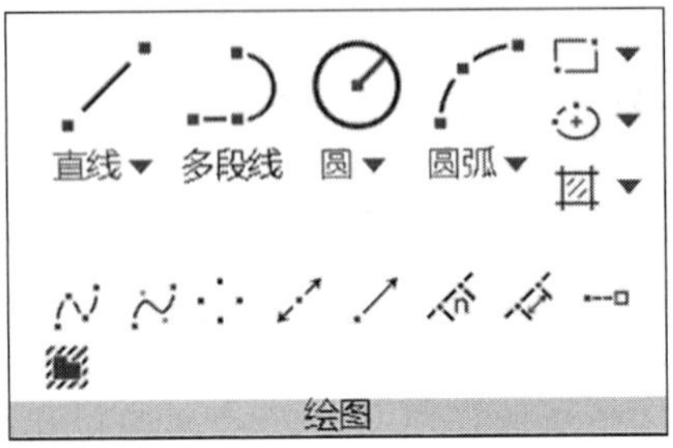

图 3-1 【绘图】工具栏

在工程设计中，工程图用于表现工程师的设计意图，同时也是产品加工与工程施工的依据。在工程图的绘制过程中，要求图形的形状和尺寸必须精确，以便测量长度、面积、体积和相关的特性。无论多复杂的图形都可以分解成基本的图形元素，如点、直线、圆弧、圆等。卡伦特 CAD 具有强大的绘图功能，用户可以通过使用定点设备指定点的位置，或者输入坐标值来绘制基本图元。

在卡伦特 CAD 的【绘图】工具栏中，可进行基本的几何设计，包含直线、圆、圆弧、矩形等绘图命令，完全满足教学要求。【绘图】工具栏，如图 3-1 所示。

本章主要介绍以下内容：

◎ 直线

◎ 多段线

◎ 圆

◎ 圆弧

◎ 矩形

◎ 多边形

◎ 椭圆

◎ 椭圆弧

◎ 填充

◎ 拟合曲线

◎ 构造线

◎ 射线

◎ 多点

◎ 定数等分

◎ 定距等分

3.1　直线

直线命令可以创建一系列连续的直线段，每条线段都是可以单独进行编辑的直线对象。调用绘制直线命令的方法如下：

- 功能区：【绘图】面板 |【直线】按钮 。
- 命令行：LINE（L）↙。

在使用直线命令时，命令行出现如下提示：

指定第一个点

设置直线的起点。单击点位置，启用对象捕捉或栅格捕捉后，能够准确放置点。也可以通过输入坐标的方式放置点，单击 Enter 键完成直线的绘制。若完成直线绘制命令后，在命令提示下单击 Enter 键之后，新的直线将从最近创建的直线、多段线或圆弧的端点处开始。如果最近创建的对象是一条圆弧，则它的端点将定义为该直线的起点，该直线与此圆弧相切。

指定下一个点

指定直线段的端点。也可以使用极轴追踪和对象捕捉追踪以及直接距离输入。

使用坐标输入

依次键入 *X* 值、逗号和 *Y* 值(如 4.0，6.75)，指定坐标的距离和方向。

示例：绘制如图 3-2 所示的图形，通过此练习学习直线命令的使用及坐标的各种输入方式。

此操作示范，请参阅数字资源 3-1。

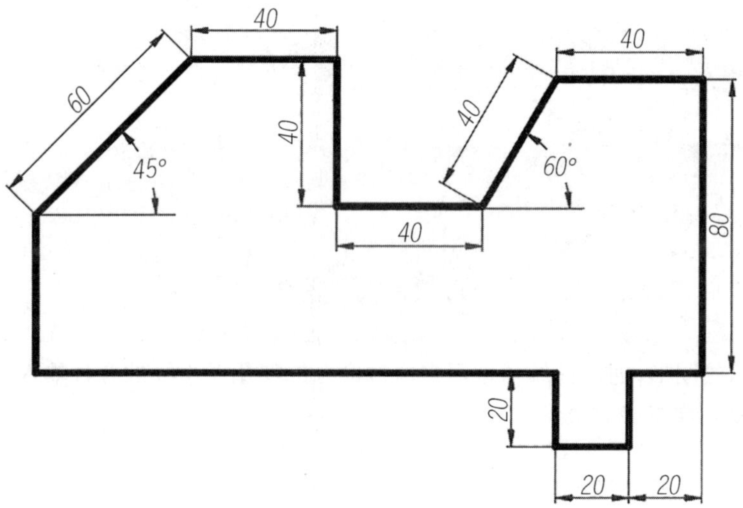

数字资源 3-1

图 3-2　用直线命令构造图形

3.2　多段线

二维多段线是由直线段和圆弧段组成的单个对象。调用绘制多段线命令的方法如下：

- 功能区：【绘图】面板 |【多段线】按钮。
- 命令行：PLINE(PL)↙。

在使用多段线命令时，命令行出现如下提示：

指定起点

设置多段线的起点。

按 Enter 键从创建多段线、直线或圆弧时指定的最后一个端点开始新的多段线。

指定下一个点

> 如果指定第二个点，则可以创建直线段。

> 如果输入 A(代表圆弧)，则可以创建圆弧段。

注意：提示适用于直线和圆弧段。

半宽

指定从线段宽的中心到一边的宽度，如图 3-3 所示。

宽度

指定下一线段的宽度，如图 3-4 所示。

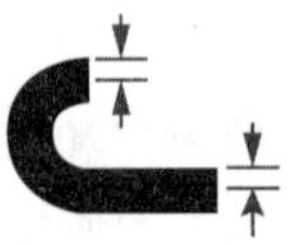

图 3-3　半宽的设置

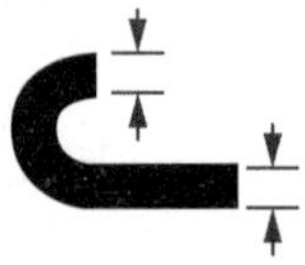

图 3-4　宽度的设置

提示

定义多段线一半的宽度或整个宽度时，请牢记以下事项：

✧ 起点宽度将成为默认的端点宽度。

✧ 端点宽度在再次修改宽度之前将作为所有后续线段的统一宽度。

✧ 线段的起点和端点位于线宽的中间位置。

✧ 典型情况下，相邻短线线段相交将生成倒角。

✧ 在圆弧段互不相切、有非常尖锐的角或者使用点划线线型的情况下不倒角。

示例：绘制如图 3-5 所示的图形，通过此练习学习多段线命令的使用及坐标的各种输入方式。

此操作示范，请参阅数字资源 3-2。

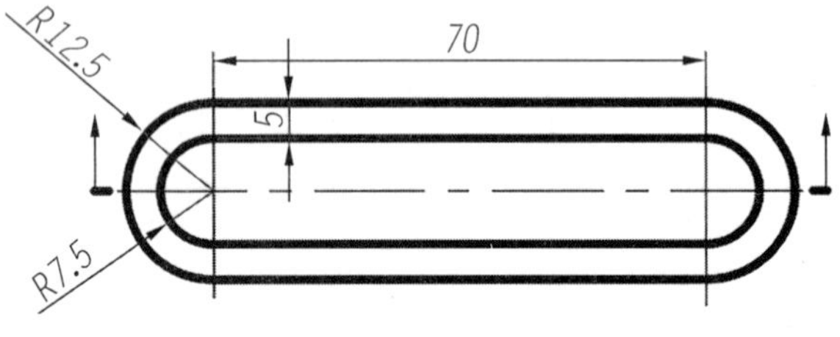

图 3-5　用多段线命令构造图形

数字资源 3-2

3.3　圆

在卡伦特 CAD 中，可以通过圆心和半径或圆周上的点创建圆，也可以创建与对象相切的圆。调用绘制圆命令的方法如下：

- 功能区：【绘图】面板 |【圆】按钮。
- 命令行：CIRCLE（C）↙。

在使用圆命令时，命令行出现如下提示：

圆心

基于圆心和半径或直径值创建圆。

半径

输入数值，或指定点。光标点在圆周上，如图 3-6A 所示。

直径

输入数值，或指定第二个点。光标点在离圆心的距离为直径的圆周上，如图 3-6B 所示。

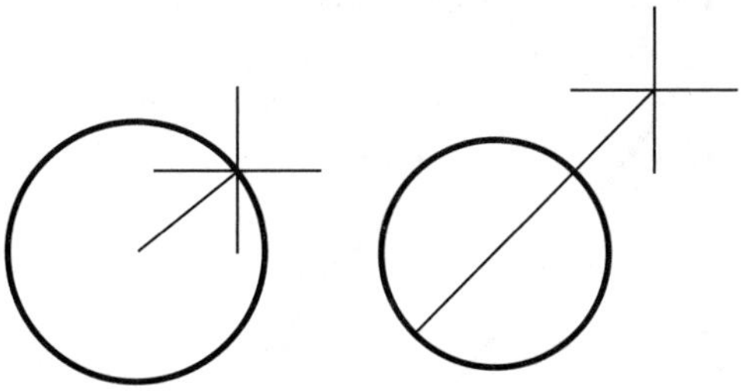

A. 半径方式　　　B. 直径方式

图 3-6　半径、直径方式画圆

两点

基于直径上的两个端点创建圆，如图 3-7A 所示。

三点

基于圆周上的三点创建圆，如图 3-7B 所示。

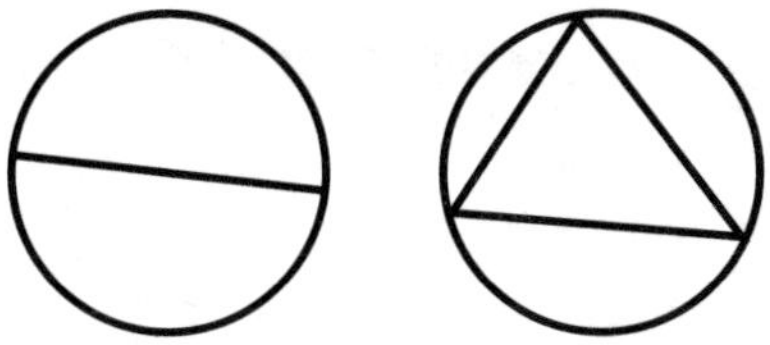

A. 两点方式　　　B. 三点方式

图 3-7　两点、三点方式画圆

相切、相切、半径

基于指定半径和两个相切对象创建圆。有时会有多个圆符合指定的条件。程序将绘制具有指定半径的圆，其切点与选定点的距离最近，如图 3-8 所示。

相切、相切、相切

创建相切于三个对象的圆，如图 3-9 所示。

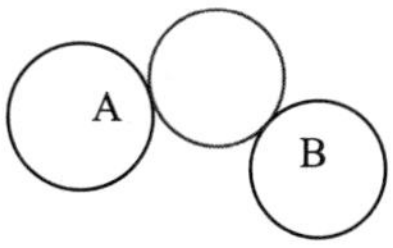

图 3-8　以“相切、相切、半径”的方式画圆

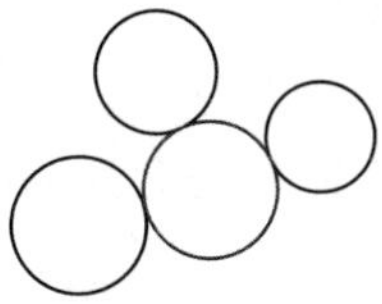

图 3-9　以“相切、相切、相切”的方式画圆

示例：绘制如图 3-10 所示的图形，通过此练习学习圆命令的使用及坐标的各种输入方式。

此操作示范,请参阅数字资源 3-3。

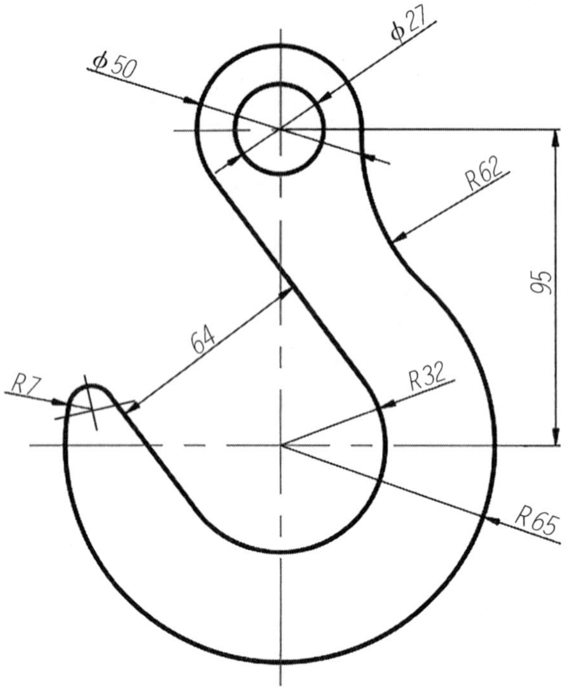

数字资源 3-3

图 3-10　用圆命令绘制圆弧连接

3.4　圆弧

在卡伦特 CAD 中,可以通过指定圆心、端点、起点、半径、角度、弦长和方向值的各种组合形式绘制圆弧。默认情况下,以逆时针方向绘制圆弧。若按住 Ctrl 键的同时拖动鼠标,则以顺时针方向绘制圆弧。调用绘制圆弧命令的方法如下:

- 功能区:【常用】标签 |【绘图】面板 |【圆弧】按钮。
- 命令行:ARC↙。

在使用圆弧命令时,命令行出现如下提示:

三点

使用圆弧周线上的三个指定点绘制圆弧。 第一个点 1 为起点,如图 3-11 所示。

> 第二点

指定第二个点 2,它是圆弧周线上的一个点。

> 端点

指定圆弧上的最后一个点 3。

注意:通过三个指定点可以顺时针或逆时针指定圆弧。

圆心,起点,端点

通过指定圆弧所在圆的圆心开始。

> 指定圆弧的起点。

> 指定圆心 1，从起点 2 向端点逆时针绘制圆弧。端点将落在从第三点 3 到圆心的一条假想射线上，如图 3-12 所示，圆弧并不一定经过第三点。

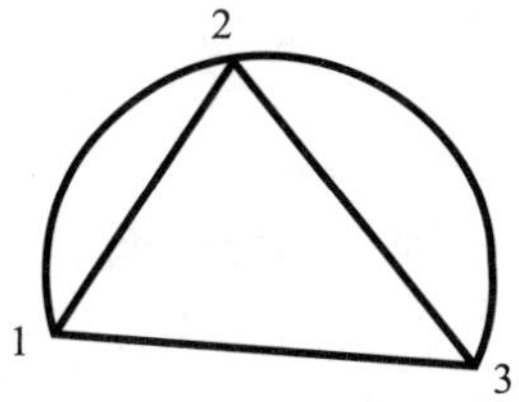

图 3-11　以“三点”的方式画圆弧

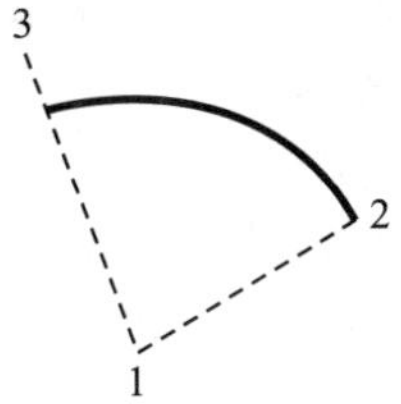

图 3-12　以“圆心，起点，端点”的方式画圆弧

圆心，起点，角度

> 指定圆心 1，从起点 2 按指定包含角逆时针绘制圆弧，如图 3-13 所示。

> 如果角度为负，将顺时针绘制圆弧。

圆心，起点，长度

> 基于起点和端点之间的直线距离绘制劣弧或优弧，如图 3-14 所示。

> 如果弦长为正值，将从起点逆时针绘制劣弧；如果弦长为负值，将逆时针绘制优弧。

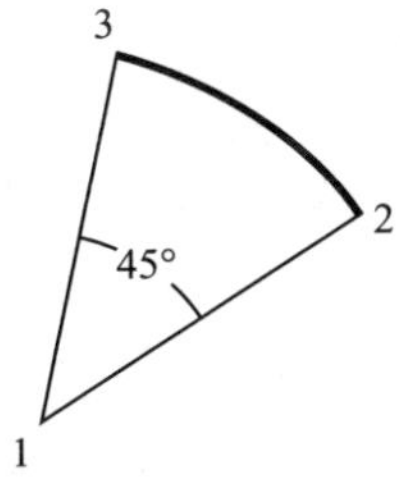

图 3-13　以“圆心，起点，角度”的方式画圆弧

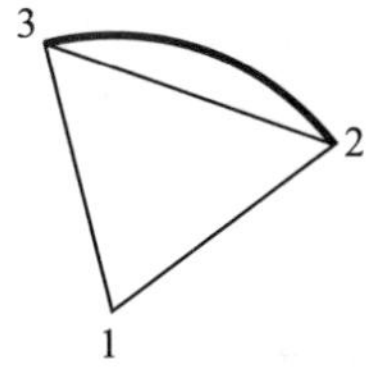

图 3-14　以“圆心，起点，长度”的方式画圆弧

起点，圆心，长度

通过指定圆弧的起点开始。

> 基于起点 1 和端点 3 之间的直线距离绘制劣弧或优弧，如图 3-15 所示。

> 如果弦长为正值，将从起点逆时针绘制劣弧；如果弦长为负值，将逆时针绘制优弧。

起点，圆心，端点

> 指定圆弧的圆心 2。

> 从起点 1 向端点逆时针绘制圆弧。端点将落在圆心 2 到指定点 3 的一条假想射线上，如图 3-16 所示。

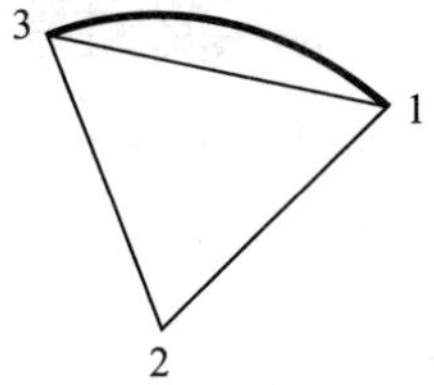

图 3-15　以“起点，圆心，长度”的方式画圆弧

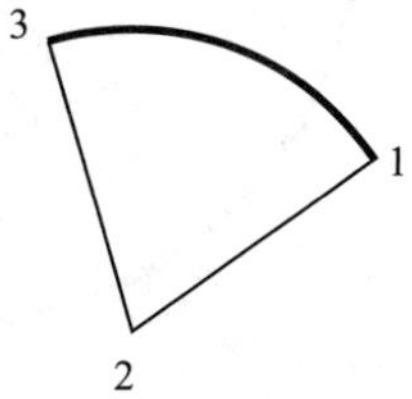

图 3-16　以“起点，圆心，端点”的方式画圆弧

起点，圆心，角度

> 指定圆心 1，从起点 2 按指定包含角逆时针绘制圆弧，如图 3-13 所示。

> 如果角度为负，将顺时针绘制圆弧。

起点，端点，角度

> 指定圆弧的端点。

> 按指定包含角从起点 1 向端点 2 逆时针绘制圆弧。如果角度为负，将顺时针绘制圆弧。以度为单位输入角度，或通过逆时针移动指定角度，如图 3-17 所示，图中由里向外的角度依次是 30°、60°、120° 和 180°。

图 3-17　以"起点，端点，角度"的方式画圆弧

起点，端点，方向

> 指定圆弧的端点 2。

> 绘制圆弧在起点处与指定方向相切。这将绘制从起点 1 开始到端点 2 结束的任何圆弧，而不考虑是劣弧、优弧还是顺弧、逆弧。从起点确定该方向，如图 3-18 所示。

起点，端点，半径

> 指定圆弧的端点 2。

> 从起点 1 向端点 2 逆时针绘制一条劣弧。如果半径为负，将绘制一条优弧，如图 3-19 所示。

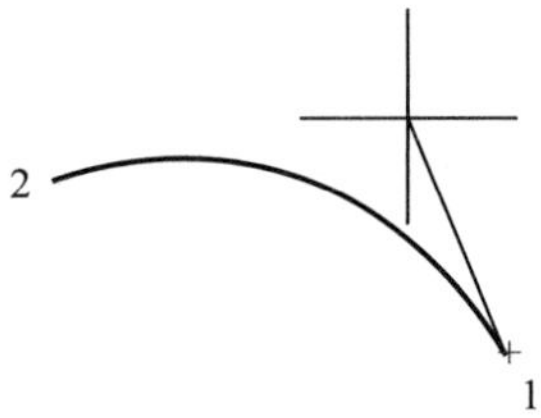

图 3-18　以"起点，端点，方向"的方式画圆弧

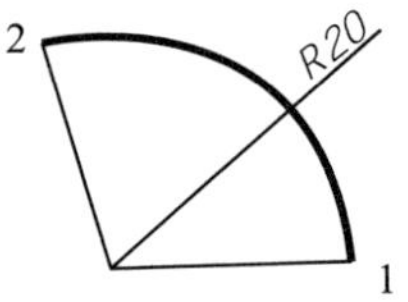

图 3-19　以"起点，端点，半径"的方式画圆弧

示例：绘制如图 3-20 所示的图形，通过此练习学习圆弧命令的使用及坐标的各种输入方式。

此操作示范，请参阅数字资源 3-4。

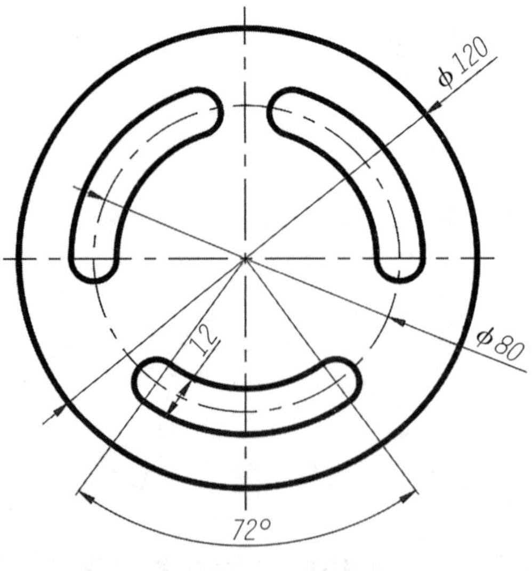

图 3-20　用圆弧命令绘制图形

数字资源 3-4

3.5　矩形

矩形是常用的几何图形，用户可以通过指定矩形的两个对角点来创建矩形，也可以指定矩形面积和长度或宽度值来创建矩形。默认情况下，绘制的矩形的边与当前 UCS 的 *X* 轴或 *Y* 轴平行，也可以绘制与 *X* 轴成一定角度的矩形。绘制的矩形还可以包括倒角、圆角、标高、厚度和宽度。整个矩形是一个独立的对象。调用绘制矩形命令的方法如下：

- 功能区：【常用】标签 |【绘图】面板 |【矩形】按钮。
- 命令行：RECTANG（REC）↙。

创建闭合矩形将显示以下提示：

起始点

指定矩形的一个起始点。

第二个点

指定的对角点作为第二个点（或输入数值）创建矩形。

示例：绘制如图 3-21 所示的图形，通过此练习学习矩形命令的使用及坐标的各种输入方式。

此操作示范，请参阅数字资源 3-5。

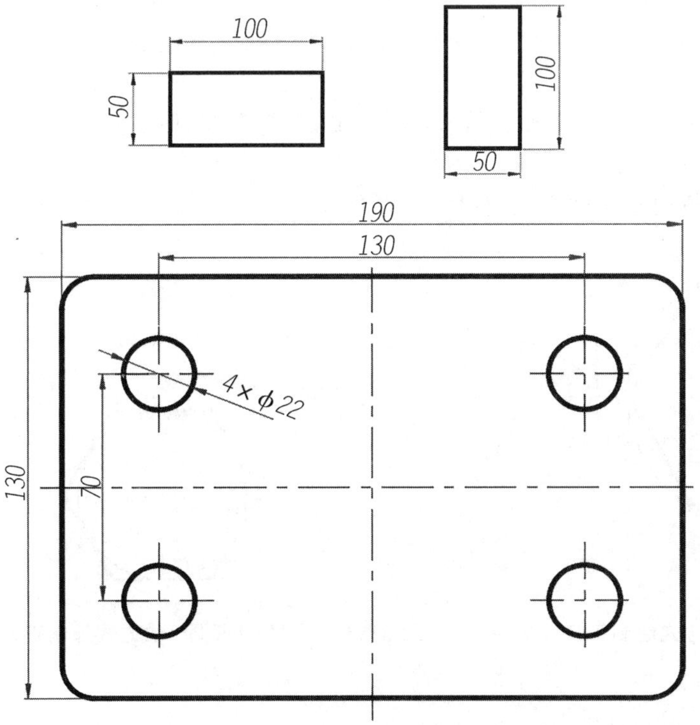

数字资源 3-5

图 3-21　用矩形命令绘制图形

3.6 多边形

卡伦特 CAD 的正多边形命令,可以创建包含 3~1 024 条等长边的闭合多段线,多边形是一个独立对象。用此命令可以很方便地绘制正方形、等边三角形、正八边形等图形。调用绘制多边形命令的方法如下:

- 功能区:【常用】标签 |【绘图】面板 |【多边形】按钮⌂。
- 命令行:POLYGON(POL)↙。

在已知多边形边数的情况下,有以下两种绘制正多边形的方式:

(1)通过指定正多边形中心与多边形顶点或多边形边的中点之间的距离绘制多边形。

(2)通过指定一条边的长度位置绘制多边形。

创建等边闭合多边形提示如下:

侧面数(边数)

指定多边形的边数。

多边形的中心点

指定多边形的中心点的位置,以及新对象是内接还是外切。

指定半径

确定正多边形的旋转角度和尺寸。指定半径值将以当前捕捉旋转角度绘制正多边形的底边。

内接于圆

指定外接圆的半径,正多边形的所有顶点都在此圆周上,如图 3-22 所示。

外切于圆

指定从正多边形圆心到各边中点的距离,如图 3-23 所示。

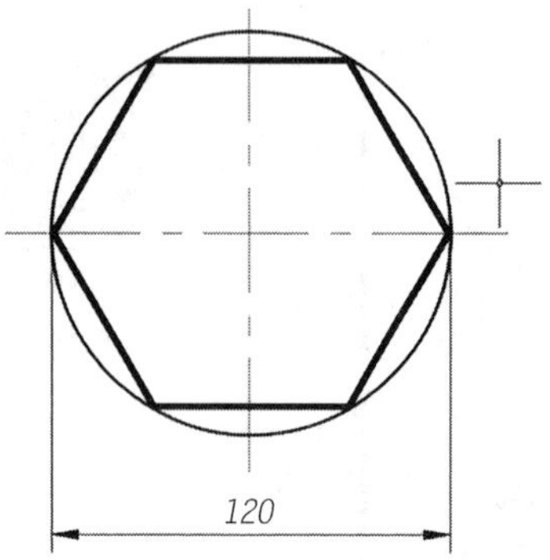

图 3-22 以“内接于圆”的方式绘制正多边形

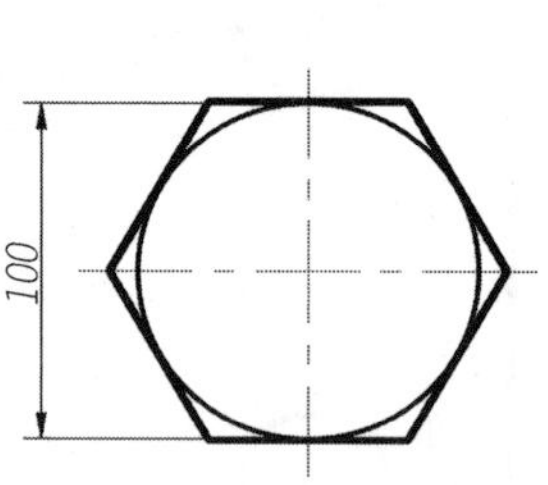

图 3-23 以“外切于圆”的方式绘制正多边形

边长

通过指定第一条边的端点来定义正多边形,如图 3-24 所示。

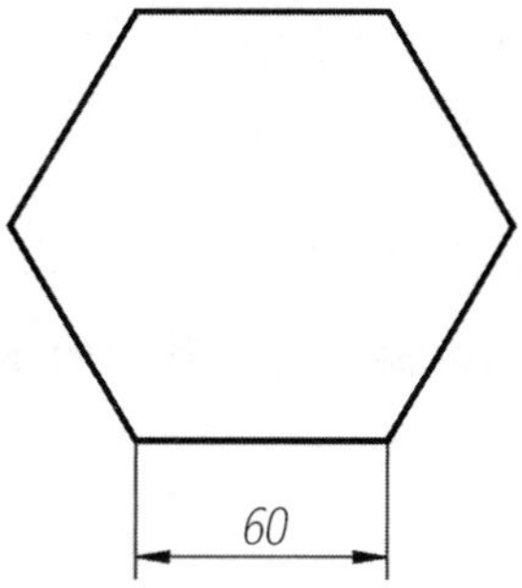

图 3-24 以“边长”的方式绘制正多边形

示例:绘制如图 3-25 所示的图形,通过此练习学习多边形和圆命令的使用。

此操作示范,请参阅数字资源 3-6。

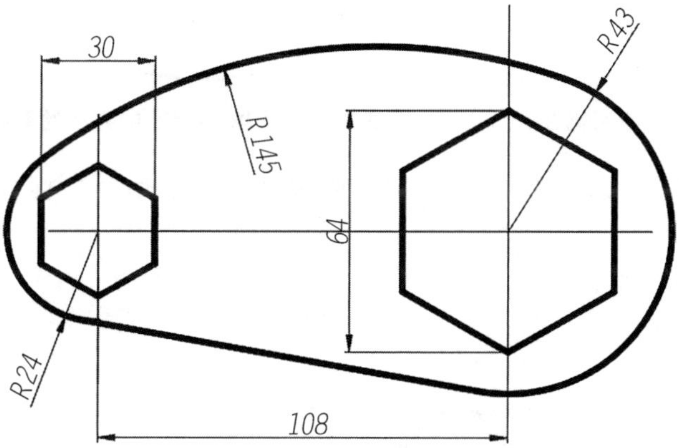

图 3-25 用多边形、圆、直线等命令绘制扳手

数字资源 3-6

3.7 椭圆

卡伦特 CAD 的椭圆命令,可以创建椭圆及椭圆弧。调用绘制椭圆命令的方法如下:

- 功能区:【绘图】面板 |【椭圆】按钮。
- 命令行:ELLIPSE(EL)↙。

有两种方式可以绘制椭圆:

(1)使用椭圆中心点、第一个轴的端点和第二个轴的长度来创建椭圆。可以通过单击所需距离处的某个位置或输入长度值来指定距离。如图 3-26 所示。

具体提示如下:

圆心,端点

> 指定椭圆起始点。

> 指定第一条轴的一个端点。

> 确定另一条半轴长度。定义第二条轴为从椭圆弧圆心(即第一条轴的中点)到指定点的距离。

(2)根据两个端点定义椭圆的第一条轴,再通过确定另一轴半轴长度来创建椭圆。如图

3-27所示。

具体提示如下：

轴，端点

> 指定椭圆起始点。

> 根据两个端点定义椭圆的第一条轴。第一条轴的角度确定了整个椭圆的角度。第一条轴既可定义椭圆的长轴也可定义短轴。

> 确定另一条半轴长度。使用从第一条轴的中点到第二条轴3的端点的距离定义第二条轴。

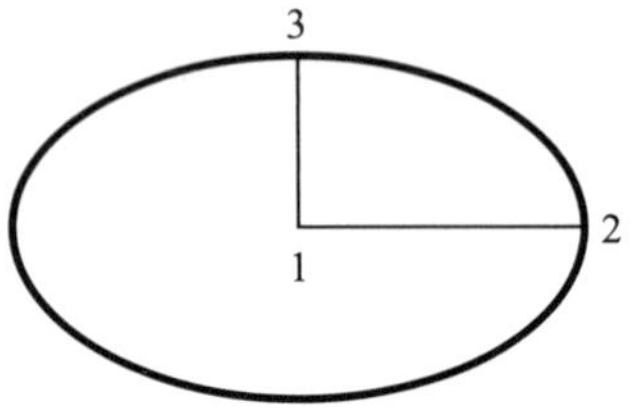

图3-26　以“圆心，端点”的方式绘制椭圆

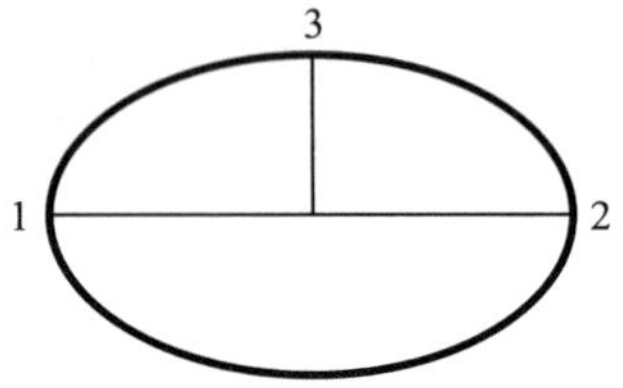

图3-27　以“轴，端点”的方式绘制椭圆

示例：绘制如图3-28所示的图形，通过此练习学习椭圆命令的使用及坐标的各种输入方式。

此操作示范，请参阅数字资源3-7。

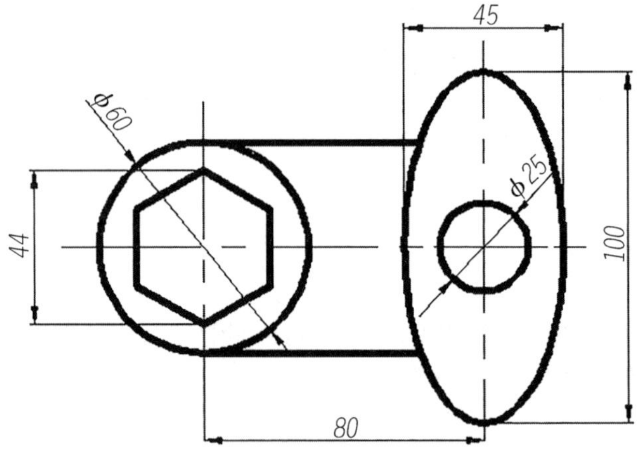

图3-28　用椭圆等命令绘制图形

数字资源3-7

3.8　椭圆弧

在卡伦特CAD中，可以通过椭圆弧命令绘制特定部分的椭圆弧。调用绘制椭圆弧命令的方法如下：

- 命令行：EA↙。
- 功能区：单击功能区【绘图】面板上【椭圆】按钮图标右侧的黑色三角形▼，弹出绘制椭圆的组合下拉按钮，单击【椭圆弧】按钮 椭圆弧。

椭圆弧的命令是先绘制椭圆再根据起止角度确定椭圆弧，因此绘制椭圆的操作步骤同本章3.7节。

指定起点角度

输入角度值或指定一个点，如图3-29所示的*C*点，指定点后，即以圆心到*C*点的连线作为起始角度位置。

指定端点角度

输入角度值或指定第二个点，如图3-29所示的*D*点，指定点后，即以圆心到*D*点的连线作为终止角度位置。绘制完成的椭圆弧如图3-29所示。

注意：椭圆弧是以逆时针方向绘制在起始角度和终止角度之间。

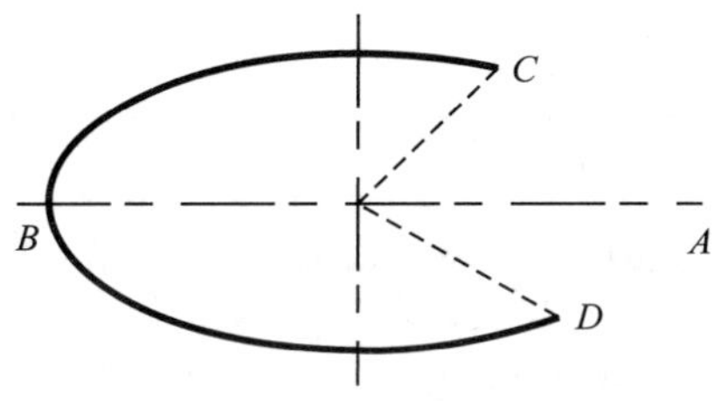

图3-29 椭圆弧

3.9 填充

在卡伦特CAD中，可以通过填充命令绘制剖面符号。调用填充命令的操作方法如下：

- 功能区：【常用】标签 | 【绘图】面板 | 【填充】按钮。
- 命令行：HATCH(H)↙。

在使用填充命令时，命令行具体提示如下：

拾取内部点

在某一封闭区域内单击后Enter键或者通过选择对象的方式确定填充边界。

在拾取内部点之前可以根据需要在弹出的【创建填充】对话框(图3-30)中进行相关设置，如图案选择、定义插入基点、角度和缩放比例等。不同的设置绘制出来的剖面线如图3-31所示。

【创建填充】对话框具体选项如下：

角度

用于指定填充图案的角度。以通用剖面符号为例，0°时剖面线的方向是从左下角往右上角倾斜45°，90°时剖面线的方向是从右下角往左上角倾斜45°，如图3-31所示。

缩放

用于设置填充图案间隔和图案大小，初始缩放系数为1，当缩放系数大于1时，剖面符号的间隔和图案将增大，当缩放系数小于1时，剖面符号的间隔和图案将减小。

在图中拾取点

用于通过图中拾取点的方式确定基点*X*、*Y*的坐标值。

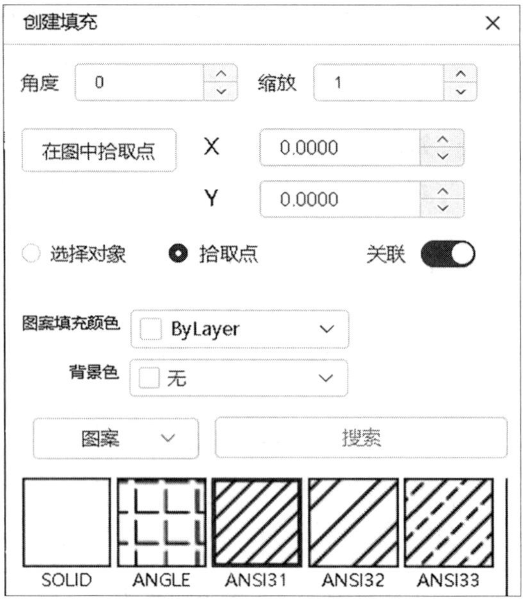

图 3-30 【创建填充】对话框

X 和 Y 坐标

填充图案基点的 X 坐标和 Y 坐标。

选择对象

通过选择对象的方式来定义填充区域的边界。

拾取点

通过拾取点的方式来指定填充区域的边界。如果在拾取点后系统不能形成封闭边界，则弹出对话框显示错误信息。

关联

用于在创建边界时，随时更新图案和填充。如果关闭关联，则图案不会随着填充边界改变而改变。

图案填充颜色

用于设置填充图案的颜色。

背景色

用于设置填充图案的背景颜色。

图案

列出可用的预定义图案。用户可以根据需要选择对应的图案。

此操作示范，请参阅数字资源 3-8。

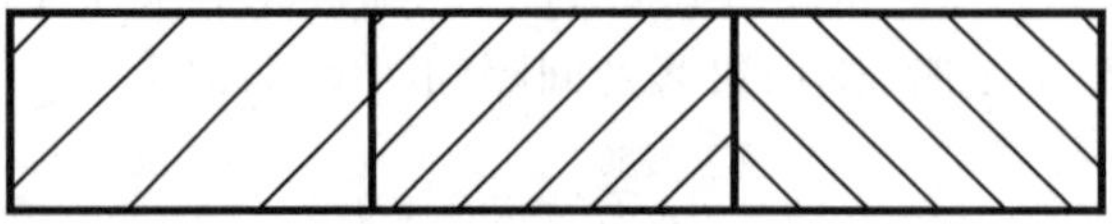

图 3-31 不同角度和比例绘制的剖面线

数字资源 3-8

3.10　拟合曲线

在卡伦特 CAD 中，可以通过拟合曲线命令绘制波浪线或不规则曲线。拟合曲线是经过或接近一系列给定点的光滑曲线。调用拟合曲线命令的操作方法如下：

- 功能区：【常用】标签｜【绘图】面板｜单击**绘图**▾展开绘图面板后单击【通过拟合点】按钮或【通过控制点】按钮。
- 命令行：SPLINE（SP）↙。

在使用拟合曲线命令时，命令行具体提示如下：

指定第一个点或[方式（M）　节点（K）]（通过拟合点方式）或指定第一个点或[方式（M）　阶数（D）]（通过控制点方式）

指定第 1 点或输入选项。

输入下一个点

指定第 2 点，如果只有两点画出来的是直线段。

输入下一个点

指定第 3 点或 Enter 键结束命令。

输入下一个点或[闭合（C）]

指定第 4 点后按 Enter 键结束命令或输入 C 后按 Enter 键绘制首尾封闭的拟合曲线。

执行结果分别如图 3-32 和图 3-33 所示。

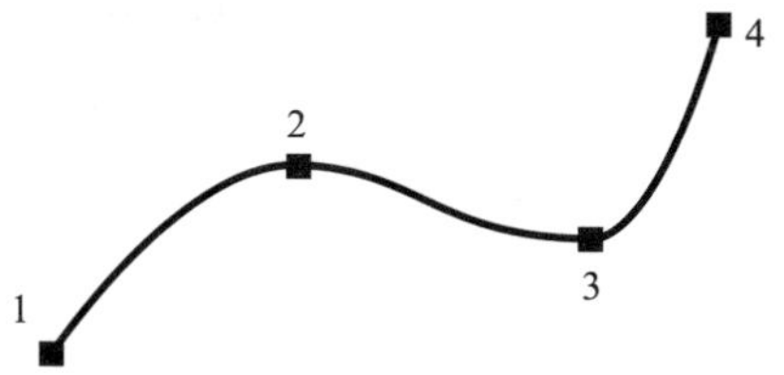

图 3-32　4 个拟合点绘制的曲线

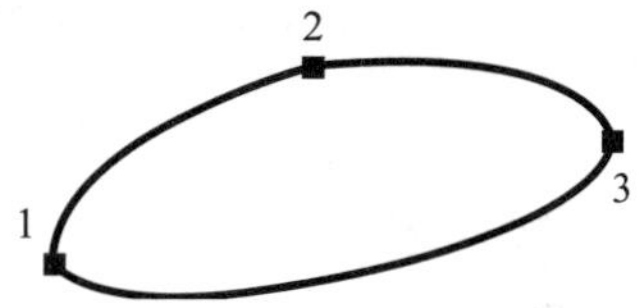

图 3-33　首尾闭合的曲线

具体选项提示如下：

方式（M）

用户可以根据需要输入 M 后按 Enter 键，命令行提示："输入样条曲线创建方式[拟合（F）　控制点（CV）]"，单击拟合（F）或控制点（CV），或者输入 F 或 CV，按 Enter 键来选择样条曲线创建方式。两种方式绘制的样条曲线如图 3-34 所示。

> 拟合（F）：通过拟合点来绘制的样条曲线必须经过拟合点。

> 控制点（CV）：通过控制点绘制样条曲线，可以通过移动控制点来调整样条曲线的形状，除了首尾控制点外，其余的控制点均不在样条曲线上。

阶数（D）

阶数为 +1 为确定样条曲线形状，阶数越高则样条曲线越平滑，一般常用的阶数为 3 或 4。

节点（K）

用户可以根据需要输入 K 后按 Enter 键，命令行提示："输入节点参数化[弦（C）　弦长平方根(S) 统一(U)]”,指定节点参数化,从而影响样条曲线通过拟合点时的形状。不同节点参数化绘制的样条曲线如图 3-35 所示,这个功能一般用于复杂的曲面造型。

闭合(C)

将第 1 点与最后 1 点用样条曲线连接,使整条曲线形成光滑闭合的环。

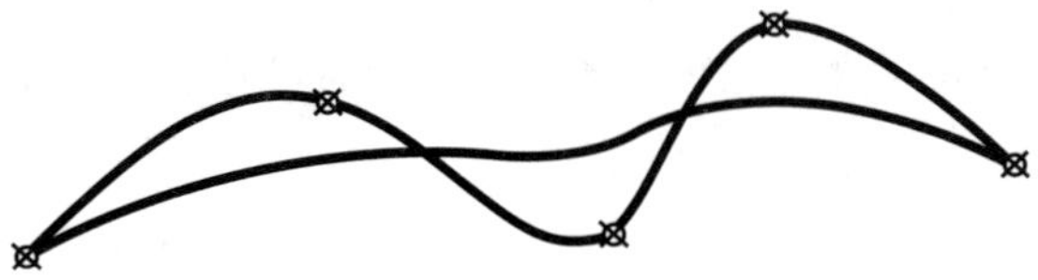

图 3-34　拟合和控制点方式绘制的样条曲线

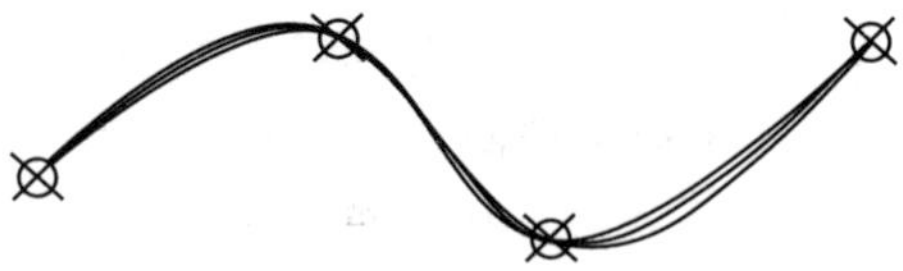

图 3-35　不同节点参数化绘制的样条曲线

示例:使用拟合曲线等命令绘制如图 3-36 所示的图形。通过此练习学习拟合曲线命令的使用及坐标的各种输入方式。

此操作示范,请参阅数字资源 3-9。

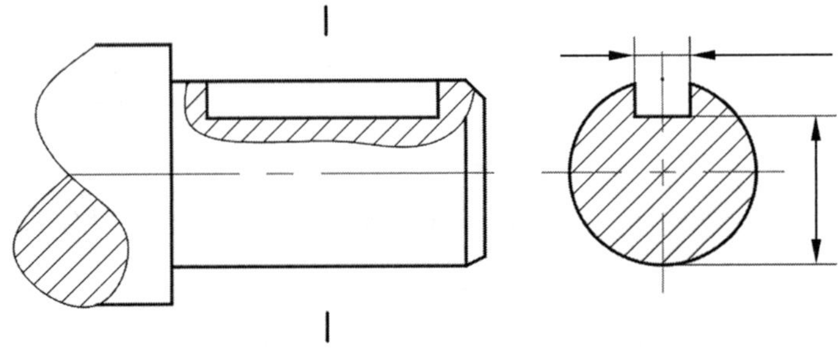

图 3-36　用拟合曲线绘制波浪线

数字资源 3-9

3.11　构造线

在卡伦特 CAD 中,可以通过构造线命令创建无限长直线,即没有起点和终点的直线,主要用于绘制辅助线。调用构造线命令的操作方法如下:

- 功能区:【常用】标签 |【绘图】面板 | 单击 绘图▾ 展开绘图面板后单击【构造线】按钮。
- 命令行:XLINE(XL)↙。

在使用构造线命令时,命令行具体提示如下:

指定点或[水平(H) 垂直(V) 角度(A) 二等分(B) 偏移(O)]

指定第 1 点或输入选项。

指定通过点

指定第 2 点↙。

水平(H)

绘制一条经过指定点而且平行于 *X* 轴的构造线。

垂直(V)

绘制一条经过指定点而且平行于 *Y* 轴的构造线。

角度(A)

绘制一条与 X 轴呈指定角度的构造线。

二等分(B)

创建二等分指定角的构造线,需要指定等分角的顶点、起点和端点。

偏移(O)

创建平行于指定基线的构造线,需要先指定偏移距离,选择基线,然后指明构造线位于基线的哪一侧。

图 3-37 所示为构造线的应用示例。

此操作示范,请参阅数字资源 3-10。

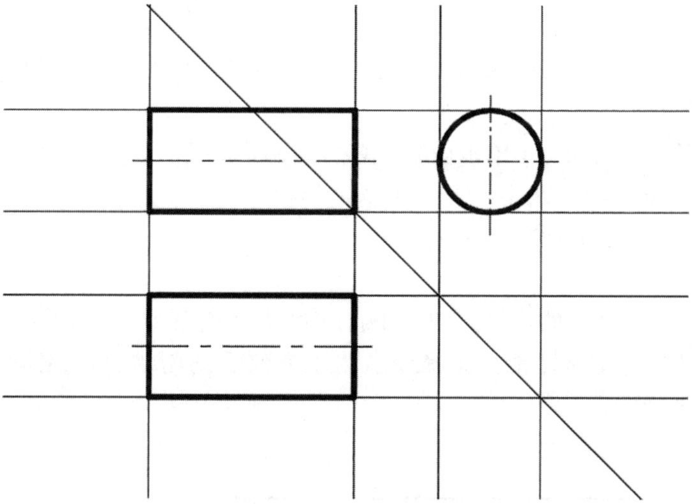

图 3-37　构造线的应用

数字资源 3-10

3.12　射线

射线是始于一点,另一端无限延伸的直线。通过基点和通过点确定射线的方向,射线在此方向上延伸到显示区域的边界。调用射线命令的操作方法如下:

- 功能区:【常用】标签 |【绘图】面板 | 单击 绘图▾ 展开绘图面板后单击【射线】按钮 。
- 命令行:RAY(R)↙。

在使用构造线命令时,命令行出现如下提示:

指定起点

指定第 1 点。

指定通过点

指定第 2 点↙。

指定射线起点后,可在指定通过点提示下指定多个通过点,来绘制以起点为端点的多条射线,直到按下 Esc 键或 Enter 键退出为止。图 3-38 所示为射线的应用示例。

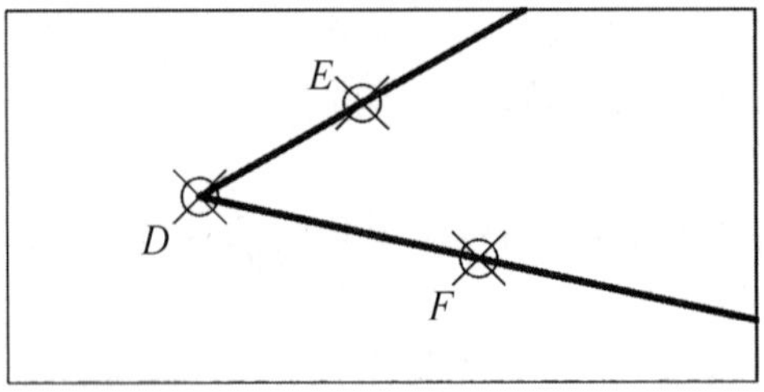

图 3-38　射线的应用

3.13　多点

多点命令用于创建点对象，用户调用一次命令可绘制多个点，点对象可作为对象捕捉的节点。调用多点命令的操作方法如下：

- 功能区：【常用】标签 |【绘图】面板 | 单击 绘图▾ 展开绘图面板后单击【多点】按钮∵。
- 命令行：POINT（P）↙。

在使用多点命令时，命令行出现如下提示：

指定点

该命令可以绘制多点。指定多个点的位置↙或按 Esc 键结束多点命令。

要结束多点命令必须通过按 Esc 键才能结束命令。为了方便看到创建的点，建议不要设置【点样式】对话框中前面两种样式。

图 3-39 所示为多点命令绘制的点。

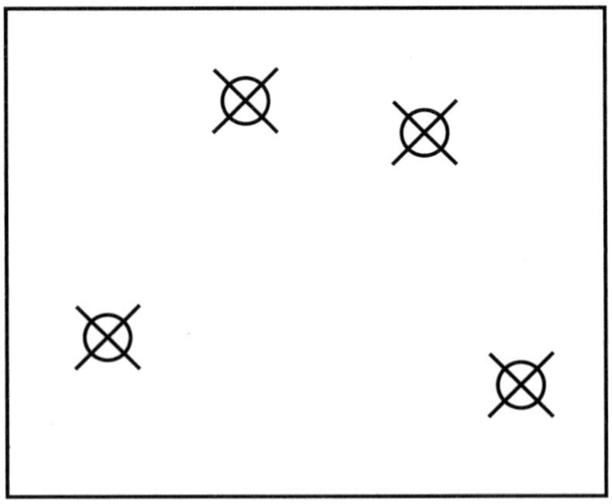

图 3-39　多点命令绘制的点

3.14　定数等分

定数等分命令用于在对象上按指定数目等间距地创建点对象或插入块，这个命令只是在对象定数等分的位置上添加点对象，并不把对象实际等分为单独对象。点对象可作为对象捕捉的节点。调用定数等分命令的操作方法如下：

- 功能区:【常用】标签|【绘图】面板|单击绘图▼展开绘图面板后单击【定数等分】按钮。
- 命令行:DIVIDE(DIV)↙。

在使用定数等分命令时,命令行出现如下提示:

选择要定数等分的对象

选择圆弧或直线。

输入线段数目

设置具体等分的数量。

或[块(B)]

该选项是指在等分位置插入已定义好的图块。图块的定义将在后续章节中介绍。

注意:对线段进行定数等分要比在圆周上进行相同数目的定数等分少一个点对象。

如图3-40所示为圆弧和线段定数等分后的结果。

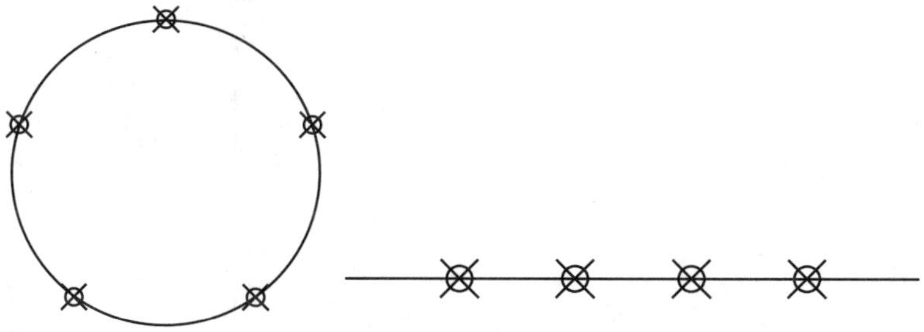

图3-40 对圆弧和直线的定数等分

3.15 定距等分

定距等分命令用于在对象上按指定距离创建点对象或插入块,从最靠近用于选择对象的点的端点处开始放置点对象。与定数等分不同的是,测量不一定将对象全部等分,即最后一段通常不为指定距离。点对象可作为对象捕捉的节点。调用定距等分命令的操作方法如下:

- 功能区:【常用】标签|【绘图】面板|单击绘图▼展开绘图面板后单击【定距等分】按钮。
- 命令行:MEASURE(ME)↙。

在使用定距等分命令时,命令行出现如下提示:

选择要定距等分的对象

选择圆弧或直线。

输入线段长度

输入定矩等分线段长度。

或[块(B)]

该选项是指在等分位置插入已定义好的图块。图块的定义将在后续章节中介绍。

图3-41所示为直线定距等分的结果。

此操作示范,请参阅数字资源3-11。

图 3-41　直线的定距等分

数字资源 3-11

本章练习

利用相应的绘图命令绘制下列平面图形。

1.

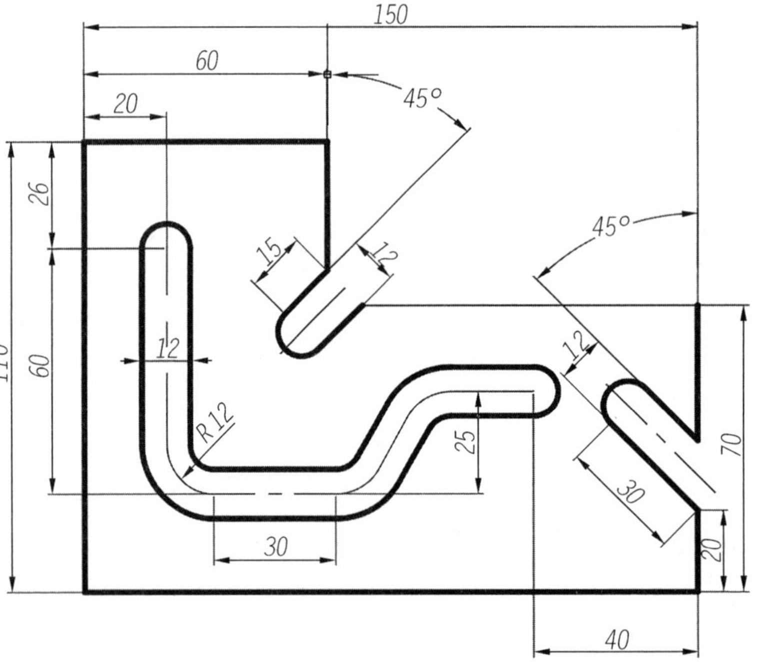

第三章练习文件

2.

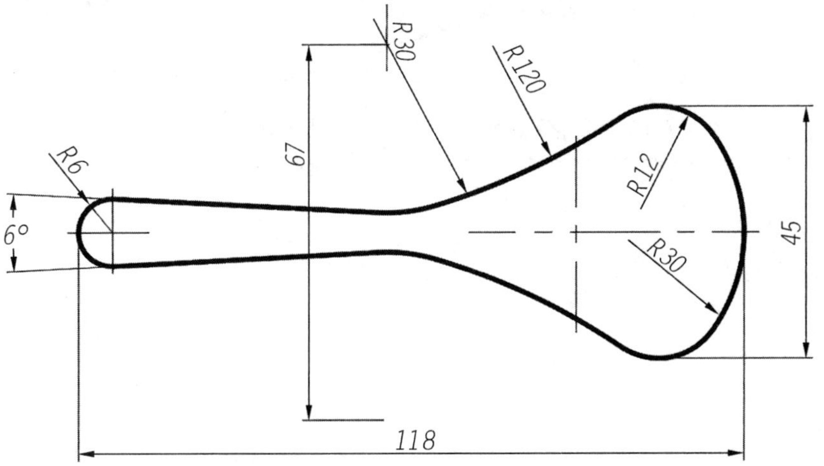
R30
R120
67
R6
6°
R12
R30
45
118

3.

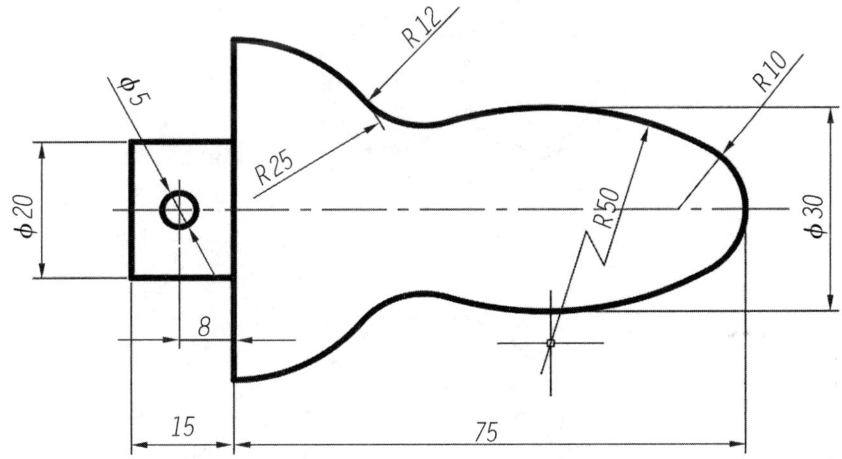
R12
ϕ5
R10
R25
ϕ20
R50
ϕ30
8
15
75

4.

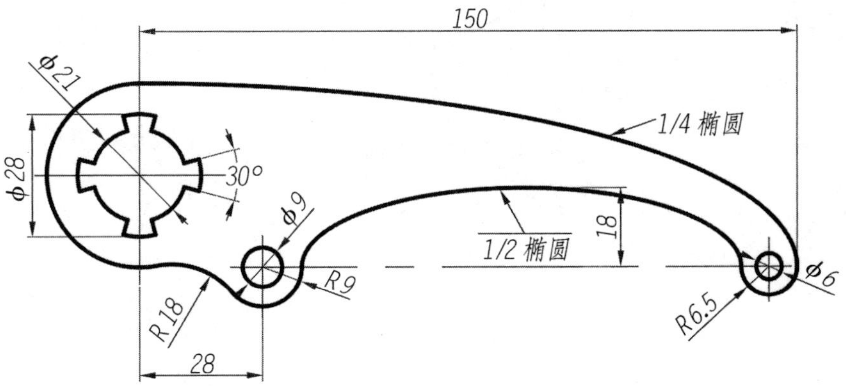
150
ϕ21
1/4 椭圆
ϕ28
30°
ϕ9
18
1/2 椭圆
R9
ϕ6
R18
R6.5
28

5.

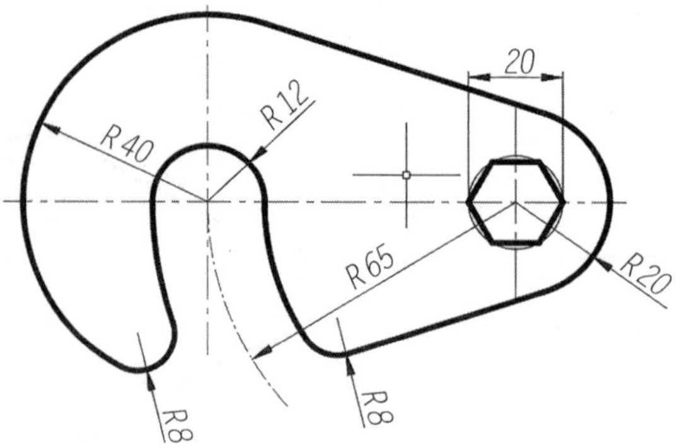

6.

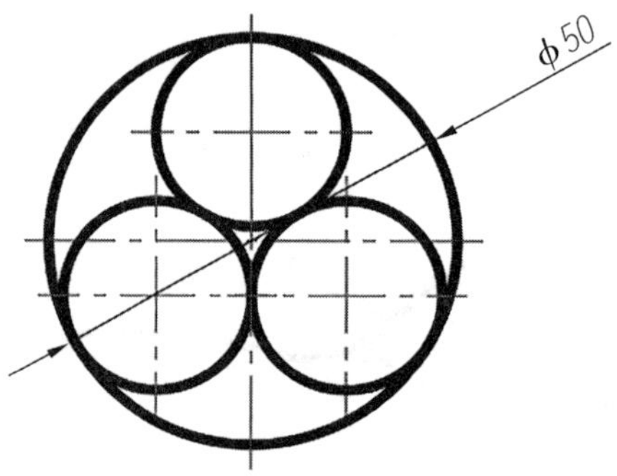

7.

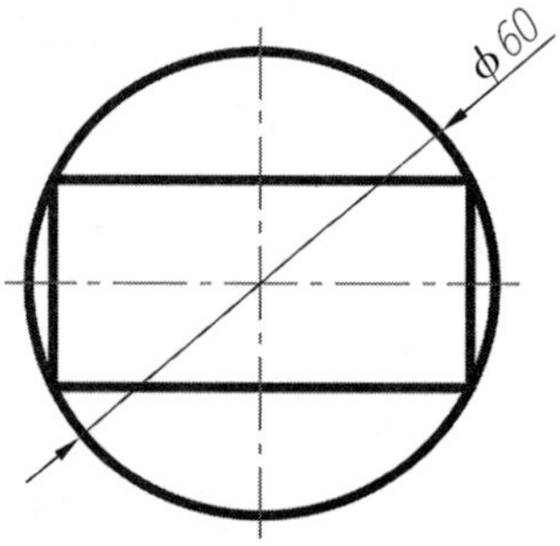

8.

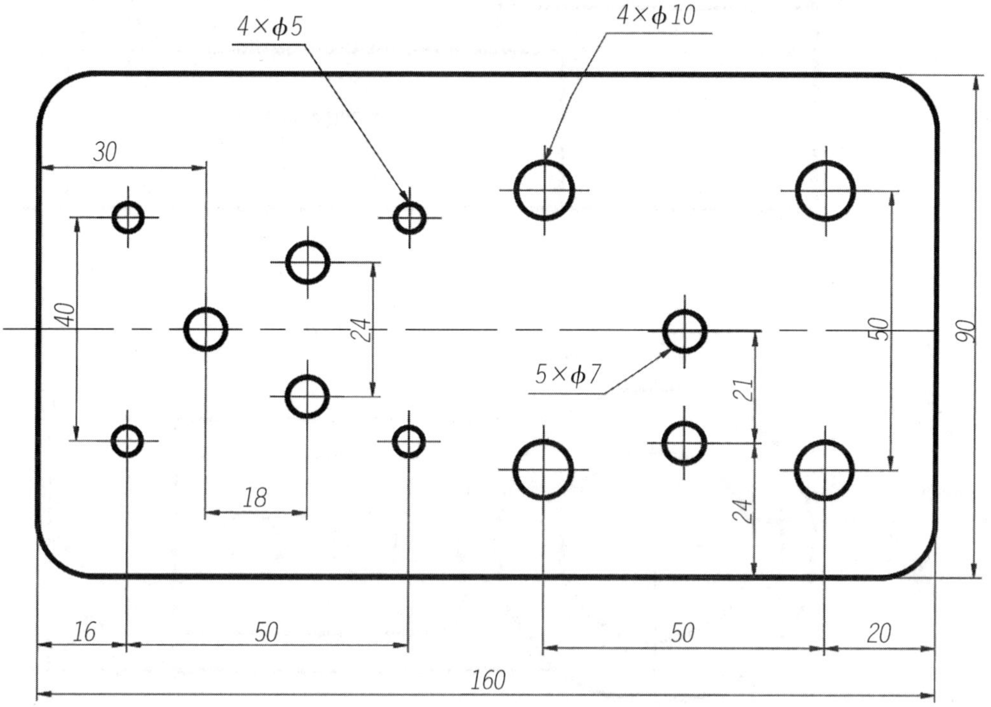
4×ϕ5
4×ϕ10
30
40
24
50
90
5×ϕ7
21
18
24
16
50
50
20
160

9.

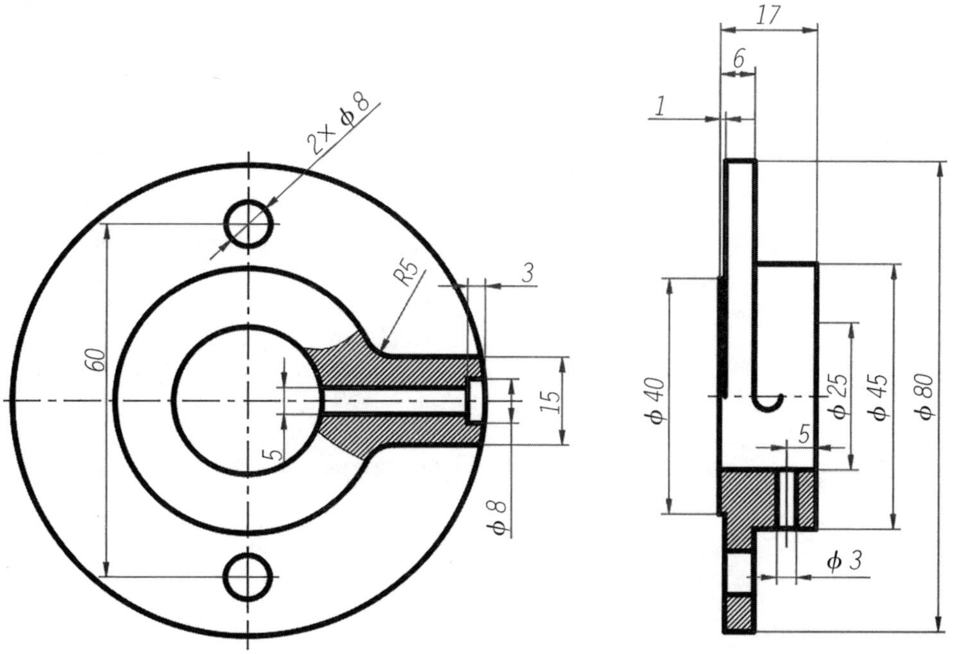
2× ϕ8
R5
3
60
15
5
ϕ8
17
6
1
ϕ40
ϕ25
ϕ45
ϕ80
5
ϕ3

10.

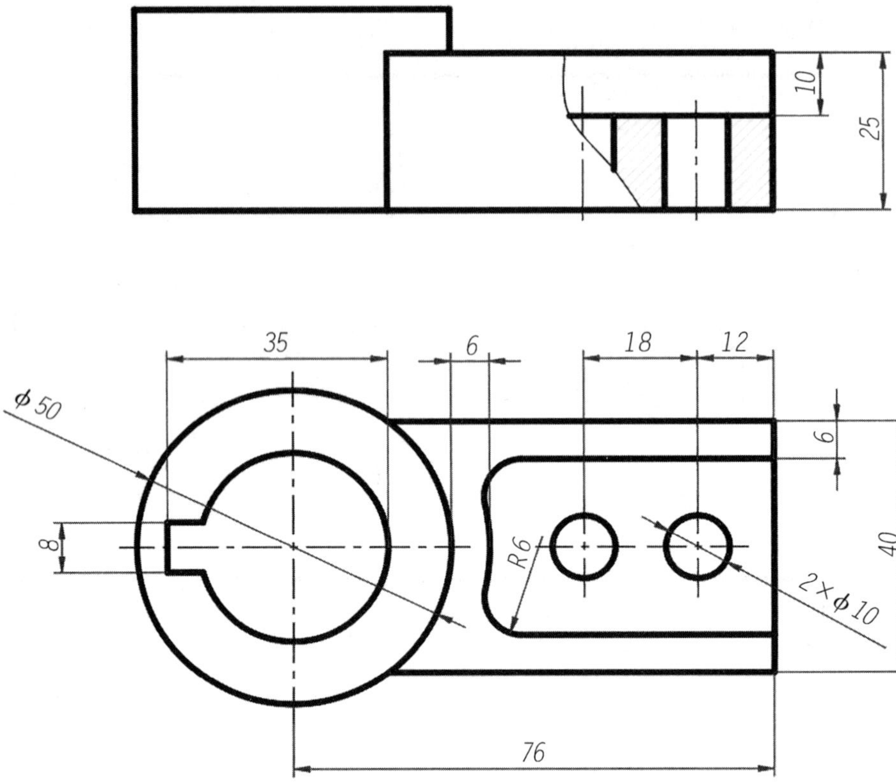

第 4 章　编辑功能

学习了绘图环境的设置和基本绘图命令后，可以绘制一些简单、基础的图形对象，但若要进行复杂工程图形的绘制，还需要使用卡伦特 CAD 的编辑工具，以对图形对象进行必要的修改、调整、编辑。本章介绍卡伦特 CAD 基本的编辑功能，所介绍的所有命令都包含在【修改】工具栏中。

修改操作作为绘图中较为常见的功能，卡伦特 CAD 在默认配置中，将【修改】工具栏设计在常用命令下，以方便使用，其各个图标按钮的功能如图 4-1 所示。在修改图样前，用户可以创建包含一个或多个实体的选择集。用户可根据习惯灵活选择多种操作方式来提高工作效率，方法如下：

(1) 先选择命令或工具，再选择图样。

(2) 先选择图样，再选择命令或工具。

(3) 用光标点选图元，选择夹点修改图样。

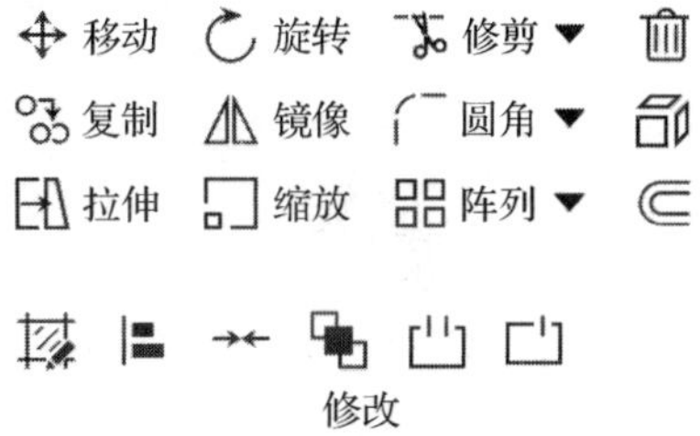

图 4-1　【修改】工具栏

本章主要介绍以下内容：

◎ 移动
◎ 旋转
◎ 修剪
◎ 延伸
◎ 删除
◎ 复制
◎ 镜像
◎ 倒角
◎ 圆角
◎ 分解
◎ 拉伸
◎ 缩放
◎ 矩形阵列
◎ 路径阵列
◎ 环形阵列
◎ 偏移
◎ 编辑填充
◎ 对齐
◎ 合并
◎ 绘图次序
◎ 打断
◎ 打断于点

数字资源 4-1

本章操作示范，请参阅数字资源 4-1。

4.1　移动

“移动”命令的用法：在指定方向上按指定距离移动对象，使用坐标、栅格捕捉、对象捕捉

和其他工具可以精确移动对象。调用“MOVE(移动)”命令的方法有以下几种:

- 命令行:MOVE ↙。
- 快捷键方式:输入“M”,单击空格键或 Enter 键。
- 工具栏方式:单击【修改】工具栏中的“✥移动”图标按钮。

调用“移动”命令后,移动图形对象的操作步骤如下:

选择对象

选择要移动的对象,并在完成选择后按空格键或 Enter 键结束选择对象。

指定基点或[位移(D)]〈位移〉

指定移动的起点。

指定第二个点或〈使用第一个点作为位移〉

结合使用第一个点来指定一个矢量,以指明选定对象要移动的距离和方向。

命令执行后,指定的两点定义一个矢量,指示复制对象的放置离原位置有多远以及以哪个方向放置。

4.2 旋转

“旋转”命令的用法:绕基点旋转对象,可以围绕基点将选定的对象旋转到一个绝对的角度。调用“ROTATE(旋转)”命令的方法有以下几种:

- 命令行:ROTATE ↙。
- 快捷键方式:输入“RO”,单击空格键或 Enter 键。
- 工具栏方式:单击【修改】工具栏中的“↻旋转”图标按钮。

调用“旋转”命令后,旋转对象的操作步骤如下:

选择对象

选择要旋转的对象,并在完成选择后按空格键或 Enter 键结束选择对象。

指定基点

指定旋转对象上的点。

指定旋转角度或[复制(C) 连续复制(CC) 参照(R)]

输入角度,或指定点,或输入 C,或输入 CC,或输入 R。

其中,“旋转角度”决定对象绕基点旋转的角度,旋转轴通过指定的基点;“复制(C)”创建要旋转的选定对象的副本;“连续复制(CC)”创建要旋转的选定对象的副本,输入空格键或 Enter 键结束;“参照”将对象从指定的角度旋转到新的绝对角度。旋转对象时,视图的边框仍然保持与绘图区域的边界平行。

4.3 修剪

“修剪”命令的用法:修剪对象以与其他对象的边相接。要修剪对象,先选择边界后按空格键或 Enter 键,然后选择要修剪的对象;如果要将所有对象用作边界,则在首次出现“选择对象”提示时按空格键或 Enter 键。调用“TRIM(修剪)”命令的方法有以下几种:

- 命令行:TRIM ↙。

- 快捷键方式:输入“TR”,单击空格键或 Enter 键。
- 工具栏方式:单击【修改】工具栏中“修剪 ▾”的倒三角展开图标,单击“修剪”图标按钮。

调用“修剪”命令后,修剪图形对象的操作步骤如下:

选择对象或[模式(O)]〈全部选择〉

指定图形中的所有对象都可以用作修剪边界,并在完成选择后按空格键或 Enter 键结束选择对象。

修剪[边(E) 模式(O)]

选择要修剪的对象,并在完成所有修剪后,按空格键或 Enter 键结束修剪操作。

其中,在指定修剪对象时,如果有多个可能的修剪结果,那么第一个选择点的位置将决定修剪结果。

4.4 延伸

“延伸”命令的用法:扩展对象以与其他对象的边相接。要延伸对象,先选择边界后按空格键或 Enter 键,然后选择要延伸的对象;如果要将所有对象用作边界,则在首次出现“选择对象”提示时按空格键或 Enter 键。调用“EXTEND(延伸)”命令的方法有以下几种:

- 命令行:EXTEND↙。
- 快捷键方式:输入“EX”,单击空格键或 Enter 键。
- 工具栏方式:单击【修改】工具栏中“修剪 ▾”的倒三角展开图标,单击“延伸”图标按钮。

调用“延伸”命令后,修剪图形对象的操作步骤如下:

边

使用选定对象来定义对象延伸到的边界。

选择要延伸的对象

指定要延伸的对象,按空格键或 Enter 键结束命令。

4.5 删除

“删除”命令的用法:删除不需要的图形对象。调用“ERASE(删除)”命令的方法有以下几种:

- 命令行:ERASE↙。
- 快捷键方式:输入“E”,单击空格键或 Enter 键。
- 工具栏方式:单击【修改】工具栏中的“🗑”图标按钮。

调用“删除”命令后,删除对象的操作步骤如下:

选择对象

选择要删除的对象,并在完成选择后按空格键或 Enter 键。

4.6 复制

“复制”命令的用法：在指定方向上按指定距离复制对象，满足多个相同实体图形的绘制。调用“COPY(复制)”命令的方法有以下几种：

- 命令行：COPY↙。
- 快捷键方式：输入“CO”，单击空格键或Enter键。
- 工具栏方式：单击【修改】工具栏中的“复制”图标按钮。

调用“复制”命令后，复制对象的操作步骤如下：

请先选择一些对象

选择要复制的对象，并在完成选择后按空格键或Enter键。

指定基点或[位移(D) 模式(O)]〈位移〉

可以直接在复制对象上确定一点位置作为基点，或通过输入 X、Y 方向上的位移矢量确定基点。

指定第二个点或〈使用第一个点作为位移〉

选择第二个点，通过前后两个点定义的矢量，指示复制对象的放置离原位置有多远以及以哪个方向放置。完成选择后按空格键或Enter键结束复制命令。

其中，如果在指定第二个点时输入坐标，则第一个点将被认为是相对(X,Y)的位移。例如，如果指定第二个点坐标为(2,3)，对象将被复制到距其当前位置在 X 方向上2个单位、在 Y 方向上3个单位的位置。

4.7 镜像

“镜像”命令的用法：创建选定对象的镜像副本，可以创建表示半个图形的对象，选择这些对象并沿指定的线进行镜像以创建另一半。调用“MIRROR(镜像)”命令的方法有以下几种：

- 命令行：MIRROR↙。
- 快捷键方式：输入“MI”，单击空格键或Enter键。
- 工具栏方式：单击【修改】工具栏中的“镜像”图标按钮。

调用“镜像”命令后，创建镜像对象的操作步骤如下：

选择对象

使用一种对象选择方法来选择要镜像的对象，并在完成选择后按空格键或Enter键结束选择对象。

指定镜像线的第一点

指定镜像线上的一个点。

指定镜像线的第二点

指定镜像线上的另一个点。

要删除原对象吗？[是(Y) 否(N)]〈否〉

按空格键或Enter键结束镜像命令。默认选项是保留源对象，若要删除源对象，则输入“N”后按空格键或Enter键结束镜像命令。

4.8　倒角

"倒角"命令的用法：为两个对象的边或三维实体的相邻面创建斜角或者倒角。斜角或倒角是与两条直线端点相连接的角度线，将按用户选择对象的次序应用指定距离和角度。调用"CHAMFER（倒角）"命令的方法有以下几种：

- 命令行：CHAMFER↙。
- 快捷键方式：输入"CHA"，单击空格键或 Enter 键。
- 工具栏方式：单击【修改】工具栏中"圆角▼"的倒三角展开图标，单击"倒角"图标按钮。

调用"倒角"命令后，创建倒角的操作步骤如下：

选择第一条直线或[放弃（U） 距离（D） 角度（A） 修剪（T） 多个（M） 多段线（P）]

在此提示中有多项选项，针对常见的选项进行下述说明：

（1）距离（D）　在创建倒角时，要先设置倒角的尺寸，分别设置距第一个对象和第二个对象的交点的倒角距离。即在提示中选择输入"D"，按空格键或 Enter 键，则系统提示：

指定第一个倒角距离〈5〉：输入第一条边倒角的距离，按空格键或 Enter 键确定。

指定第二个倒角距离〈5〉：输入第二条边倒角的距离，该值可与第一个倒角距离不一致，按空格键或 Enter 键确定。

选择第一条直线或[放弃（U） 距离（D） 角度（A） 修剪（T） 多个（M） 多段线（P）]：选择创建倒角的第一条边。

选择第二条直线或[放弃（U） 距离（D） 角度（A） 修剪（T） 多个（M）]：选择创建倒角的第二条边。

（2）角度（A）　在创建倒角时，通过设置第一个对象的倒角长度和角度，完成倒角。如果这两个值均设置为零，则选定对象将被延伸或修剪，以使其相交。即在提示中选择输入"A"，按空格键或 Enter 键，则系统提示：

指定第一条直线的倒角长度〈50〉：输入第一条直线倒角长度，按空格键或 Enter 键确定。

指定第一条直线的倒角角度〈0〉：输入第一条直线的倒角角度，按空格键或 Enter 键确定。

选择第一条直线或[放弃（U） 距离（D） 角度（A） 修剪（T） 多个（M） 多段线（P）]：选择创建倒角的第一条边。

选择第二条直线或[放弃（U） 距离（D） 角度（A） 修剪（T） 多个（M）]：选择创建倒角的第二条边。

（3）修剪（T）　在创建倒角时，控制是否修剪选定对象以与倒角线的端点相交。即在提示中选择输入"T"，按空格键或 Enter 键，则系统提示：

修剪模式选项[修剪（T） 不修剪（N）]：输入"T"，选定的对象将被修剪，以与倒角线的端点相交。如果选定的对象不与倒角线相交，则在添加倒角线之前，将对它们进行延伸或修剪。输入"N"，在添加倒角线前，选定的对象不会被修剪。

选择第一条直线或[放弃（U） 距离（D） 角度（A） 修剪（T） 多个（M） 多段线（P）]：选择创建倒角的第一条边。

选择第二条直线或[放弃（U） 距离（D） 角度（A） 修剪（T） 多个（M）]：选择创建倒角的

第二条边。

(4)多个(M)　在创建倒角时,允许为多组对象创建倒角。即在提示中选择输入“M”,按空格键或 Enter 键,则系统提示:

选择第一条直线或[放弃(U) 距离(D) 角度(A) 修剪(T) 多个(M) 多段线(P)]:选择创建倒角的第一条边。

选择第二条直线或[放弃(U) 距离(D) 角度(A) 修剪(T) 多个(M)]:选择创建倒角的第二条边。

以此往复多次进行倒角创建中第一条直线和第二条直线的选择,并在完成所有倒角创建后按空格键或 Enter 键结束“倒角”命令。

(5)多线段(P)　在多线段中两条直线段相交的每个顶点处插入倒角线,倒角线将成为多线段的新线段。即在提示中选择输入“P”,按空格键或 Enter 键,则系统提示:

选择二维多线段或[放弃(U) 距离(D) 角度(A) 修剪(T) 多个(M) 多段线(P)]:选择多线段对象,并在完成倒角创建后,按空格键或 Enter 键结束倒角操作。

其中,在所有第二条直线的选择中,如果选定对象是多线段的直线段,则线段可以彼此相邻或者被另一条线段隔开;如果选定线段被一条线段隔开时,则这条隔开它们的线段将被删除并替换为倒角。

4.9　圆角

“圆角”命令的用法:为两个对象创建圆角过渡。外圆角或圆角是在两个对象之间创建的相切圆弧,这两个对象可以是相同或不同类型的对象,包括多线段、圆弧、圆、椭圆、椭圆弧、直线、射线、样条曲线和参照线。如果选定的两个对象位于同一图层,将在该图层上创建定义的圆弧。否则,将在当前图层上创建圆弧。此图层会影响对象的特性(包括颜色和线型)。调用“圆角”命令的方法有以下几种:

- 快捷键方式:输入“F”,单击空格键或 Enter 键。
- 工具栏方式:单击【修改】工具栏中“圆角▼”的倒三角展开图标,单击“倒角”图标按钮。

调用“圆角”命令后,创建圆角的操作步骤如下:

选择第一条直线或[放弃(U) 半径(R) 修剪(T) 多个(M) 多段线(P)]:在此提示中有多项选项,其中,“修剪”“多个”“多线段”选项与倒角创建中类似,针对“半径”选项进行下述说明:

半径(R)　在创建圆角时,要先设置圆角的半径。即在提示中选择输入“R”,按空格键或 Enter 键,则系统提示:

指定圆角的半径〈0〉:输入圆角的半径,按空格键或 Enter 键确定。

选择第一条直线或[放弃(U) 半径(R) 修剪(T) 多个(M) 多段线(P)]:选择创建圆角的第一个对象。

选择第二条直线或[放弃(U) 半径(R) 修剪(T) 多个(M)]:选择创建圆角的第二个对象。

其中,设置后续圆角的半径,更改此值不会影响现有圆角。值得注意的是,零半径值可用于创建锐角。为两条直线、射线、参照线或多线段的直线段创建半径为零的圆角会延伸或修剪对象以使其相交。

在圆角创建中，如果选定对象是多段线的直线段，则线段可以彼此相邻或者被另一条线段隔开。当选定线段被一条线段隔开时，将删除这条将它们分隔的线段并将其替换为圆角。创建的弧的方向和长度由用于选择对象而拾取的点确定，始终选择距离用户希望绘制圆角端点的位置最近的对象。选择圆时，圆不用进行修剪；绘制的圆角将与圆平滑地相连。

4.10　分解

“分解”命令的用法：将复合对象分解为其组件对象。在希望单独修改复合对象的部件时，可分解复合对象。可以分解的对象包括块、多段线等。调用“EXPLODE（分解）”命令的方法有以下几种：

- 命令行：EXPLODE ↙。
- 快捷键方式：输入“X”，单击空格键或 Enter 键。
- 工具栏方式：单击【 修改 】工具栏中的“ ”图标按钮。

调用“分解”命令后，分解对象的操作步骤如下：

选择对象

选择要分解的对象，并在完成选择后按空格键或 Enter 键。

分解对象有多种类型，针对常见类型对象进行“分解”的结果进行下述说明：

（1）多段线　放弃所有关联的宽度或切线信息。对于宽多段线，将沿多段线中心放置结果直线和圆弧，如图 4-2 所示。

A.“分解”命令前　　B.“分解”命令后

图 4-2　多段线分解

（2）圆弧　如果位于非一致比例的块内，则分解为椭圆弧。

（3）阵列　将关联阵列分解为原始对象的副本。

（4）块　一次删除一个编组级。如果一个块包含一个多段线或嵌套块，那么对该块的分解就首先显露出该多段线或嵌套块，然后再分别分解该块中的各个对象。具有相同 *X*、*Y* 比例的块将分解成它们的部件对象。具有不同 *X*、*Y* 比例的块（非一致比例块）可能分解成跟原始对象不同的图形。当按非统一比例缩放的块中包含无法分解的对象时，这些块将被收集到一个匿名块（名称以“*E”为前缀）中，并按非统一比例缩放进行参照。如果这种块中的所有对象都不可分解，则选定的块参照不能分解。

（5）圆　如果位于非一致比例的块内，则分解为椭圆。

（6）引线　根据引线的不同，可分解成直线、样条曲线、实体（箭头）、块插入（箭头、注释块）、多行文字或公差对象。

4.11 拉伸

"拉伸"命令的用法：拉伸与选择窗口或多边形交叉的对象。将拉伸窗交窗口部分包围的对象；将移动(而不是拉伸)完全包含在窗交窗口中的对象或单独选定的对象。某些对象类型(如圆、椭圆和块)无法拉伸。调用"STRETCH(拉伸)"命令的方法有以下几种：

- 命令行：STRETCH↙。
- 快捷键方式：输入"S"，单击空格键或 Enter 键。
- 工具栏方式：单击【修改】工具栏中的"拉伸"图标按钮。

调用"拉伸"命令后，拉伸对象的操作步骤如下：

选择对象

选择要拉伸的对象，并在完成选择后按空格键或 Enter 键。

指定基点或[位移(D)]〈位移〉

指定基点，将计算自该基点的拉伸的偏移。此基点可以位于拉伸的区域的外部。

指定第二个点或〈使用第一个点作为位移〉

指定第二个点，该点定义拉伸的距离和方向。从基点到此点的距离和方向将定义对象的选定部分拉伸的距离和方向。

其中，"拉伸"命令仅移动位于窗交选择内的顶点和端点，不更改那些位于窗交选择外的顶点和端点。"拉伸"命令不修改多段线宽度、切向或者曲线拟合的信息。

4.12 缩放

"缩放"命令的用法：用于放大或缩小选定对象，使缩放后对象的比例保持不变。缩放对象需要指定基点和比例因子，基点将作为缩放操作的中心，并保持静止。比例因子大于 1 时将放大对象，比例因子介于 0 和 1 之间时将缩小对象。调用"SCALE(缩放)"命令的方法有以下几种：

- 命令行：SCALE↙。
- 快捷键方式：输入"SC"，单击空格键或 Enter 键。
- 工具栏方式：单击【修改】工具栏中的"缩放"图标按钮。

调用"缩放"命令后，缩放对象的操作步骤如下：

选择对象

选择要缩放的对象，并在完成选择后按空格键或 Enter 键。

指定基点

指定的基点表示选定对象的大小发生改变(从而远离静止基点)时位置保持不变的点。

指定缩放比例或[复制(C) 参照(R)]

在此提示中有多项选项，针对常见的选项进行下述说明：

(1)缩放比例　输入比例因子，大于 1 的比例因子使对象放大，介于 0 和 1 之间的比例因子使对象缩小；还可以拖动光标使对象变大或变小。

(2)复制(C)　创建要缩放的选定对象的副本。即在提示中选择输入"C"，按空格键或

Enter 键，则系统提示：

指定缩放比例或[复制(C) 参照(R)]：输入比例因子后按空格键或 Enter 键完成缩放，或拖动光标使对象变大或缩小。

(3) 参照(R)　按参照长度和指定的新长度缩放所选对象。即在提示中选择输入“R”，按空格键或 Enter 键，则系统提示：

指定参照长度〈5〉：选择参照长度的一端。

指定第二个点：选择参照长度的另一端。

指定新的长度或[点(P)]〈5〉：指定新长度完成选定对象的缩放。

4.13　矩形阵列

“矩形阵列”命令的用法：用于绘制沿矩形均匀分布的图形对象，将对象副本分布到行、列的任意组合。调用“ARRAYRECT(矩形阵列)”命令的方法有以下几种：

- 命令行：ARRAYRECT↙。
- 快捷键方式：输入“ARRE”，单击空格键或 Enter 键。
- 工具栏方式：单击【修改】工具栏中“阵列▾”的倒三角展开图标，单击“矩形阵列”图标按钮。

调用“矩形阵列”命令后，创建矩形阵列的操作步骤如下：

选择对象

选择要创建矩形阵列的对象，并在完成选择后按空格键或 Enter 键。

选择夹点以编辑阵列或[关联(AS) 基点(B) 计数(COU) 间距(S) 列(F) 行(R) 退出(X)]〈退出〉

在此提示中有多项选项，针对各选项进行下述说明：

(1) 关联(AS)　指定阵列中的对象是关联的还是独立的。即在提示中选择输入“AS”，按空格键或 Enter 键，则系统提示：

创建关联阵列[是(Y) 否(N)]〈是〉：在提示中选择输入“Y”后按空格键或 Enter 键，选择关联阵列，包含单个阵列对象中的阵列项目，类似于块，可以通过编辑特性和源对象在整个阵列中快速传递更改；在提示中选择输入“N”后按空格键或 Enter 键，选择不关联阵列，创建阵列项目作为独立对象，更改一个项目不影响其他项目。

(2) 基点(B)　定义阵列基点和基点夹点的位置。即在提示中选择输入“B”，按空格键或 Enter 键，则系统提示：

指定基点：选择基点，并在完成选择后按空格键或 Enter 键。

选择夹点以编辑阵列或[关联(AS) 基点(B) 计数(COU) 间距(S) 列(F) 行(R) 退出(X)]〈退出〉：按空格键或 Enter 键结束矩形阵列命令。

(3) 计数(COU)　指定行数和列数并使用户在移动光标时可以动态观察结果(一种比“行和列”选项更快捷的方法)。即在提示中选择输入“COU”，按空格键或 Enter 键，则系统提示：

设置列的数量〈3〉：输入矩形阵列的列数，按空格键或 Enter 键确定。

设置行的数量〈4〉：输入矩形阵列的行数，按空格键或 Enter 键确定。

选择夹点以编辑阵列或[关联(AS) 基点(B) 计数(COU) 间距(S) 列(F) 行(R) 退出

(X)]〈退出〉:按空格键或 Enter 键结束矩形阵列命令。

(4)间距(S) 指定行间距和列间距并使用户在移动光标时可以动态观察结果,行间距指定从每个对象的相同位置测量的每行之间的距离,列间距指定从每个对象的相同位置测量的每列之间的距离。即在提示中选择输入“S”,按空格键或 Enter 键,则系统提示:

设置列之间的间距〈40〉:输入矩形阵列的列之间的间距,按空格键或 Enter 键确定。

设置行之间的间距〈30〉:输入矩形阵列的行之间的间距,按空格键或 Enter 键确定。

选择夹点以编辑阵列或[关联(AS) 基点(B) 计数(COU) 间距(S) 列(F) 行(R) 退出(X)]〈退出〉:按空格键或 Enter 键结束矩形阵列命令。

(5)列(F) 设置阵列中的列数和列间距。即在提示中选择输入“F”,按空格键或 Enter 键,则系统提示:

设置列的数量〈3〉:输入矩形阵列的列数,按空格键或 Enter 键确定。

设置列之间的间距〈40〉:输入矩形阵列的列之间的间距,按空格键或 Enter 键确定。

选择夹点以编辑阵列或[关联(AS) 基点(B) 计数(COU) 间距(S) 列(F) 行(R) 退出(X)]〈退出〉:按空格键或 Enter 键结束矩形阵列命令。

(6)行(R) 设置阵列中的行数和行间距。即在提示中选择输入“R”,按空格键或 Enter 键,与“列(F)”中的设置方式相同,根据系统提示,完成行数和行间距的设置。

4.14 路径阵列

“路径阵列”命令的用法:用于绘制沿路径或部分路径均匀分布的图形对象,路径可以是直线、多段线、样条曲线、螺旋、圆弧、圆或椭圆。调用“ARRAYPATH(路径阵列)”命令的方法有以下几种:

- 命令行:ARRAYPATH↙。
- 快捷键方式:输入“ARPA”,单击空格键或 Enter 键。
- 工具栏方式:单击【修改】工具栏中“阵列▾”的倒三角展开图标,单击“路径阵列”图标按钮。

调用“路径阵列”命令后,创建路径阵列的操作步骤如下:

选择对象

选择要创建路径阵列的对象,并在完成选择后按空格键或 Enter 键。

选择路径曲线

指定用于阵列路径的对象,选择直线、多段线、样条曲线、螺旋、圆弧、圆或椭圆。

选择夹点以编辑阵列或[关联(AS) 方法(M) 基点(B) 项目数(I) 行(R) 对齐项目(A) 退出(X)]〈退出〉

在此提示中有多项选项,针对各选项进行下述说明:

(1)关联(AS) 指定阵列中的对象是关联的还是独立的。即在提示中选择输入“AS”,按空格键或 Enter 键,则系统提示:

创建关联阵列[是(Y) 否(N)]〈是〉:与“矩形阵列”中是否创建关联阵列的设置方式相同,在提示中选择输入“Y”后按空格键或 Enter 键,选择关联阵列;在提示中选择输入“N”后按空格键或 Enter 键,选择不关联阵列。

(2)方法(M)　控制如何沿路径分布项目。即在提示中选择输入“M”,按空格键或 Enter 键,则系统提示:

指定路径方法[定数等分(D) 定距等分(M)]〈定距等分〉:在提示中选择输入“D”后按空格键或 Enter 键,选择定数等分,将指定数量的项目沿路径的长度均匀分布;在提示中选择输入“M”后按空格键或 Enter 键,选择定距等分,将指定间距的项目沿路径的长度均匀分布。

选择夹点以编辑阵列或[关联(AS) 方法(M) 基点(B) 项目数(I) 行(R) 对齐项目(A) 退出(X)]〈退出〉:按空格键或 Enter 键结束路径阵列命令。

(3)基点(B)　指定用于在相对于路径曲线起点的阵列中放置项目的基点。即在提示中选择输入“B”,按空格键或 Enter 键,则系统提示:

指定基点:选择基点,并在完成选择后按空格键或 Enter 键。

选择夹点以编辑阵列或[关联(AS) 方法(M) 基点(B) 项目数(I) 行(R) 对齐项目(A) 退出(X)]〈退出〉:按空格键或 Enter 键结束路径阵列命令。

(4)项目数(I)　根据“方法”设置,指定项目数。即在提示中选择输入“I”,按空格键或 Enter 键,则系统提示:

指定项目间的距离〈95〉:输入路径阵列的项目间距离,按空格键或 Enter 键确定。

设置阵列的项目数〈10〉:输入路径阵列的项目数,按空格键或 Enter 键确定。

选择夹点以编辑阵列或[关联(AS) 方法(M) 基点(B) 项目数(I) 行(R) 对齐项目(A) 退出(X)]〈退出〉:按空格键或 Enter 键结束路径阵列命令。

(5)行(R)　设置阵列中的行数和行间距。即在提示中选择输入“R”,按空格键或 Enter 键,则系统提示:

设置行的数量〈1〉:输入路径阵列的行数,按空格键或 Enter 键确定。

设置行之间的间距〈100〉:输入路径阵列的行之间的间距,按空格键或 Enter 键确定。

选择夹点以编辑阵列或[关联(AS) 方法(M) 基点(B) 项目数(I) 行(R) 对齐项目(A) 退出(X)]〈退出〉:按空格键或 Enter 键结束路径阵列命令。

(6)对齐项目(A)　指定是否对齐每个项目以与路径的方向相切。对齐相对于第一个项目的方向。即在提示中选择输入“A”,按空格键或 Enter 键,则系统提示:

是否对齐项目[是(Y) 否(N)]〈是〉:在提示中选择输入“Y”后按空格键或 Enter 键,选择对齐项目,每个项目与路径的方向相切;在提示中选择输入“N”后按空格键或 Enter 键,选择不对齐项目。是否对齐项目,如图 4-3 所示。

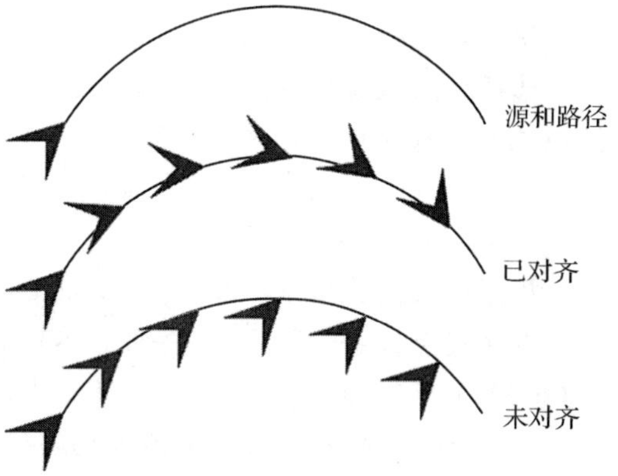

图 4-3　是否对齐项目

4.15　环形阵列

“环形阵列”命令的用法:用于绘制围绕中心点在环形阵列中均匀分布的图形对象。调用

"ARRAYPOLAR(环形阵列)"命令的方法有以下几种:

- 命令行:ARRAYPOLAR ↙。
- 快捷键方式:输入"ARPO",单击空格键或 Enter 键。
- 工具栏方式:单击【修改】工具栏中"阵列▾"的倒三角展开图标,单击"环形阵列"图标按钮。

调用"环形阵列"命令后,创建环形阵列的操作步骤如下:

选择对象

选择要创建环形阵列的对象,并在完成选择后按空格键或 Enter 键。

指定阵列的中心点或[基点(B)]

指定分布阵列项目所围绕的点。

选择夹点以编辑阵列或[关联(AS) 基点(B) 项目数(I) 项目间的角度(A) 填充角度(F) 行(ROW) 旋转项目(ROT) 退出(X)]〈退出〉

在此提示中有多项选项,针对各选项进行下述说明:

(1)关联(AS) 指定阵列中的对象是关联的还是独立的。即在提示中选择输入"AS",按空格键或 Enter 键,则系统提示:

创建关联阵列[是(Y) 否(N)]〈是〉:与"矩形阵列"中是否创建关联阵列的设置方式相同,在提示中选择输入"Y"后按空格键或 Enter 键,选择关联阵列;在提示中选择输入"N"后按空格键或 Enter 键,选择不关联阵列。

(2)基点(B) 指定用于在阵列中放置项目的基点。即在提示中选择输入"B",按空格键或 Enter 键,则系统提示:

指定基点:选择基点,并在完成选择后按空格键或 Enter 键。

选择夹点以编辑阵列或[关联(AS) 基点(B) 项目数(I) 项目间的角度(A) 填充角度(F) 行(ROW) 旋转项目(ROT) 退出(X)]〈退出〉:按空格键或 Enter 键结束环形阵列命令。

(3)项目数(I) 使用值指定阵列中的项目数。即在提示中选择输入"I",按空格键或 Enter 键,则系统提示:

设置阵列的项目数〈6〉:输入环形阵列的项目数,按空格键或 Enter 键确定。

选择夹点以编辑阵列或[关联(AS) 基点(B) 项目数(I) 项目间的角度(A) 填充角度(F) 行(ROW) 旋转项目(ROT) 退出(X)]〈退出〉:按空格键或 Enter 键结束环形阵列命令。

(4)项目间的角度(A) 使用值或表达式指定项目之间的角度。即在提示中选择输入"A",按空格键或 Enter 键,则系统提示:

指定项目间的角度〈60〉:输入环形阵列的项目角度,按空格键或 Enter 键确定。

选择夹点以编辑阵列或[关联(AS) 基点(B) 项目数(I) 项目间的角度(A) 填充角度(F) 行(ROW) 旋转项目(ROT) 退出(X)]〈退出〉:按空格键或 Enter 键结束环形阵列命令。

(5)填充角度(F) 使用值或表达式指定阵列中第一个和最后一个项目之间的角度。即在提示中选择输入"F",按空格键或 Enter 键,则系统提示:

指定填充角度〈360〉:输入环形阵列的填充角度,按空格键或 Enter 键确定。

选择夹点以编辑阵列或[关联(AS) 基点(B) 项目数(I) 项目间的角度(A) 填充角度(F) 行(ROW) 旋转项目(ROT) 退出(X)]〈退出〉:按空格键或 Enter 键结束环形阵列命令。

(6)行(ROW) 设置阵列中的行数和行间距。即在提示中选择输入"ROW",按空格键或

Enter 键，则系统提示：

设置行的数量〈1〉：输入环形阵列的行数，按空格键或 Enter 键确定。

设置行之间的间距〈100〉：输入环形阵列的行之间的间距，按空格键或 Enter 键确定。

选择夹点以编辑阵列或［关联(AS) 基点(B) 项目数(I) 项目间的角度(A) 填充角度(F) 行(ROW) 旋转项目(ROT) 退出(X)］〈退出〉：按空格键或 Enter 键结束矩形阵列命令。

(7)旋转项目(ROT)　控制在排列项目时是否旋转项目。即在提示中选择输入"ROT"，按空格键或 Enter 键，则系统提示：

是否旋转阵列项目［是(Y) 否(N)］〈是〉：在提示中选择输入"Y"后按空格键或 Enter 键，选择旋转阵列项目；在提示中选择输入"N"后按空格键或 Enter 键，选择不旋转阵列项目。

4.16　偏移

"偏移"命令的用法：创建一个与选定对象等距离的新对象，即等距复制，且源对象依然保留。可以在指定距离或通过一个点偏移对象，偏移对象后，可以使用修剪和延伸这种有效的方式来创建包含多条平行线和曲线的图形。调用"OFFSET(偏移)"命令的方法有以下几种：

- 命令行：OFFSET ↙。
- 快捷键方式：输入"O"，单击空格键或 Enter 键。
- 工具栏方式：单击【修改】工具栏中的"⋐"图标按钮。

调用"偏移"命令后，偏移对象的操作步骤如下；

指定偏移距离或［通过(T) 删除(E) 图层(L)］〈通过〉

输入偏移距离，按空格键或 Enter 键确定。

选择要偏移的对象

选择要偏移的对象。

指定侧向偏移点或［多个(M)］

在偏移对象内侧任取一点，则向内偏移；反之在偏移对象外侧任取一点，则向外偏移。若提示中选择输入"M"，可以实现连续偏移。

选择要偏移的对象

按空格键或 Enter 键结束偏移命令。为了使用方便，偏移命令会重复进行，要退出该命令需要按空格键或 Enter 键结束。

其中，修改是否删除源、修改图层的设置可以在"指定偏移距离或［通过(T) 删除(E) 图层(L)］"阶段，通过输入"E"或"L"进入修改设置。

4.17　编辑填充

"编辑填充"命令的用法：该工具可以对填充对象进行编辑，选择填充对象，弹出编辑对话框，设置样式、角度、比例、关联填充边界等即可。调用"HETCHEDIT(编辑填充)"命令的方法有以下几种：

- 命令行：HETCHEDIT ↙。
- 快捷键方式：输入"HE"，单击空格键或 Enter 键。

- 工具栏方式：单击【修改】工具栏中的“▧”图标按钮。

调用“编辑填充”命令后，编辑填充对象的操作步骤如下；

选择图案填充对象

选择要编辑填充的对象，并在“编辑填充”窗口完成设置后按空格键或Enter键结束编辑填充命令。

4.18 对齐

“对齐”命令的用法：该工具可以对在空间中将要对齐的对象与其他对象对齐；可以指定一对、两对源点和定义点以移动、旋转或倾斜选定的对象，从而将它们与其他对象上的点对齐。调用“ALIGN(对齐)”命令的方法有以下几种：

- 命令行：ALIGN↙。
- 快捷键方式：输入“AL”，单击空格键或Enter键。
- 工具栏方式：单击【修改】工具栏中的“▤”图标按钮。

调用“对齐”命令后，对齐对象的操作步骤如下；

选择对象

选择要对齐的对象，并在完成选择后按空格键或Enter键结束选择对象。

指定第1个源点

选择第1个源点。

指定第1个目标点

选择第1个目标点。

指定第2个源点

选择第2个源点，或按空格键或Enter键结束对齐对象。

指定第2个目标点

选择第2个目标点。

是否基于对齐点缩放对象？［是(Y) 否(N)］〈否〉

在提示中选择输入“Y”后按空格键或Enter键，选择缩放对齐对象；在提示中选择输入“N”后按空格键或Enter键，选择不缩放对齐对象。

其中，当只选择一对源点和目标时，选定对象将从源点移动到目标点；当选择两对点时，可以移动、旋转和缩放选定对象，以便与其他对象对齐，如图4-4所示。

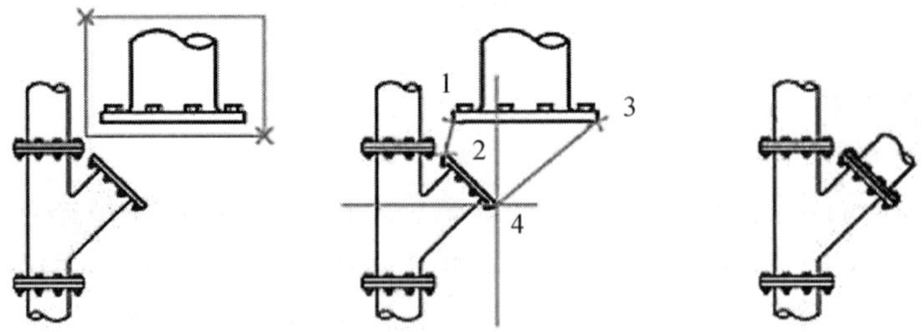

A. 选定对象　　B. 指定的四个点　　C. 结果

图4-4　四点对齐对象

4.19　合并

“合并”命令的用法:在其公共端点处合并一系列有限的线性和开放的弯曲对象,以创建单个二维对象,产生的对象类型取决于选定的对象类型、首先选定的对象类型以及对象是否共面。调用“JOIN(合并)”命令的方法有以下几种:

- 命令行:JOIN↙。
- 快捷键方式:输入“J”,单击空格键或 Enter 键。
- 工具栏方式:单击【修改】工具栏中的“→←”图标按钮。

调用“合并”命令后,合并对象的操作步骤如下;

选择要合并到源的对象

指定可以合并其他对象的单个源对象,并在完成选择后按空格键或 Enter 键结束选择对象。

选择需要合并的对象

选择可以与源对象合并的其他对象,并在完成选择后按空格键或 Enter 键结束合并命令。

其中,拟合曲线、椭圆弧、构造线、射线和闭合的对象无法合并。源对象有多种不同类型,针对其适用规则进行下述说明:

(1)直线作为源对象　仅直线对象可以合并到源线。直线对象必须都是共线,但它们之间可以有间隙。

(2)多段线作为源对象　直线、多段线和圆弧可以合并到源多段线。所有对象必须连续且共面,生成的对象是单条多段线。

(3)圆弧作为源对象　只有圆弧可以合并到源圆弧。所有的圆弧对象必须具有相同半径和中心点,但是它们之间可以有间隙,从源圆弧按逆时针方向合并圆弧。

(4)一次选择多个要合并的对象　合并多个对象无须指定源对象。合并共线可产生直线对象,直线的端点之间可以有间隙;合并共面直线、圆弧、多段线可产生多段线对象。

4.20　绘图次序

“绘图次序”命令的用法:用于调整图层次序,可以快速将操作图层置顶。调用“DRAWORDER(绘图次序)”命令的方法有以下几种:

- 命令行:DRAWORDER↙。
- 快捷键方式:输入“DR”,单击空格键或 Enter 键。
- 工具栏方式:单击【修改】工具栏中的“⧉”图标按钮。

调用“绘图次序”命令后,以置顶某一图层为例,调整绘图次序的操作步骤如下;

请先选择一些对象

选定需要置顶的图层对象,并在完成选择后按空格键或 Enter 键结束选择对象。

请输入对象排序选项[对象上(A) 对象下(U) 最前(F) 最后(B)](最前)〈最前〉

在提示中选择输入“F”后按空格键或 Enter 键,完成图层置顶操作。

4.21 打断

“打断”命令的用法:在两点之间打断选定对象,可以在对象上的两个指定点之间创建间隔,从而将对象打断为两个对象。调用“BREAK(打断)”命令的方法有以下几种:

- 命令行:BREAK↙。
- 快捷键方式:输入“BR”,单击空格键或Enter键。
- 工具栏方式:单击【修改】工具栏中的“凸”图标按钮。

调用“打断”命令后,打断对象的操作步骤如下;

选择对象

直接拾取要打断对象上的一点,作为第一个打断点。

指定第二个打断点或[第一个点(F)]

在此提示中有两种选项,针对这两种选项进行下述说明:

(1)指定第二个打断点　两个指定点之间的对象部分将被删除。如果第二个点不在对象上,将选择对象上与该点最接近的点。因此,要打断直线、圆弧或多段线的一端,可以在要删除的一端附近指定第二个打断点。

(2)第一个点(F)　重新指定第一个打断点,然后根据系统提示完成第二个打断点的操作。

其中,直线、圆弧、圆、多段线、椭圆、样条曲线、圆环以及其他几种对象类型都可以拆分为两个对象或将其中的一端删除。

4.22 打断于点

“打断于点”命令的用法:该工具能在一个点上打断选定的对象,将一个对象打断成由两个对象组成。可对直线、开放的多段线和圆弧等使用,不能在一点打断闭合对象(如圆)。调用“BREAKATPOINT(打断于点)”命令的方法有以下几种:

- 命令行:BREAKATPOINT↙。
- 快捷键方式:输入“BP”,单击空格键或Enter键。
- 工具栏方式:单击【修改】工具栏中的“凸”图标按钮。

调用“打断于点”命令后,实现打断于点的操作步骤如下:

选择对象

选择要打断于点的对象。

指定打断点

选择打断点。

本章练习

请利用相应的绘图命令和编辑命令绘制下列平面图形。

1.

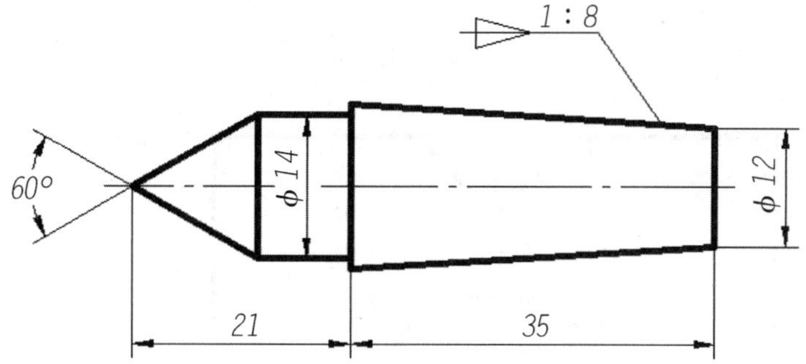

2.

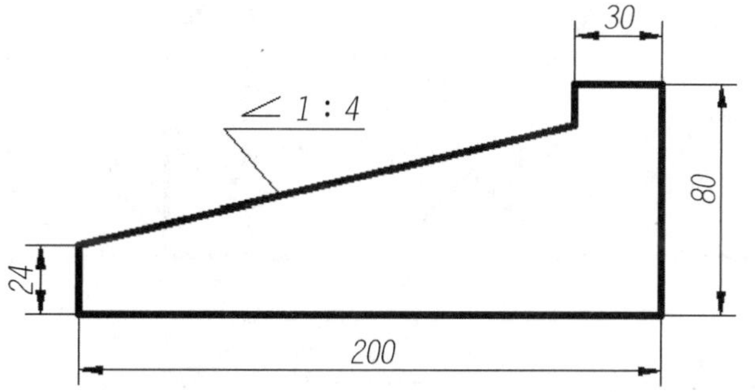

3.

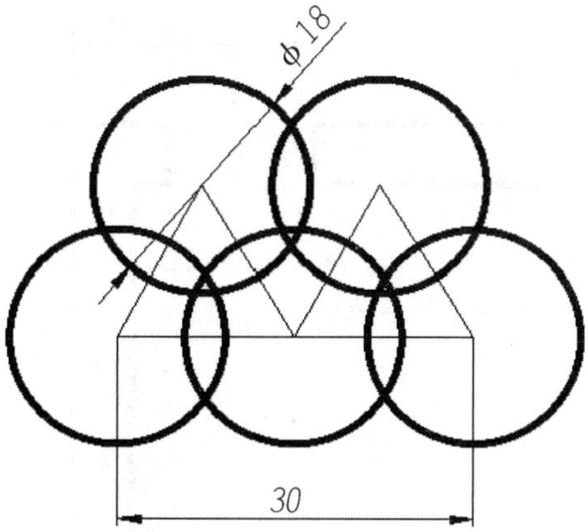

4.

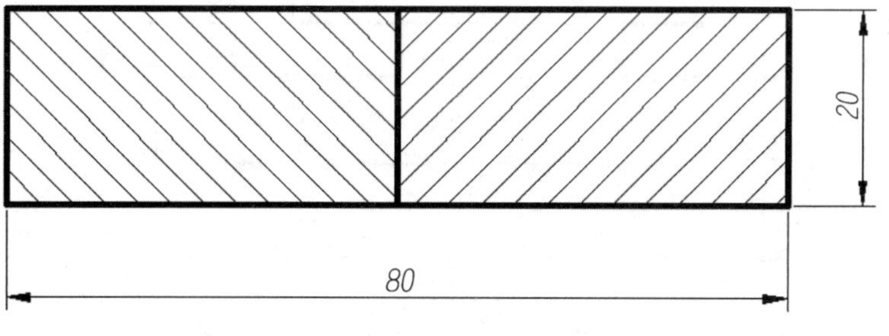

5.

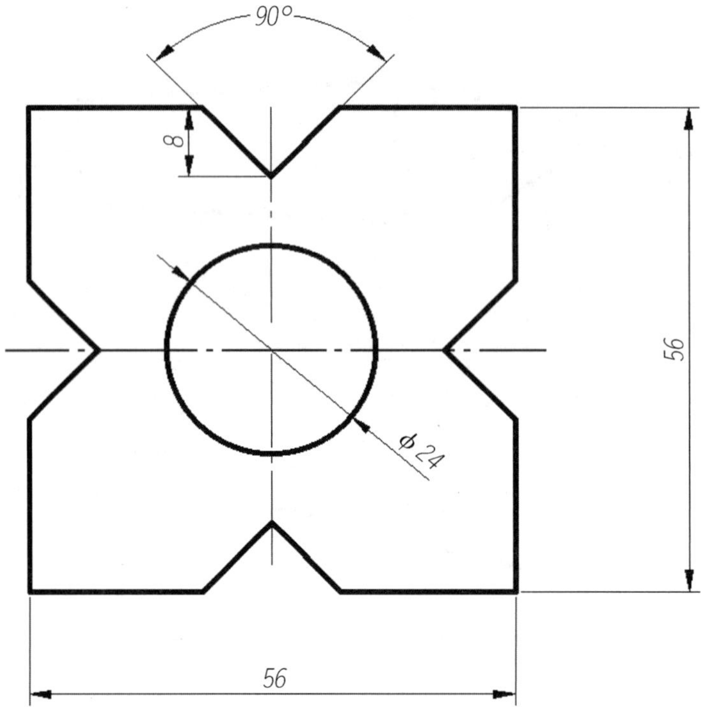

6.

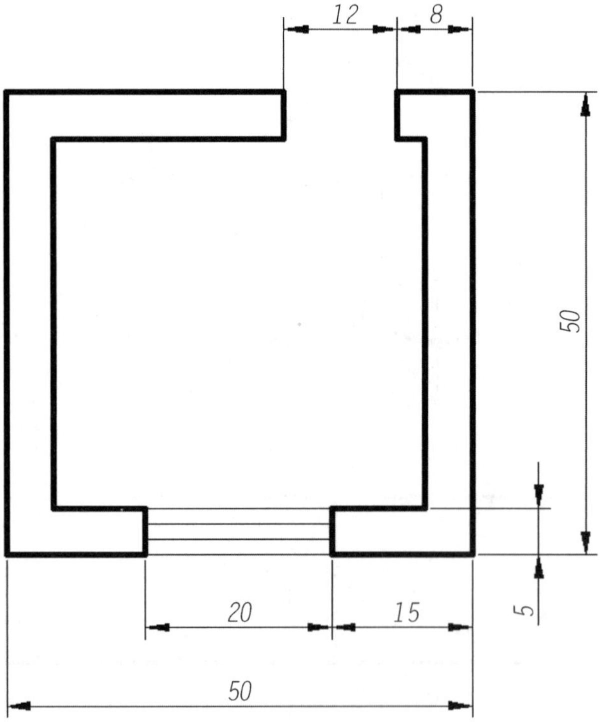

7.

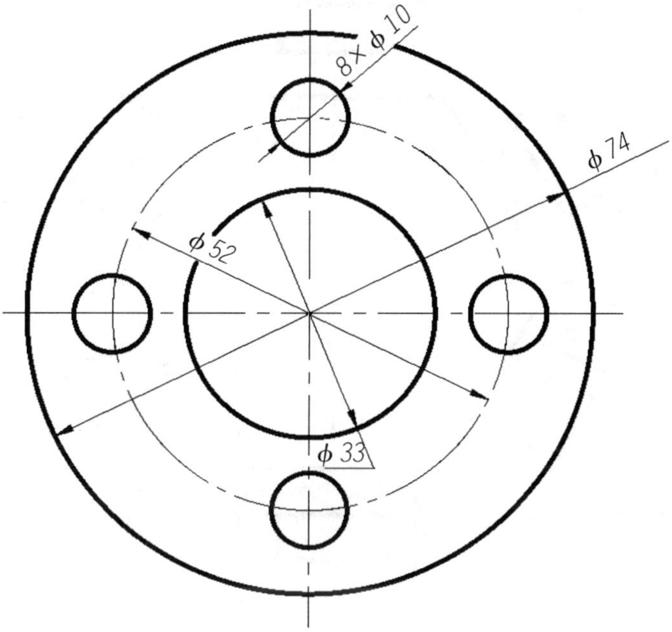

8.

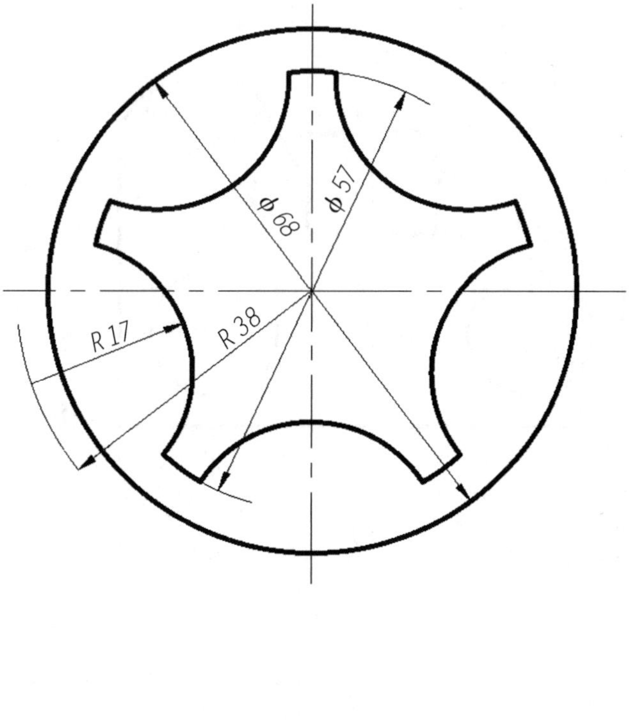

9.

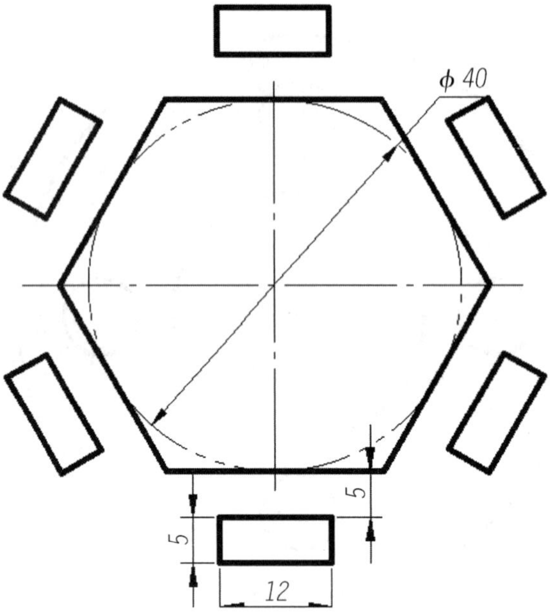

10.

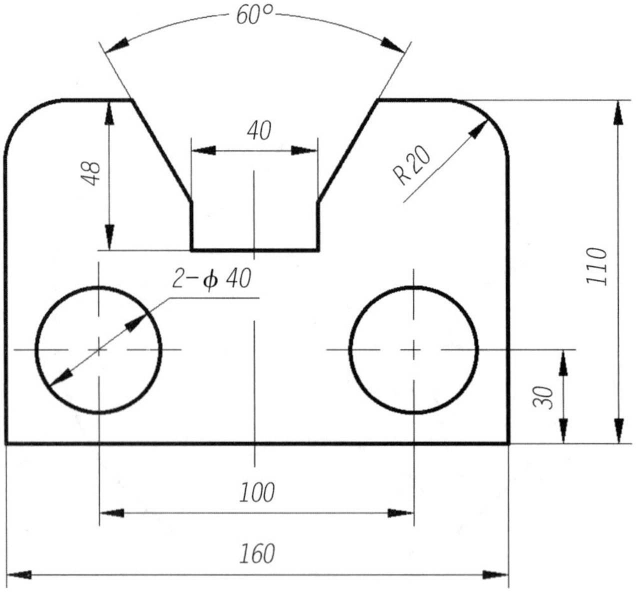

第 5 章　图层与对象特性

在工程图纸中，有很多种不同类型的图线，它们代表了不同的含义，每一类图线都有线型和线宽等特性。同样，在卡伦特 CAD 中，用户创建的图形对象也可以具有不同的特性。卡伦特 CAD 用图层工具来组织不同特性的图形对象，并对设计图形进行分类管理。用户可以先将这些不同特性的图形对象进行分层管理，然后按不同的专业、产品的零部件等方式为图形对象设置特性。

本章主要介绍以下内容：

◎ 图层　　　◎ 对象特性

5.1　图层

因为每一类对象都有多种特性，如果每绘制一个对象都需要对其特性进行一系列设定的话，是一件比较烦琐的工作，为了方便地设置和管理这些不同类型的对象，卡伦特 CAD 引入了图层工具。

形象化地说，图层就像是透明的胶片，可以在其上绘制不同的对象，同一个图层中的对象默认情况下都具有相同的颜色、线型、线宽等对象特征，可以透过一个或者多个图层看到下面其他图层上绘制的对象，如图 5-1 所示，而每个图层还具备控制图层可见和锁定等的控制开关，可以很方便地进行单独控制，而且运用图层可以很好地组织不同类型的图形信息，使得这些信息便于管理。

图 5-1　图层的概念

当用户创建一个文件时，系统自动生成一个默认的图层，图层名为“0”。用户可以根据设计的需要创建自己的图层，例如，在设计院中，根据项目按专业划分创建不同的图层，并设置不同的特性，如颜色、线型、线宽等。然后使用图层将对象分类，利用不同图层的不同颜色、线型和线宽来识别对象。在建筑图中，按照专业分别将对象绘制在墙体、给排水、照明、暖通等图层上，每个图层都有自己的颜色、线型、线宽等特性。这样绘制的图形易于区分，而且可以对每个图层进行单独控制，可以更方便、更有效地对图形进行编辑和管理。

5.1.1 图层的创建

可以为设计的图形对象创建和命名图层，并为这些图层指定通用的特性。通过将对象分类到各自的图层中，可以更方便、更有效地对其进行编辑和管理。

在开始绘制一个新图形时，系统创建一个名为“0”的图层，该图层颜色为索引色 7（黑色或白色，由背景来确定），Continous（连续）线型，而且线宽为默认（0.25 mm），“0”层不能被删除或重命名。

单击常用菜单栏下选项卡上的【图层管理】按钮，如图 5-2 所示，启动【图层管理器】，可以创建新的图层、指定图层的各种特性、设置当前图层、选择图层和管理图层。【图层管理器】是一种无模式工具，能够在使用其他命令的同时维持其显示状态，并且在其上所做的修改可以实时地应用于图纸。

调用【图层管理器】的方法如下。

- 功能区：【常用】标签 | 【图层】面板 | 【图层管理】按钮。

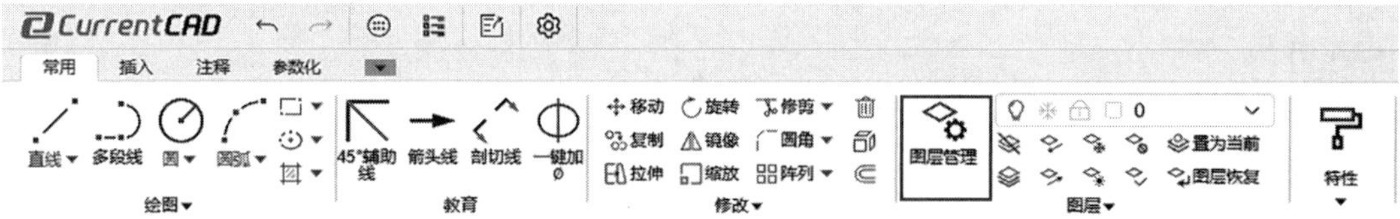

图 5-2 【图层管理】按钮

- 命令行：LA（LAYER）↙（Enter 键）。

激活图层命令后，卡伦特 CAD 弹出【图层管理器】对话框，如图 5-3 所示。

图 5-3 【图层管理器】对话框

数字资源 5-1

创建图层的过程如下。

此操作示范，请参阅数字资源 5-1。

（1）单击功能区【图层】面板上的【图层管理】按钮，打开【图层管理器】对话框。

(2) 在【图层管理器】中单击【新建图层】按钮 新建图层 ,新的图层以临时名称“Layer 1”显示在列表中,并采用默认设置的特性。

(3) 为新建图层命名。单击图层的颜色、线型、线宽等特性,可以修改该图层上对象的基本特性。

(4) 需要创建多个图层时,要再次单击【新建图层】按钮 新建图层 ,并输入新的图层名。

(5) 关闭图层对话框,系统将自动保存当前图形的图层设置。

图层创建完毕后,在【图层】面板的【图层管理】控件下拉列表中可以看到新创建的图层,如图 5-4 所示。

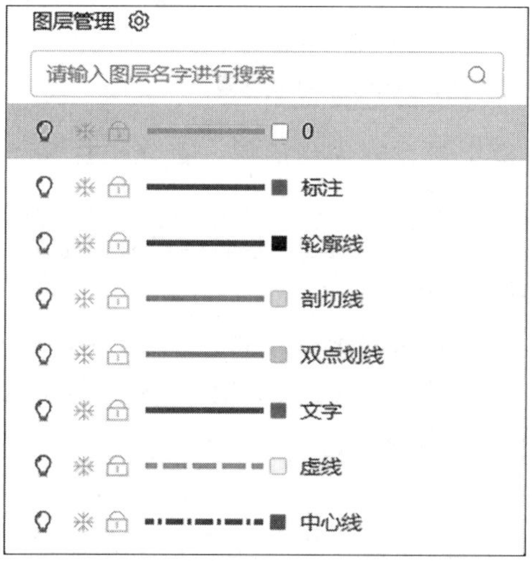

图 5-4 【图层管理】下拉列表

第五章练习文件

对于一般的机械图和建筑平面图,可以参考图 5-5 和图 5-6 来创建图层,本书配套素材中练习文件“5-1.dwg”和“5-2.dwg”分别保存了这些图层设置。

图 5-5 一般机械图的图层设置

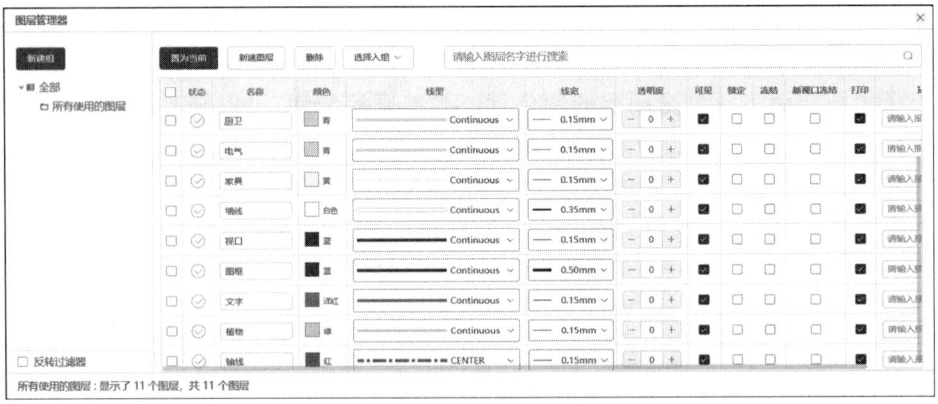

图 5-6　一般建筑平面图的图层设置

在【图层管理器】对话框中，可以将指定层设置为当前层。首先选择一个图层，然后单击对话框上方工具栏中的【置为当前】按钮 置为当前，如图 5-7 所示。也可以选择一个图层并单击鼠标右键，在快捷菜单中选择【置为当前】。用户绘制的图形都在当前图层上，当前图层在【图层管理器】对话框的图层列表中状态图标也是 。

在【图层管理器】对话框中，可以将没有对象的图层删除。首先选择一个图层，然后单击对话框上方工具栏中的【删除】按钮 删除，如果是空图层，卡伦特 CAD 删除该图层，否则系统弹出如图 5-8 所示的警告信息，提示该图层不可删除。

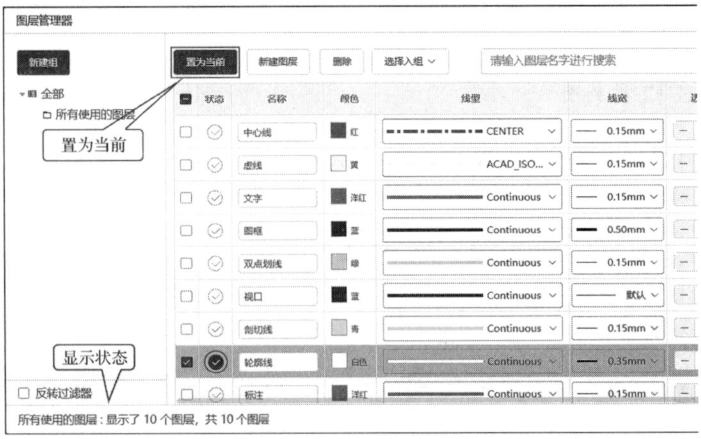

图 5-7　设置当前层

图 5-8　删除图层时卡伦特 CAD 的警告

在【图层管理器】对话框中，可以创建在所有视口中都被冻结的新图层或者选择图层将其冻结。并且可以选择【冻结】或者【新视口冻结】来设置该图层的冻结状态。

5.1.2　利用图层管理不同类型的图形对象

卡伦特 CAD 可以控制图层里对象的显示及编辑。用于控制图层的工具有开 / 关、冻结 / 解冻、锁定 / 解锁、新视口冻结 / 不冻结、打印 / 不打印等。使用这几个工具很简单，可以在【图层管理器】对话框的“图层”列表中单击相应图层的控制图标，或在功能区【常用】面板的【图层管理】控件下拉列表中单击相应图层的控制图标，对于新视口冻结 / 不冻结以及打印 / 不打印则只能在【图层管理器】对话框中控制。

1. 开 / 关图层

在工程设计中，经常将一些与本专业设计无关的图层关闭，使得相关的图形更加清晰，可以随时打开关闭的图层。如果不想打印某些图层中的对象，也可关闭这些图层。

开 / 关图层用于显示和不显示图层上的对象，状态显示和控制图标是打开图层和关闭图层。单击关闭图层图标可以实现“关闭图层”，相应图层里的对象就不可见。单击打开图层图标可以实现“打开图层”，被隐藏的图层里的对象又会被显示出来。在【图层】面板上可以单击图标将选中图形元素的图层直接关闭，同样可以单击图标一键打开所有图层。

提示

初学者在绘制图形的时候，经常发现无论如何新绘制的对象都看不到，这时候应该检查一下是否将当前图层关闭了。

打开本书配套素材中练习文件“5-3.dwg”，用上述两种方式尝试将其中的“标注”图层关闭，只显示零件的视图，如图 5-9A 所示。打开关闭的“标注”图层，则全部尺寸线又都被显示出来，如图 5-9B 所示。

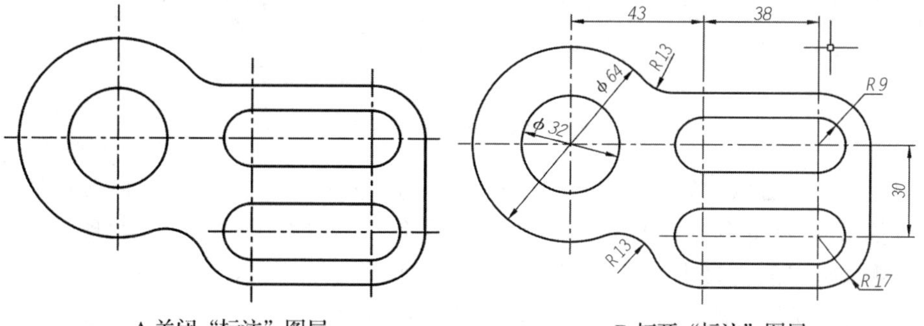

A.关闭“标注”图层　　B.打开“标注”图层

图 5-9　图层的打开与关闭

2. 锁定 / 解锁图层

对于设计中不希望修改的某些对象，可以将对象所在的图层锁定起来。锁定 / 解锁图层用于锁定和解锁图层上的对象，状态显示和控制图标是解锁和锁定。在【图层】面板上可以单击图标将选中图形元素的图层解锁，同样可以单击图标锁定图元所在的图层。

单击解锁图标可以实现锁定图层，这时图层里的对象暗显并且不能被编辑，图 5-10A 所示为本书配套素材中练习文件“5-3.dwg”锁定“标注”图层后的状态，可以在此图层里新建对象；单击解锁图标后单击标注图层上的对象可以实现解锁图层，如图 5-10B 所示，解锁后图层里的对象正常显示并且可以被编辑。

打开本书配套素材中练习文件“5-3.dwg”，将其中的“标注”图层锁定，然后使用删除、移动等修改工具尝试修改此图层中的对象，则不会成功。点开【图层管理】下拉菜单按住鼠标中键把图调整到如图 5-11 所示的位置，以便能清楚地观察到图形。

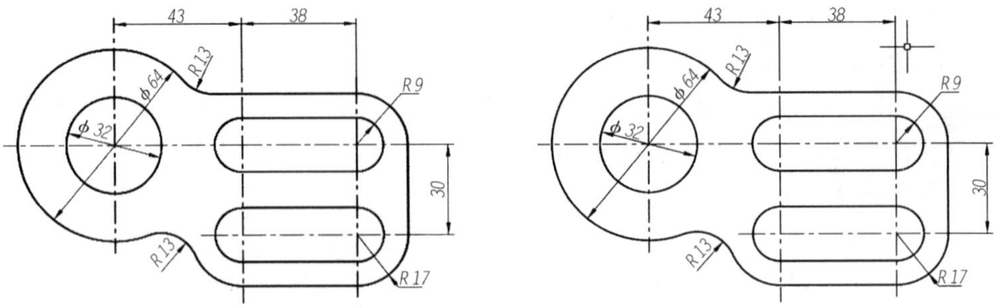

A.尺寸标注层的锁定　　　　B.尺寸标注图层解锁

图 5-10　图层的锁定与解锁

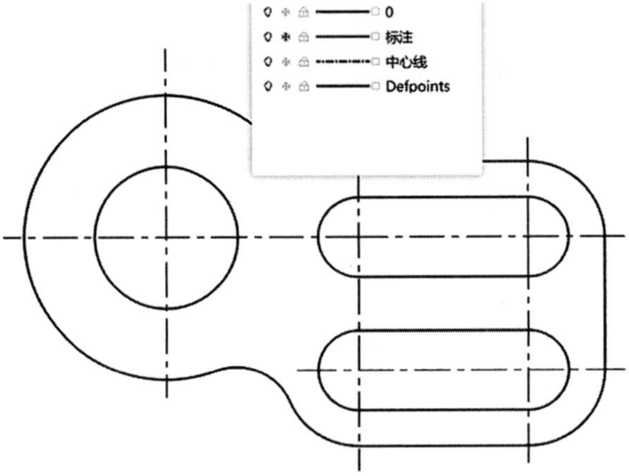

图 5-11　图层状态控制

先将其中的“中心线”图层关闭，如图 5-12 所示。然后单击鼠标中键移动整张图面，将此图形中的全部对象移动到新的位置。移动完成后将“中心线”图层打开，发现“中心线”图层里的对象一样被选择，并随其他对象一起移动了，如图 5-13 所示。在使用 ✥移动 命令来移动所有图元时，中心线没有跟随所有图元一起移动，显示的结果如图 5-14 所示，这说明用鼠标中键移动图面只是移动了显示位置，而所有图元的坐标没有变化。

3. 冻结 / 解冻图层

冻结 / 解冻所有视口中选定的图层。冻结 / 解冻图层可以看成是开 / 关图层和锁定 / 解锁图层的一个结合体，也就是说，被冻结的图层里的图形对象既不显示也不能被修改，而关闭图层里的对象可以被某些选择集命令［如“all（全部）”命令］选择并修改。控制图标分别是彩色❄和灰色❄，单击彩色❄图标可以实现冻结图层，这时图层里的对象将被隐藏并且不能被编辑，单击灰色❄图标可以实现解冻图层。在【图层】面板上可以单击图标再选图形元素可以将非当前活动的图层冻结，如果选的图元在当前活动图层，则无法冻结该图层，同样用快捷键“Ctrl+A”全选所有图元后可以单击图标解冻所有的图层。

打开本书配套素材中练习文件“5-3.dwg”，将图形放到如图 5-11 所示的位置，然后将“中心线”图层冻结，然后使用“移动”命令移动对象，在提示选择对象时使用选择集命令“all”，移动此图形中的全部对象到新的位置。移动完成后，将“中心线”图层解冻，发现“中心线”图层里的对象也没有被移动，同样说明被冻结的图层里的对象不可以被编辑，如图 5-14 所示。

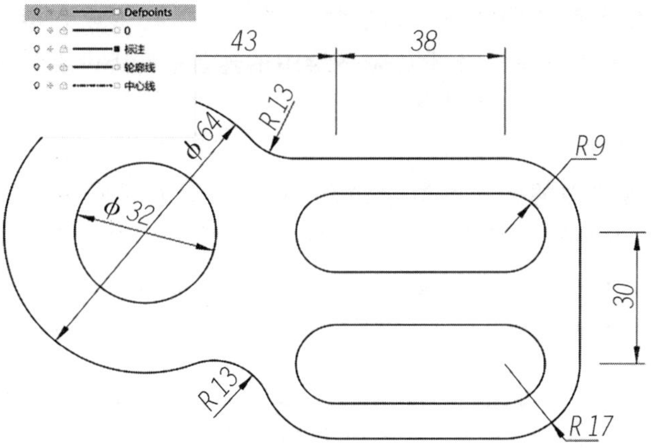

图 5-12　关闭“中心线”图层

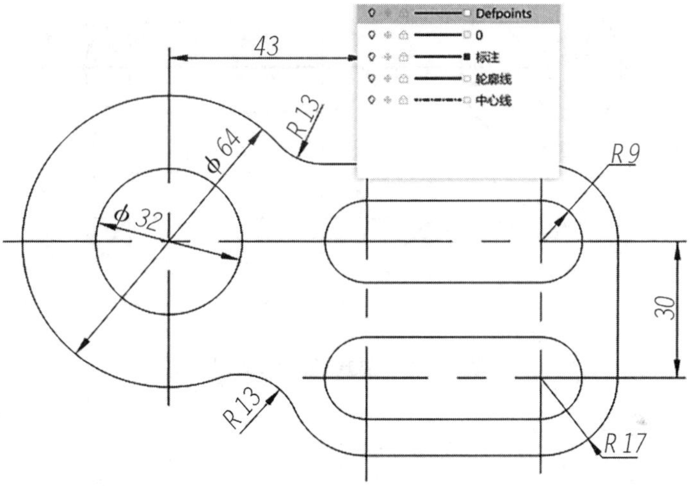

图 5-13　移动后打开“中心线”图层

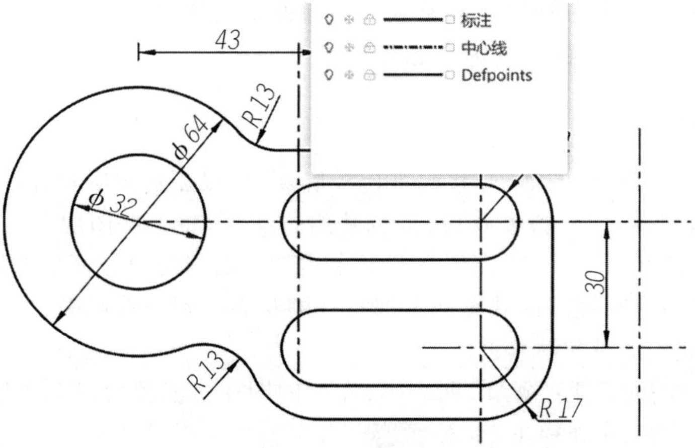

图 5-14　冻结图层也不参与编辑

冻结新视口是指在新布局视口中冻结选定图层。在重新生成和消隐或渲染时，计算机不处理冻结的信息，这样冻结一些图层可以提高绘图的速度，尤其在绘制比较大的图形时，其影响是很大的。

4. 隔离 / 取消隔离

隔离图层指的是将选中的图层与其余图层相区分，只有被隔离的图层可以被编辑，其余图层均显示为灰色，不可编辑的状态。隔离图层的控制图标为，取消隔离图层的控制图标为。将练习文件“5-3.dwg”中的轮廓线图层隔离的状态如图 5-15 所示，轮廓线外其余的图层均为灰色且不可编辑的状态。

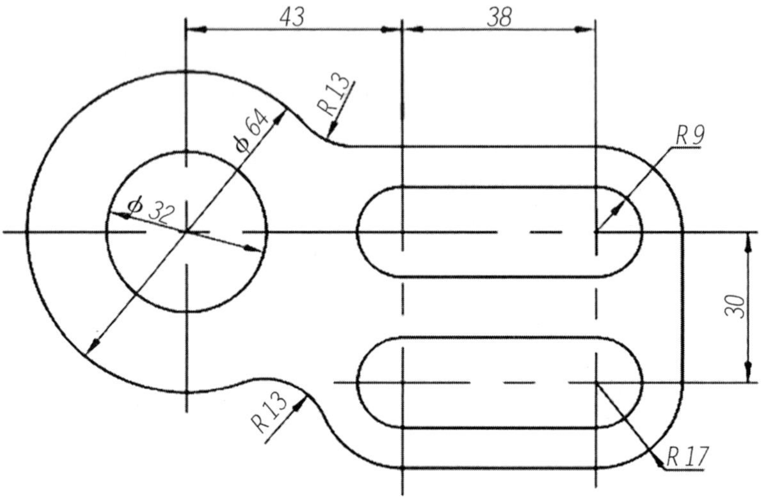

图 5-15　隔离轮廓线图层

5. 打印 / 不打印图层

如果某些图层仅仅是设计时的一些草图，不需要打印出来，可以将它所在的图层设为“不打印”。打印 / 不打印图层用于控制图层上的对象是否被打印出来，☑是可打印状态，非选中状态□的图层不可打印。

在卡伦特 CAD 的【图层管理器】中还可以设置图层的透明度，数值设为 0 时为不透明，数值设为 100 以上时该图层的图元变为全透明状态。

5.1.3 管理图层

如果图形中有很多图层的话，寻找起来比较麻烦，可以创建图层特性过滤器，根据图层的名称或特性来过滤显示图层，方便查找；或创建组过滤器，将某些图层归为一组来显示；还可以将图层控制开关的状态保存到【图层管理器】，需要的时候可以方便地调用。例如将除了轮廓线以外的其他图层全部关闭的状态和全部打开的状态分别保存起来，这样可以随时切换这两种状态，以方便观察图形和继续设计。

在【图层管理器】对话框“视图”列表中，左侧的图层过滤器可以对图层而不是图层里的对象进行分组管理，单击【新建组】按钮 新建组，可以新建一个默认名称为“Group_x”的组，组名称可以在右侧的“名称”栏修改成需要的名称，并且可以选中相应的图层后单击【选择入组】下拉菜单中的选项，将相应的图层加入相应图层分组中，如图 5-16 所示。

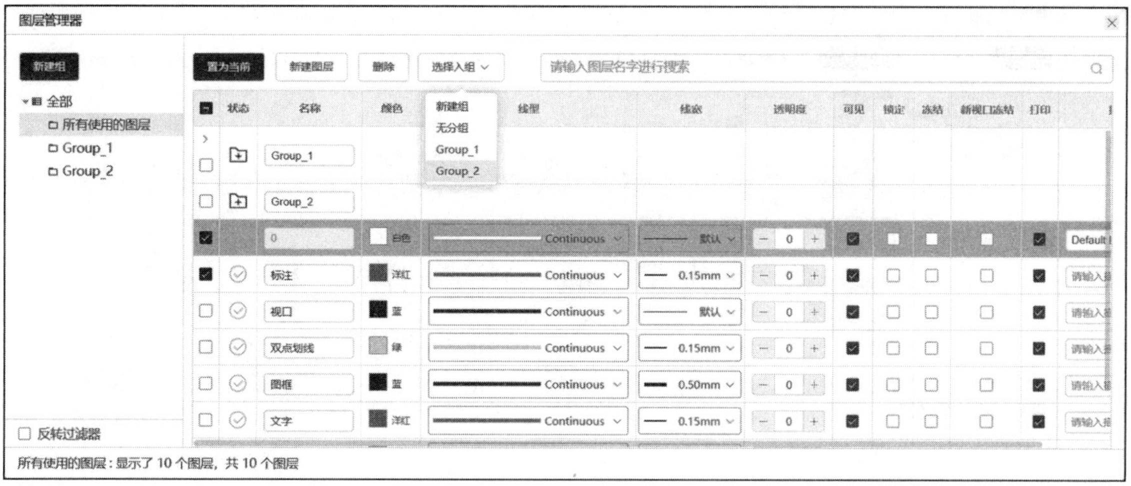

图 5-16　图层过滤器

在【图层管理器】对话框的列表视图中，可以显示指定过滤器的图层或全部图层。也可以输入图层的名字来进行图层搜索，操作方法如下：

(1) 打开本书配套素材中练习文件“5-4.dwg”，打开【图层管理器】对话框。

(2) 在图层管理器中，选中分组【Group_1】，观察右边图层变化情况；再单击选中【反转过滤器】前的复选框，观察右边的图层是否有改变，并自行尝试改变分组的名称和组内的图层。

(3) 在对话框的右上角搜索框中输入“中心线”可以将中心线图层单独显示出来。

此操作示范，请参阅数字资源 5-2。

数字资源 5-2

图层的分组也可以删除，在选中想要删除的分组后会在【新建组】按钮旁出现一个新的按钮【删除组】，单击该按钮可以将选中的分组删除。

删除组的操作步骤可以参阅数字资源 5-3。

图层组过滤器是人为地将选择的某些图层放入在一起的一种过滤器。图层组过滤器只包含那些明确指定到该过滤器中的图层，图层组过滤器只能嵌套到其他图层组过滤器下。图层组过滤器创建方法如下：

数字资源 5-3

(1) 打开本书配套素材中练习文件“5-5.dwg”，单击【图层】面板上的按钮，打开【图层管理器】对话框。

(2) 在【图层管理器】对话框中，单击【新建组】按钮，自动新建一个默认名称为“Group_1”的组，相应的在右边的详情框也出现一个“Group_1”分组，其状态为，并且单击“Group_1”的名称可以修改成需要的组名称。

修改分组名称的操作步骤可以参阅数字资源 5-4。

(3) 在该对话框中，选择相应特征的图层后，单击对话框中上部的【选择入组】可将图层放入合适的分组内，如图 5-17 所示。

(4) 单击【Group_1】选项后，刚选择的所有图层会自动归入 Group_1 分组内，如图 5-18 所示。

数字资源 5-4

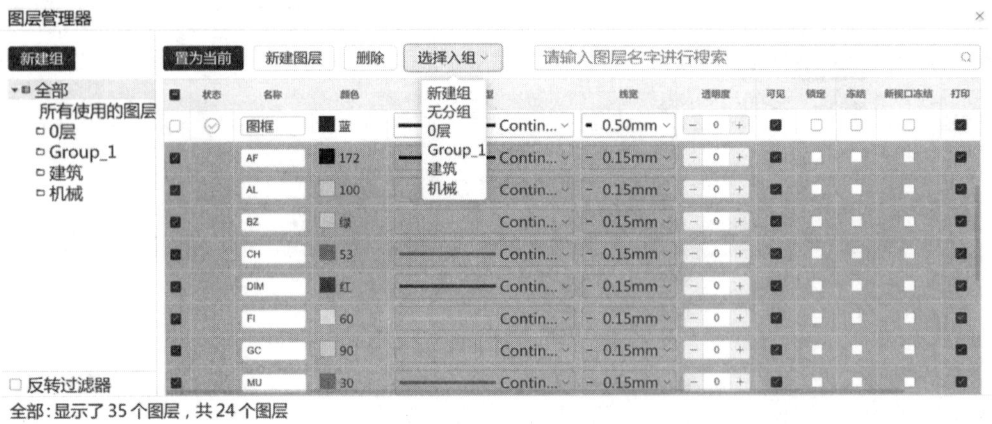

图 5-17　图层分组

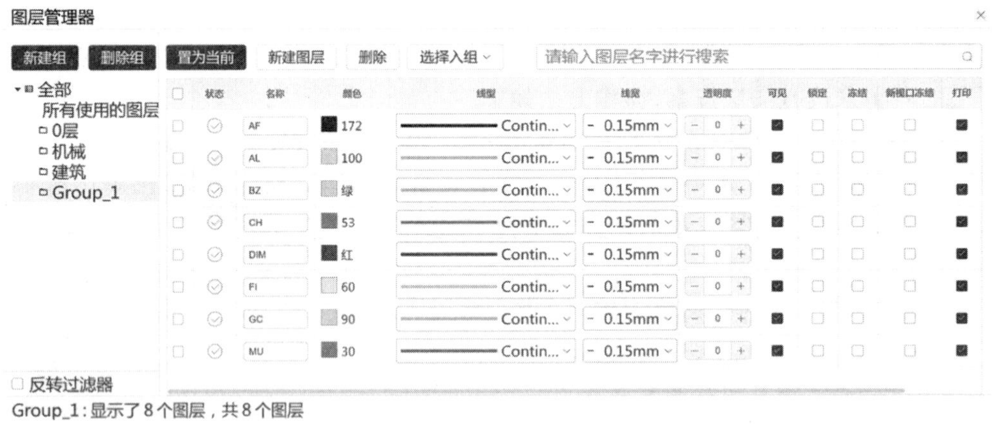

图 5-18　“Group_1”分组的图层

5.1.4　图层工具

在卡伦特 CAD 中，修改对象图层、修改图层状态和管理图层的常用命令都在功能区【图层】面板中，如图 5-19 所示。这些工具对于已绘制了大量对象的图形文件来说，简单地实现了对象的图层更新和图层显示控制，并且还可以将图层合并及删除包含对象的图层。

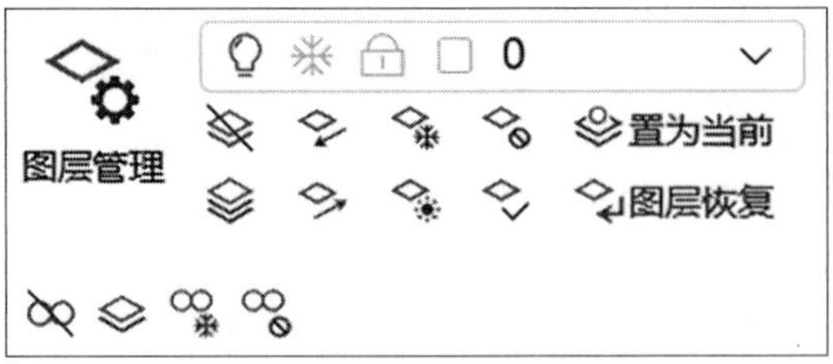

图 5-19　【图层】面板

在【图层】面板上还有把图层置为当前、图层恢复、关闭其他图层、打开图层、冻结其他图层和锁定其他图层的快捷图标。

1. “关闭”与“打开所有图层”命令

“关闭”命令是关闭选定对象所在的图层，执行“打开所有图层”命令将打开图形中的所有图层。调用“关闭”或“打开所有图层”命令的方法如下：

- 功能区：【常用】标签 |【图层】面板 |【关闭图层】按钮或【图层全开】按钮。
- 命令行：GBTC（LAYOFF）（关闭图层）/ TCQK（LAYON）（图层全开）↙。

关闭图层与图层全开的操作步骤如下：

（1）单击【图层】面板上的【图层关闭】按钮，激活【图层关闭】命令。

（2）选择要关闭的图层上的对象，可以选择不同图层上的多个对象，则关闭被选对象所在的图层。

（3）单击【图层】面板上的【图层全开】，激活【图层全开】命令；则当前图形中全部图层都被打开。

打开本书配套素材中练习文件“5-6.dwg”，将红色和粉色圆所在的图层关闭，之后再打开。命令执行过程如下：

命令：GBTC（LAYOFF）

LAYOFF　选择图层上要关闭的对象或：[关闭块参照或外部参照内部图层（Q）]：（选择红色圆）

LAYOFF　选择对象：（选择粉色圆）

LAYOFF　2 个被选中，继续选择或按 Enter 结束选择：↙（按 Enter 键结束命令）

命令：TCQK（LAYON）

所有图层均已打开

2. “隔离”和“取消隔离”命令

图层“隔离”是仅打开隔离选定对象所在的图层，关闭或锁定其他所有图层。图层“取消隔离”是将图层隔离中关闭或锁定的图层打开。调用图层“隔离”或“取消隔离”命令的方法如下：

- 功能区：【常用】标签 |【图层】面板 |【隔离】按钮或【取消隔离】按钮。
- 命令行：LAYISO（隔离）/ LAYUNISO（取消隔离）↙。

图层隔离和取消隔离的操作步骤如下：

（1）单击功能区【图层】面板上的【隔离】按钮，激活图层【隔离】命令。

（2）在系统提示：“选择要隔离的图层上的对象或［设置（S）］：”中，选择“S”来设置未隔离图层是关闭（O）还是锁定和淡入（L），然后选择要隔离的图层上的对象，可以选择不同图层上的多个对象；按 Enter 键确认后，其余图层被关闭或锁定。

（3）单击功能区【图层】面板上的【取消隔离】按钮，关闭的图层被重新打开或锁定的图层被解锁。

打开本书配套素材中练习文件“5-6.dwg”，将粉色圆所在的图层隔离。命令执行过程如下。

命令：LAYISO↙

LAYISO　选择要隔离的图层上的对象或［设置（S）］：（选择粉色圆）

LAYISO　选择要对象：↙（按 Enter 键结束选择对象）

除粉色圆所在的图层外，其余图层颜色变灰且图层处于锁定状态

3. “冻结图层”与“解冻图层”命令

“冻结图层”命令是冻结选定对象所在的图层，“解冻图层”命令将解冻图形中的所有被冻结的图层。调用“冻结图层”或“解冻图层”命令的方法如下：

- 功能区:【常用】标签 |【图层】面板 |【冻结】按钮或【解冻图层】按钮。
- 命令行:DJTC(LAYFRZ)(冻结)/JDTC(LAYTHW)(解冻所有图层)↙。

图层冻结与解冻所有图层的操作步骤如下：

(1)单击【图层】面板上的【冻结】按钮,激活“冻结”命令。

(2)选择要冻结的图层上的对象,可以选择不同图层上的多个对象,则冻结被选对象所在的图层。

(3)单击【图层】面板上的【解冻图层】按钮,激活“解冻图层”命令,则当前图形中全部图层被解冻。

打开本书配套素材中练习文件“5-6.dwg”,将红色和粉色圆所在的图层冻结。之后再解冻。命令执行过程如下：

命令：DJTC(LAYFRZ)↙

LAYFRZ　选择图层上要冻结的对象或:[关闭块参照或外部参照内部图层(Q)]:(选择红色圆)

LAYFRZ　选择对象:(选择粉色圆)

LAYFRZ　2个被选中，继续选择或按Enter结束选择:↙(按Enter键结束命令)

命令：JDTC(LAYTHW)↙

所有图层均已解冻

4. “锁定图层”与“解锁图层”命令

“锁定图层”将锁定选定对象所在的图层，“解锁图层”将解锁选定对象所在的图层。调用“锁定图层”或“解锁图层”命令的方法如下：

- 功能区:【常用】标签 |【图层】面板 |【锁定图层】按钮或【解锁图层】按钮。
- 命令行:SDTC(LATLCK)(锁定图层)或JSTC(LAYULK)(解锁图层)↙。

图层锁定与解锁的操作步骤如下：

(1)单击【图层】面板上的【锁定图层】按钮,激活“锁定图层”命令。

(2)选择要锁定图层上的对象,则锁定被选对象所在的图层。

(3)单击【图层】面板上的【解锁图层】按钮,激活“解锁图层”命令。

(4)选择要解锁图层上的对象,则解锁被选对象所在的图层。

5. 将对象的图层“置为当前”图层命令

将选定对象所在的图层设置为当前图层。调用将对象的图层“置为当前”命令的方法如下。

- 功能区:【常用】标签 |【图层】面板 |【置为当前】按钮。
- 命令行:LAYMCUR↙。

将对象的图层置为当前图层的操作步骤如下：

(1)单击功能区【图层】面板上的【置为当前】按钮,激活将对象的图层“置为当前”命令。

(2)选择对象,则该对象所在的图层成为当前图层。

打开本书配套素材中练习文件“5-6.dwg”,将红色圆所在的图层置为当前层。命令执行过程如下：

命令:LAYMCUR ↙

LAYMCUR 选择将使其图层成为当前图层的对象:(选择红色圆)

中心线层现在为当前图层

6. “图层恢复”命令

将所有图层特性更改为打开的可编辑状态。调用“图层恢复”命令的方法如下:

- 功能区:【常用】标签 | 【图层】面板 | 【图层恢复】按钮。
- 命令行:HFTC ↙。

恢复图层的操作步骤如下。

单击【图层】面板上的【图层恢复】按钮,激活“图层恢复”命令,所有的图层均打开为可编辑状态。

7. “关闭其他”图层命令

将选定的一个或多个对象的图层保留,关闭其他图层可以使用“关闭其他”图层命令。调用“关闭其他”图层命令的方法如下:

- 功能区:【常用】标签 | 【图层】面板 | 【关闭其他】图层按钮。
- 命令行:GBQT ↙。

将对象复制到新图层的操作步骤如下:

(1) 单击【图层】面板上的【关闭其他】图层按钮,激活“关闭其他”图层命令。

(2) 选择要保留图层上的对象,可以选择不同图层上的多个对象。

(3) 只有被选中的对象所在的图层是打开状态,其余的图层均已关闭。

命令: GBQT ↙

GBQT 关闭其他:选择对象〈退出〉:(选择红色圆)

GBQT 选择对象:(选择粉色圆)

GBQT 2 个被选中, 继续选择或按 Enter 结束选择: ↙(按 Enter 键结束选择对象)

仅有被选中的对象所在的图层是打开状态,其余的图层均已关闭

8. “打开图层”命令

“打开图层”命令可以打开如图 5-20 所示的当前图纸中已经关闭的图层的列表,可以在此列表中选择需要打开的图层进行打开操作。

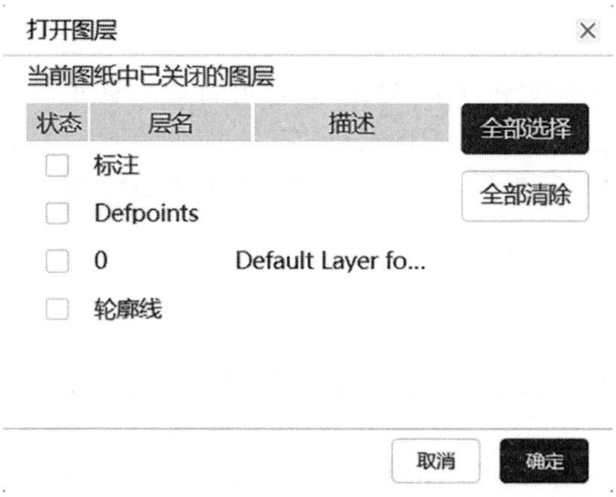

图 5-20 打开图层列表

调用“打开图层”命令的方法如下：

- 功能区：【常用】标签 | 【图层】面板 | 【打开图层】按钮。

打开图层的操作步骤如下：

(1)单击【图层】面板上的【打开图层】按钮，激活【打开图层】的对话框。

(2)在该对话框中，选择一个或多个图层后单击【确定】按钮，则在图形屏幕打开被选择图层上的对象。

9. “冻结其他”图层命令

将选定的对象所在的图层以外的图层冻结可以使用“冻结其他”图层命令，使除选定对象所在的图层原图层上的对象不可编辑的对象。调用“冻结其他”图层命令的方法如下：

- 功能区：【常用】标签 | 【图层】面板 | 【冻结其他】。
- 命令行：DJQT(LAYVPI)↙。

冻结其他图层的操作步骤如下：

(1)单击【图层】面板上的【冻结其他】按钮，激活该命令。

(2)选择要保留的图层上的对象，可以选择不同图层上的多个对象。

(3)按 Enter 键确认后，选定的对象所在图层上的对象被保留，其余的图元被隐藏。

10. “锁定其他”图层命令

锁定除选定对象所在的图层以外的所有对象。调用“锁定其他”图层命令的方法如下：

- 功能区：【常用】标签 | 【图层】面板 | 【锁定其他】。
- 命令行：SDQT↙。

锁定其他图层的操作步骤如下：

(1)单击【图层】面板上的【锁定其他】按钮，激活该命令。

(2)选择要保留的图层上的对象，可以选择不同图层上的多个对象，则除被选定对象所在的图层和图层上的所有对象外，其余图层上的对象均处于被锁定状态，被减淡显示但是不可以编辑。

以上各项命令都可以用本书配套素材中练习文件“5-6.dwg”来练习，读者可以自己练习一下这些功能。

5.2 对象特性

在卡伦特 CAD 中绘制的每个对象都具有自己的特性。有些特性属于基本特性，适用于所有对象，如图层、颜色、线型、线宽和打印样式。有些特性属于专有几何特性，适用于某一类对象，如圆的特性包括圆心坐标、半径、周长和面积，直线的特性则包括起点与终点的坐标、长度和角度等。

5.2.1 设置新创建图形对象的特性

对于新创建的对象，其特性由功能区【常用】标签中【特性】面板中的当前特性所控制，如图 5-21 所示。

图 5-21 【特性】面板

默认的【特性】面板有 3 个下拉列表，分别控制对象的颜色、线宽和线型。颜色、线型、线宽的默认设置都是“ByLayer”，意即“随层”，表示当前的对象特性随图层而定，并不单独设置。

利用【特性】面板可以设置对象的特性，显示当前的特性设置，还可以在选择对象时，显示被选择对象的特性。

1. 设置颜色

可以为对象设置颜色，一旦颜色设置后，以后创建的对象皆采用此颜色，直至选择新的颜色为止。

调用“颜色”命令的方法如下：

- 功能区：【常用】标签 | 【特性】面板 | 【颜色】下拉列表。

用户可以在【颜色】下拉列表中选择一种颜色，如图 5-22A 所示。或单击【自定义】选项，卡伦特 CAD 弹出【自定义颜色】对话框，如图 5-22B 所示。在其中选择一种颜色块作为当前颜色，以后创建的对象都使用此颜色，直至选择新的颜色为止。

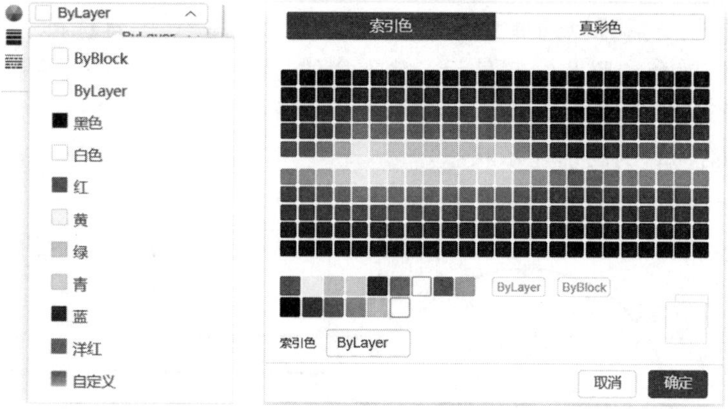

A.【颜色】下拉列表　　B.【自定义颜色】对话框

图 5-22 选择颜色

可以看到，列表中有“ByBlock”和“ByLayer”两项，这都属于逻辑特性，在线型、线宽特性列表中都有这两项。对于“ByBlock”表示对象的颜色特性随图块而定，而“ByLayer”是随图层而定。

2. 设置线宽

线宽是指线条在打印输出时的宽度，这种线宽可以显示在屏幕上，并输出到图纸中。一旦线宽设置后，以后创建的对象皆采用此线宽，直至选择新的线宽为止。

调用“线宽”命令的方法如下。

- 功能区:【常用】标签 |【特性】面板 |【线宽】下拉列表。

用户可以在【线宽】下拉列表中选择线宽,如图 5-23 所示。线宽从 0.00 mm 到 2.11 mm 一共有 20 余种线宽供选用。

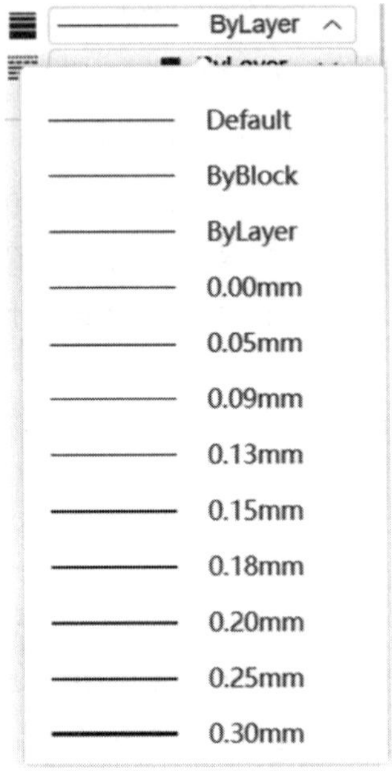

图 5-23 选择线宽

设置了对象的线宽后可以选择是否在屏幕上“显示线宽”。一旦选择了“显示线宽”,则屏幕上再创建的图形就会按照此线宽显示。状态栏的显示 / 隐藏【线宽】按钮 ☰ / ☰,也是用来控制屏幕上是否显示线宽。如图 5-24 所示为本书配套素材中练习文件“5-7.dwg”显示 / 隐藏【线宽】按钮激活与否的图形显示状态。

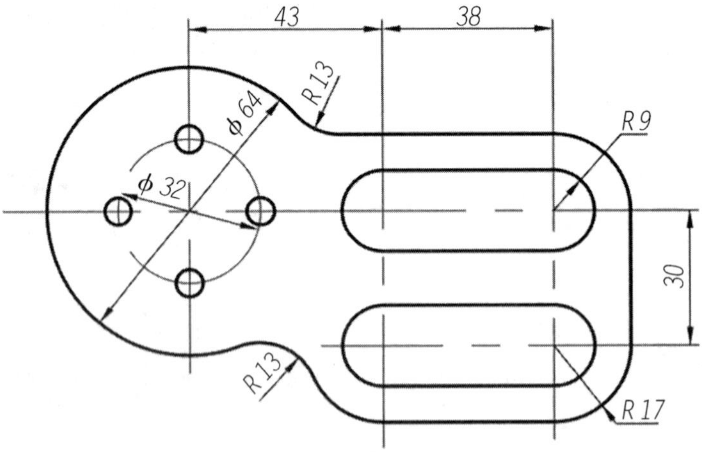

A. 激活【线宽】按钮

图 5-24 线宽显示

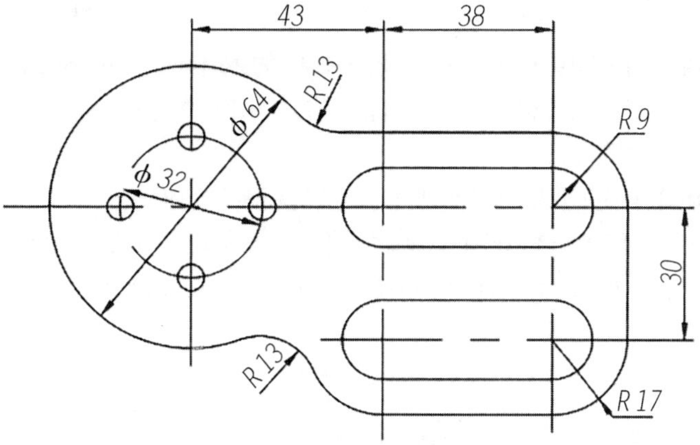

B. 未激活【线宽】按钮

图 5-24　线宽显示(续)

> **提示**
>
> 为了最后打印出图的效果,一般的工程图细线线宽可以设置为 0.25 mm,粗线线宽可以设置为 0.50 mm。另外,屏幕显示的线宽并不能正确地显示不同线宽之间的比例,只是一个示意性的线宽。

3. 设置线型

用户可以根据需要为对象设置线型。一旦线型设置后,以后创建的对象皆采用此线型,直至选择新的线型为止。

调用“线型”命令的方法如下。

- 功能区:【常用】标签 |【特性】面板 |【线型】下拉列表。

用户可以在【线型】下拉列表中选择一种线型,如图 5-25 所示。并不是全部线型都出现在“线型”列表中,默认的图形中只加载了 40 余种线型,其中两种是逻辑线型特性“ByLayer”和“ByBlock”。如果还需要使用其他线型,可以在图层管理的选择线型对话框中选择自定义线型来使用,如图 5-26 所示。

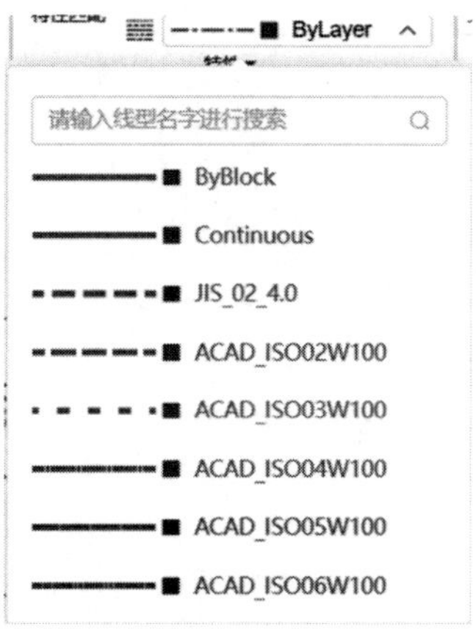

图 5-25　选择线型列表

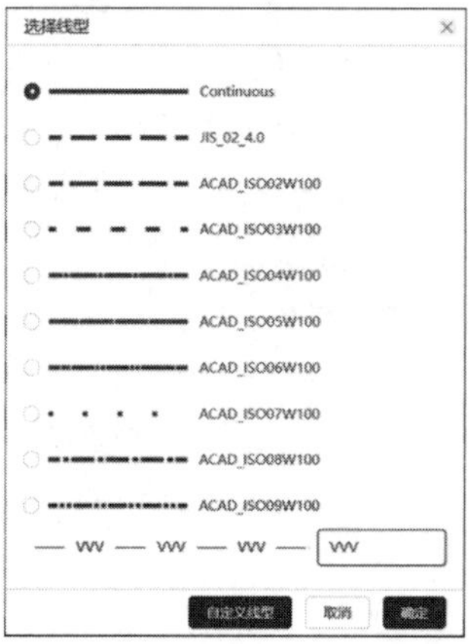

图 5-26　选择线型之自定义线型

4. 列表查询

用户可以利用列表查询很方便地了解所选对象的基本信息，如圆的圆心坐标、半径、周长和面积等信息，以及直线的起点和终点的坐标、长度、角度等信息。

调用列表查询命令的方法如下。

- 功能区：【常用】标签｜【特性】面板｜【列表查询】按钮。

图5-27所示分别为本书配套素材中练习文件“5-7.dwg”中直线、圆、圆弧和尺寸标注的列表显示结果。如果一次性选择多个对象，系统会以列表的形式逐个显示各个对象的基本信息。

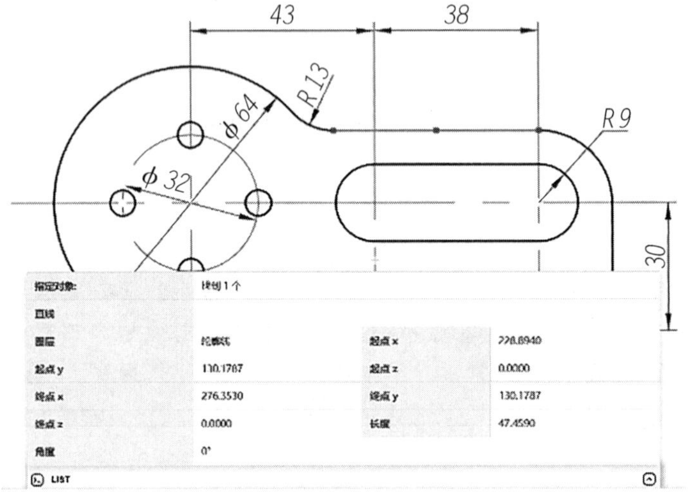

A. 直线的基本特性列表

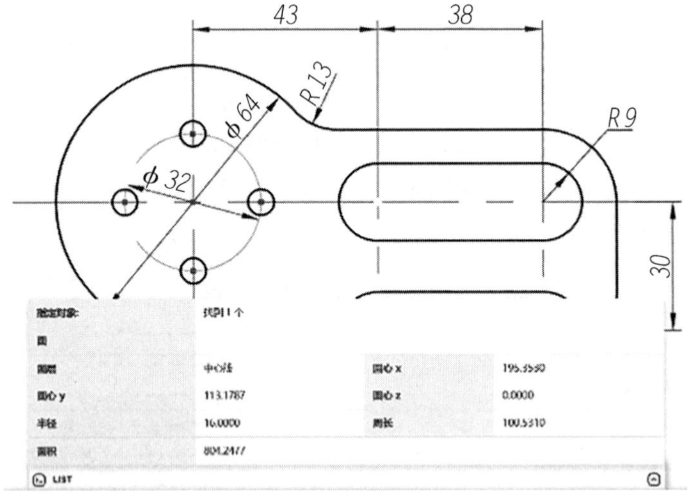

B. 圆的基本特性列表

图5-27 不同对象的列表查询结果

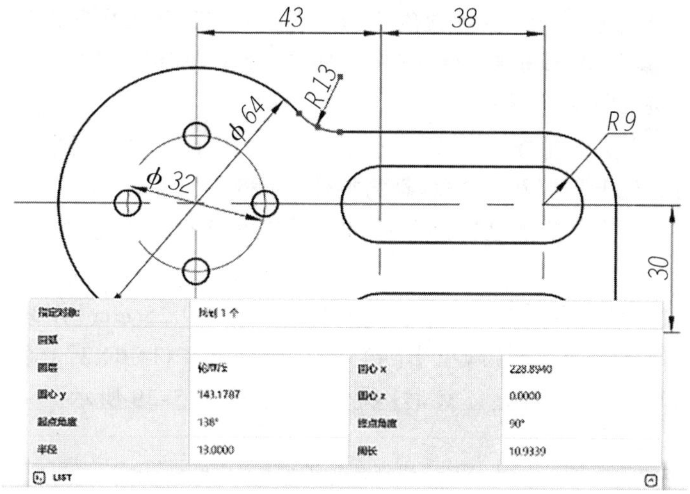

C. 圆弧的基本特性列表

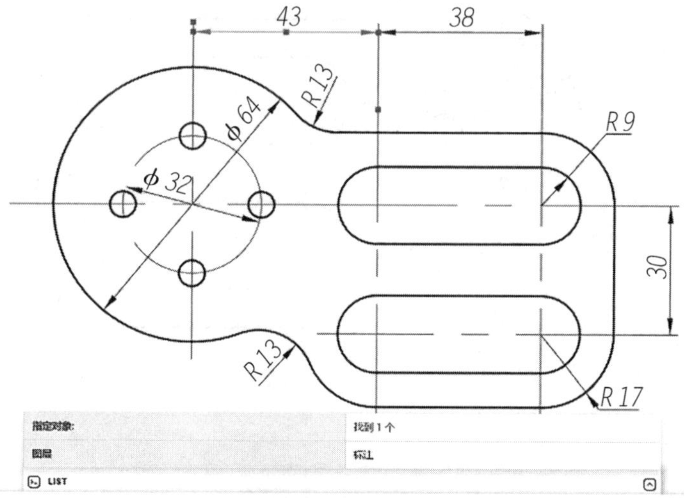

D. 尺寸标注的基本特性列表

图 5-27　不同对象的列表查询结果(续)

5.2.2　改变现有图形对象的特性

对于已经创建好的对象，如果想要改变其特性，卡伦特 CAD 也提供了方便的修改方法，主要可以使用功能区特性面板、特性匹配工具和快捷特性等来进行修改。

1. 使用功能区【特性】面板

使用功能区【特性】面板可以显示和修改对象特性，如颜色、线型和线宽。

操作过程如下：

(1) 选择图形对象，将对象加入选择集。

(2) 在功能区【特性】面板中的颜色、线型、线宽的下拉列表和透明度中选择想要更改成的特性。

打开本书配套素材中练习文件“5-8.dwg”，如图 5-28A 所示，将图中细实线表示的中心线改为中心线线型，并将颜色改为红色，线宽改为 0.25 mm。

此操作示范，请参阅数字资源 5-5。

数字资源 5-5

步骤如下：

(1) 鼠标单击选择要修改的中心线图形对象，如图 5-28A 所示，此时【特性】面板上显示被选择对象的特性，全部为“ByLayer”。

(2) 单击功能区【特性】面板的【颜色】下拉列表，选择“红”作为中心线对象颜色。

(3) 单击功能区【特性】面板的【线宽】下拉列表，选择“0.25 mm”作为中心线对象线宽。

(4) 单击功能区【特性】面板的【线型】下拉列表，选择“CENTERX2”作为中心线对象线型。修改后的结果如图 5-28B 所示。此时【特性】面板如图 5-29 所示。

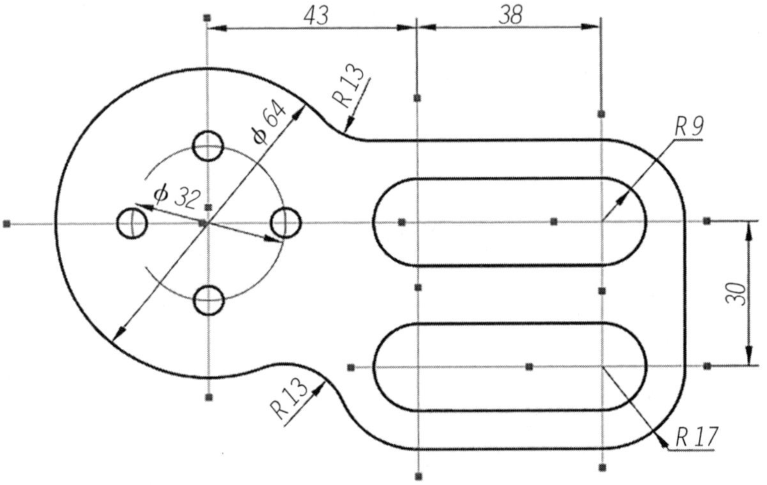

A. 练习文件“5-9.dwg”

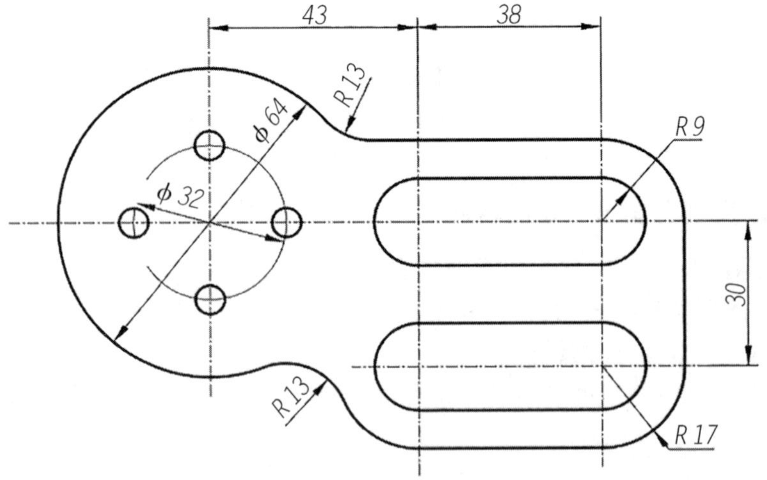

B. 修改结果

图 5-28　修改对象特性

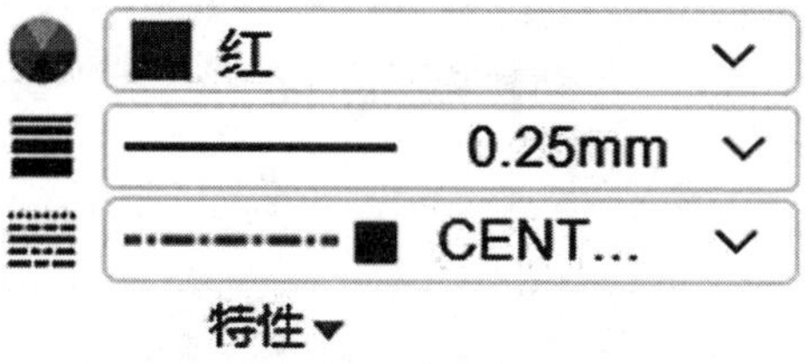

图 5-29 【特性】面板的设置

2. 利用“特性匹配”修改对象特性

使用“特性匹配”可以将一个对象的某些或所有特性复制到其他对象。可以复制的特性类型包括颜色、图层、线型、线型比例、线宽、透明度等。

默认情况下，所有可应用的特性都自动地从选定的第一个对象复制到其他对象。

调用对象特性匹配的方法如下：

- 功能区：【常用】标签 |【特性】面板 |【特性匹配】按钮。
- 命令行：MA（MATCHPROP）↙（Enter 键）。

将一个对象特性复制到其他对象的步骤如下：

（1）单击【特性】面板 |【特性匹配】按钮，激活“特性匹配”命令。

（2）选择要复制其特性的对象。

（3）如果要控制传递某些特性，在“MATCHPROP　选择目标对象或[设置(S)]：”提示下输入“S”（设置）。卡伦特 CAD 弹出如图 5-30 所示的【特性设置】对话框。在对话框中清除不需要复制的项目（默认情况下所有项目都选中），单击【确定】按钮。

图 5-30 【特性设置】对话框

（4）选择应用选定特性的对象，被选择的对象将采用指定对象的特性。

打开本书配套素材中练习文件“5-8.dwg”，读者可以尝试将板的中心线的特性复制给 4 个小圆的圆心所在的孔。

此操作示范，请参阅数字资源 5-6。

数字资源 5-6

本章练习

1. 请新建二维图纸保存名称为5-1.dwg,并在其中新建如下要求的图层。

名称	颜色	线型	线宽/mm	透明度	可见	锁定	冻结	新视口冻结	打印
视口	蓝	实线	0.25	0	是	否	否	否	否
图框	黑	实线	0.50	0	是	是	是	否	是
粗实线	黑	实线	0.50	0	是	否	否	否	是
点划线	红	CENTER	0.25	0	是	否	否	否	是
细实线	黑	实线	0.25	0	是	否	否	否	是
双点划线	青	DIVIDE	0.25	30	是	否	否	否	是

2. 请在上述5-1.dwg中给图层新建分组“辅助图层”,并将0层、视口和图框放在辅助图层的分组中。

3. 将上述5-1.dwg中的图框图层透明度改为50,0层改为不可见。

4. 新建一个二维图纸,命名为5-2.dwg,在图中画一条直线和一根圆弧,用两种方式将图中直线的颜色改为红色、线型改成CENTERX2,线宽改为0.25 mm,透明度改为30,然后将图层冻结。

5. 用最快的方式将图纸5-2.dwg中的圆弧改成线型、线宽、透明度和直线的一样。

6. 求出图纸5-2.dwg中圆弧的周长。

7. 新建名称为5-3.dwg的文件,在其中新建如下图层,并将0层、视口、电气、家具和厨卫单独放在名为“辅助图层”的分组中。

名称	颜色	线型	线宽/mm	透明度	可见	锁定	冻结	新视口冻结	打印
视口	蓝	实线	0.25	0	是	否	否	否	否
图框	蓝	实线	0.50	0	是	是	是	否	是
标注	洋红	实线	0.25	0	是	否	否	否	是
轴线	红	CENTER	0.25	0	是	否	否	否	是
墙线	黑	实线	0.50	0	是	否	否	否	是
电气	青	实线	0.25	30	是	否	否	否	是
家具	黄	实线	0.25	0	是	否	否	否	否
文字	洋红	实线	0.25	0	是	否	否	否	是
厨卫	青	实线	0.25	0	是	否	否	否	是

8. 尝试将图纸5-3.dwg中“文字”的图层属性合并到图层“标注”中去。

第 6 章　精确绘图

卡伦特 CAD 提供了动态输入、正交模式、极轴追踪、显示捕捉参照线、对象捕捉等精确绘图工具，提供了测量、快速选择、加粗线条、查找与替换、点样式、批量文本复制等实用的辅助绘图工具，同时还提供了平移、缩放等图形显示工具，以辅助工程人员实现精确绘图。

本章主要介绍以下内容：

◎ 精确绘图工具

◎ 辅助绘图工具

◎ 图形显示工具

6.1　精确绘图工具

卡伦特 CAD 提供的精确绘图辅助工具显示在应用程序底部工具栏上，如图 6-1 所示。精确绘图辅助工具主要包括动态输入、正交模式、极轴追踪、显示捕捉参照线、对象捕捉。下面将逐一介绍这些工具。

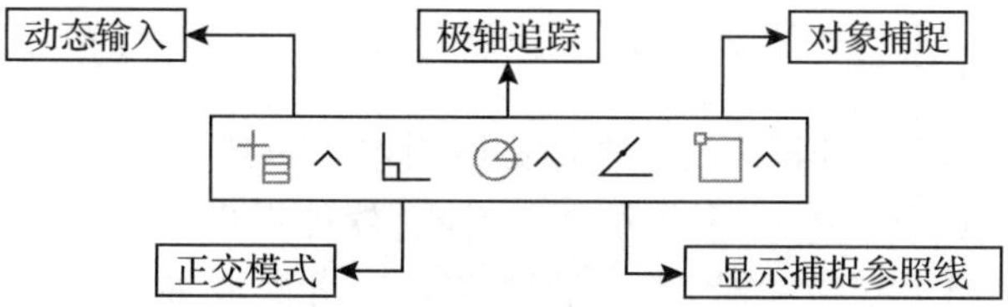

图 6-1　底部工具栏上的精确绘图辅助工具

6.1.1　动态输入

动态输入可实现在绘图区域内直接动态输入绘制对象的各种参数，使绘图变得更加直观和便捷。

- 激活命令：在底部工具栏【动态输入】按钮上单击，高亮显示表示该功能已开启，再次单击可关闭该功能。
- 设置：单击【动态输入】按钮右侧的下拉框，将出现【动态输入设置】对话框，在此可设置长度格式、角度格式、坐标格式及坐标状态。【动态输入设置】对话框如图 6-2 所示。

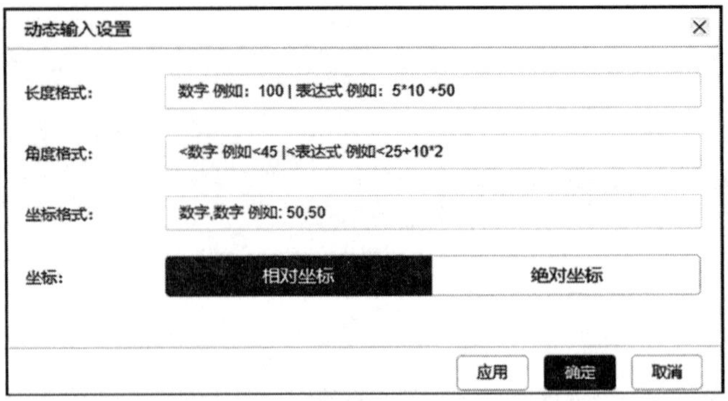

图 6-2 【动态输入设置】对话框

长度格式和角度格式可直接输入数字,也可输入表达式进行数学运算;坐标格式由 X 坐标和 Y 坐标的数字构成;坐标状态可以设置为相对坐标或绝对坐标。

- 用法:激活该功能后,在光标的右下角将出现提示信息及输入框,根据使用的功能不同将会出现不同的提示。图 6-3A 所示为未激活动态输入时绘图光标的显示,图 6-3B 所示为激活该功能后绘制矩形时光标的显示,增加了输入信息的提示。

A. 未激活动态输入时绘图光标的显示　　B. 激活动态输入绘制矩形时光标的显示

图 6-3 激活动态输入后光标的显示样式

数字资源 6-1

此操作示范,请参阅数字资源 6-1。

6.1.2 正交模式

使用卡伦特 CAD 绘图的过程中,经常需要绘制水平直线和垂直直线,但用光标确定线段的端点时很难保证两个点沿水平或垂直方向。因此,软件提供了正交功能。

数字资源 6-2

启用正交模式时,光标将沿着水平方向或垂直方向进行移动,只能绘制平行于坐标轴的正交线段。

- 激活命令:在底部工具栏【正交模式】按钮上单击,高亮显示表示该功能已开启,再次单击可关闭该功能;或使用 F8 键启用和关闭正交模式。

需要说明的是:正交模式必须依托于其他绘图工具,才能显示其功能。

此操作示范,请参阅数字资源 6-2。

6.1.3 极轴追踪

使用极轴追踪时,光标将沿指定的极轴角度跟踪光标。通过设置极轴角,可以在绘图时捕捉到各种预先设置好的角度方向。极轴追踪必须依托于其他绘图工具,才能显示其功能。

- 激活命令:在底部工具栏【极轴追踪】按钮上单击,高亮显示表示该功能已开启,再次单击可关闭该功能。

● 设置：单击【极轴追踪】按钮右侧下拉列表，出现设置选项，可根据需求选择不同的限制角度。单击设置对话框右上角的【设置】按钮，打开【设置吸附选项】对话框，对极轴增量角进行设置，可以从下拉列表中选择一个极轴角的增量角，也可以通过【新建】按钮自定义增量角，从而 0° 和所有增量角整数倍的角度都会被追踪到。【极轴追踪】设置对话框如图 6-4 所示。

图 6-4　【极轴追踪】设置对话框

● 用法：激活该功能后，在绘制图形的过程中，当光标靠近设置的极轴角或增量角的整数倍角度(包括 0°)时，将出现高亮显示的极轴追踪线(绿色虚线)，并显示角度值。这样可以方便地绘制各种极轴角度的图线。如图 6-5A 所示，极轴追踪线显示在 0° 方向将绘制一条水平线；当设置极轴增量角为 30° 时，绘制 30° 线时的极轴追踪线及角度的显示如图 6-5B 所示。

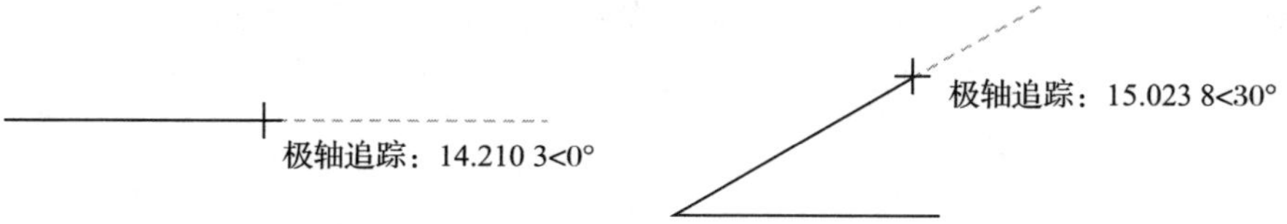

A. 利用极轴追踪绘制水平线　　B. 利用极轴追踪绘制 30°线

图 6-5　极轴追踪在绘图中的用法

数字资源 6-3

☛ 此操作示范，请参阅数字资源 6-3。

6.1.4　对象捕捉追踪

使用对象捕捉追踪，在命令中指定下一点时，光标可以沿基于其他对象捕捉点的对齐路径进行追踪，通过显示捕捉参照线的方式显示追踪路径。对象捕捉追踪必须配合对象捕捉功能一起使用。

● 激活命令：在底部工具栏【显示捕捉参照线】按钮上∠单击，高亮显示表示该功能已开启，再次单击可关闭该功能。

● 用法：激活该功能后，在绘制图形的过程中，可通过沿与对象捕捉点对齐的方向，在捕捉参照追踪线(绿色虚线)上确定下一对象。在绘制图 6-6A 所示的图形时，为保证点 *A* 和点 *B* 在一条水平线上，开启【显示捕捉参照线】功能，在确定点 *B* 的位置时，可让鼠标划过点 *A*，当鼠标水平右移时将出现捕捉参照追踪线，与铅垂捕捉参照追踪线相交，交点即为点 *B*，如图 6-6B 所示。

数字资源 6-4

☛ 此操作示范，请参阅数字资源 6-4。

6.1.5 对象捕捉

在利用卡伦特 CAD 绘图过程中，经常要用到一些特殊点，如圆心、切点、中点、交点、线段或圆弧的端点等。依靠光标准确地选择这些特殊位置点是十分困难的，因此，卡伦特 CAD 提供了识别特殊点的工具，可自动捕捉这些特殊位置点，加快绘图速度，提高绘图质量。这种功能被称为对象捕捉功能。使用对象捕捉的前提是图形中必须有对象。

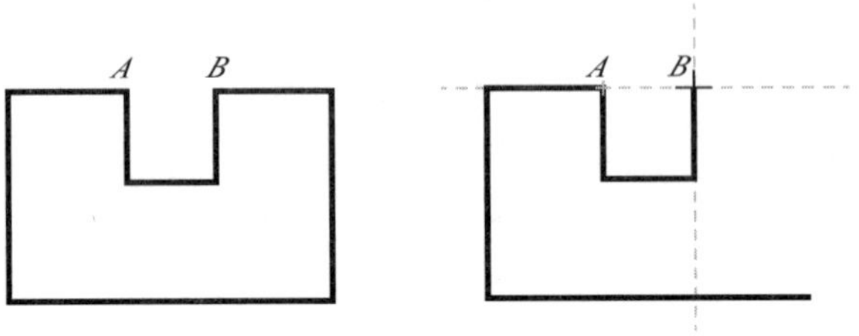

A. 绘制图形　　B. 用对象捕捉追踪功能确定点的位置

图 6-6　对象捕捉追踪的使用

- 激活命令：在底部工具栏【对象捕捉】按钮上单击，高亮显示表示该功能已开启，再次单击可关闭该功能。
- 用法：激活该功能后，在【对象捕捉】模式下选定的对象处于活动状态。单击【对象捕捉】按钮右侧下拉框，出现【对象捕捉设置】选项，可根据需求选择对象捕捉点，如图 6-7 所示。通常，可将最常用的对象捕捉方式持续勾选，其他捕捉方式可以根据需求进行勾选。

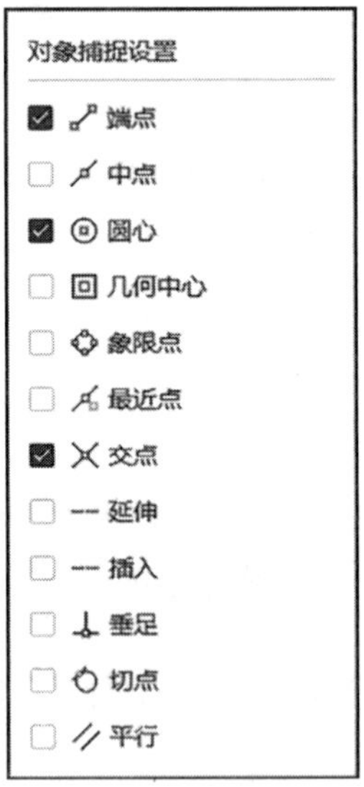

图 6-7　【对象捕捉设置】选项

对象捕捉设置的捕捉点主要包括端点、中点、圆心、象限点、最近点、交点、延伸、垂足、平行和切点，对象捕捉必须在绘图或编辑命令的执行过程中，在提示输入点时才可以使用。下面对常用的对象捕捉点进行介绍。

(1)端点　捕捉到圆弧、直线、多段线线段、样条曲线、面域或射线等对象最近的端点或捕捉实体、三维面域等对象最近的角点。捕捉到的端点上出现矩形图标,图 6-8 中矩形框为捕捉到的圆弧端点。

图 6-8 端点捕捉图例

(2)中点 捕捉到圆弧、椭圆、椭圆弧、直线、多线、多段线线段、面域、实体、样条曲线或参照线等对象的中点。捕捉到的中点上出现三角形图标,图 6-9 中三角形图标为捕捉到的线段中点。

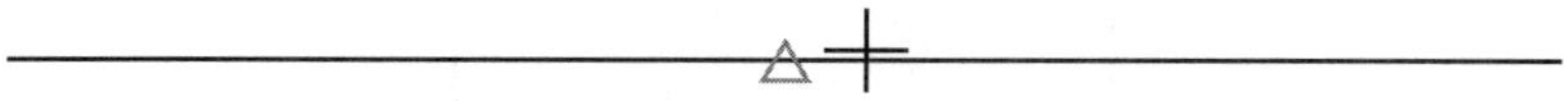

图 6-9 中点捕捉图例

(3)圆心 捕捉到圆弧、圆、椭圆或椭圆弧的中心点。在使用该方式时,可以将光标放到圆心位置上,也可以放到圆周上,实现圆心的捕捉。捕捉到的圆心上出现圆圈图标,图 6-10 中圆圈图标为捕捉到的圆心。

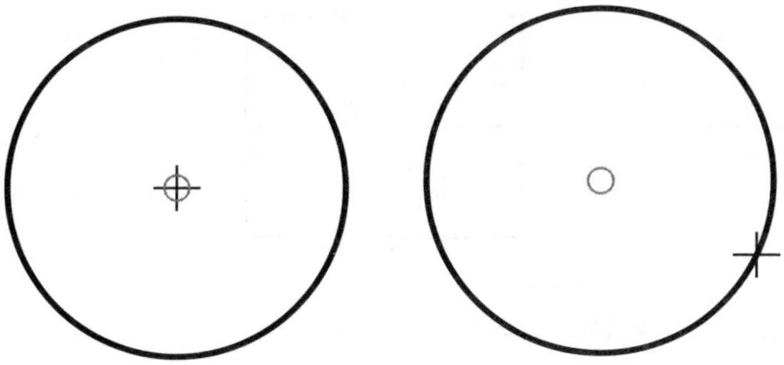

图 6-10 圆心捕捉图例

数字资源 6-5

此操作示范,请参阅数字资源 6-5。

(4)象限点 捕捉到圆弧、圆、椭圆或椭圆弧等对象的象限点,即 0°、90°、180°、270°弧线上的位置。捕捉到的象限点上出现菱形图标,图 6-11 中菱形图标为捕捉到的圆弧的象限点。

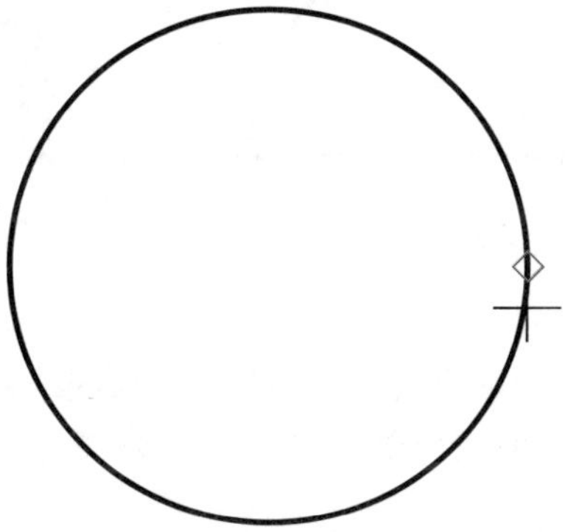

图 6-11 象限点捕捉图例

(5)最近点　捕捉到圆弧、圆、椭圆、椭圆弧、直线、多线、点、多段线、射线、样条曲线或参照线等对象离鼠标光标最近的点。捕捉最近点的含义是捕捉对象上最接近拾取光标的点，它可以是对象上的任意一点，而不是距离某个对象最近的一个点。捕捉到的最近点上出现沙漏图标，图 6-12 中沙漏图标为捕捉到的圆弧上离鼠标光标最近的点。

工程图进行粗糙度标注时，应使用捕捉最近点方式，才能使粗糙度符号的底部与标注对象的直线准确贴合，如图 6-13 所示。

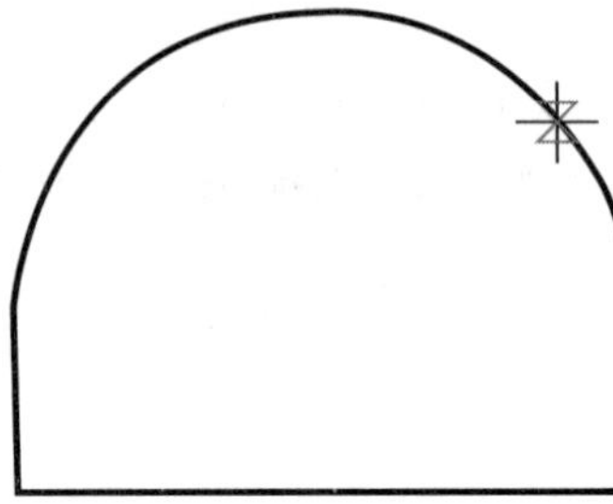

图 6-12　最近点捕捉图例

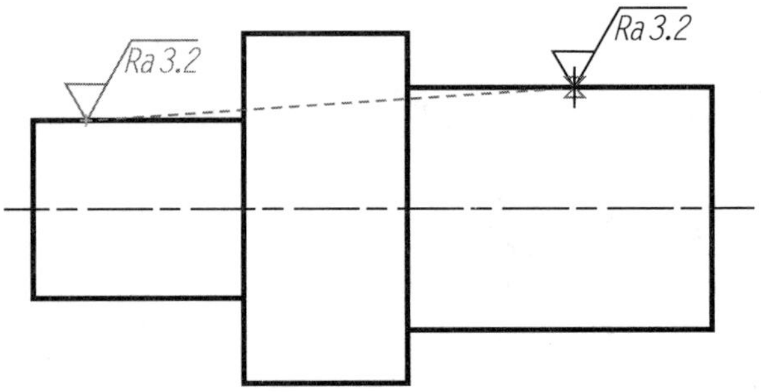

图 6-13　利用捕捉最近点标注粗糙度

(6)交点　捕捉到圆弧、圆、椭圆、椭圆弧、直线、多线、多段线、射线、面域、样条曲线或参照线等对象的交点。捕捉到的交点上出现交叉图标，图 6-14 中交叉图标为捕捉到的线段与圆弧的交点。

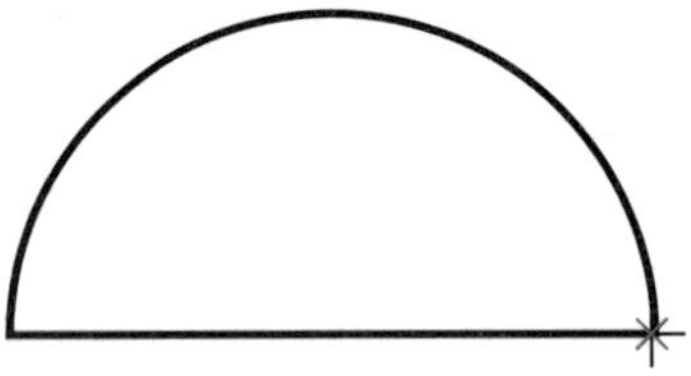

图 6-14　交点捕捉图例

数字资源 6-6

此操作示范，请参阅数字资源 6-6。

(7)延伸　当光标经过对象的端点时，显示临时延长线或圆弧，以便用户使用延长线或圆弧上指定的点绘制对象。捕捉到的延伸部分出现绿色虚线，图 6-15 中虚线为鼠标经过圆弧端点时显示的临时圆弧。

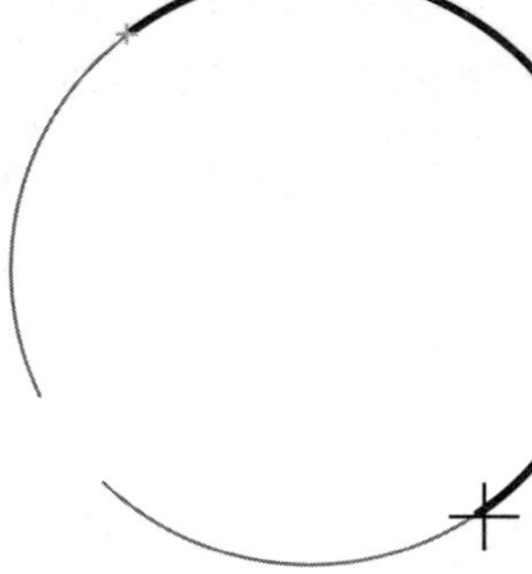

图 6-15 延伸捕捉图例

(8) 垂足　捕捉到对象的垂足点。捕捉到的垂足上出现垂直图标，图 6-16 中垂直图标为捕捉到的两直线的垂足。

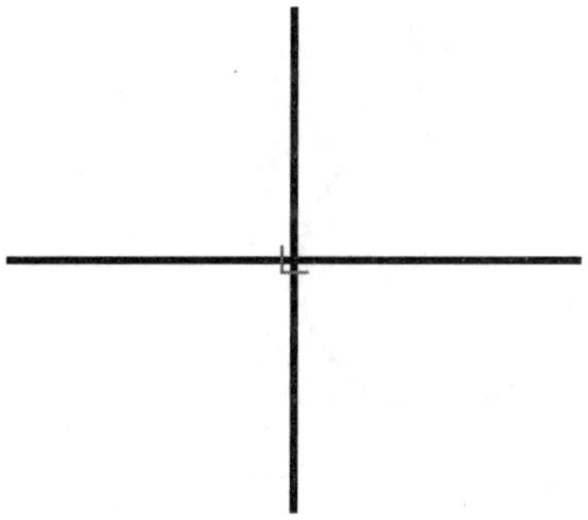

图 6-16 垂足捕捉图例

(9) 平行　将直线段、多段线线段、射线或构造线限制为与其他线性对象平行。捕捉到的平行线上出现平行图标。在绘制与已知直线平行的直线时，拾取第一点后，将鼠标光标移至并触碰已知直线但不拾取点，待出现平行线的捕捉标记后如图 6-17A 所示，将光标移回与要平行的直线接近平行的位置，将出现一条绿色平行追踪线，如图 6-17B 所示，可沿此追踪线拾取下一点，完成平行线的绘制。

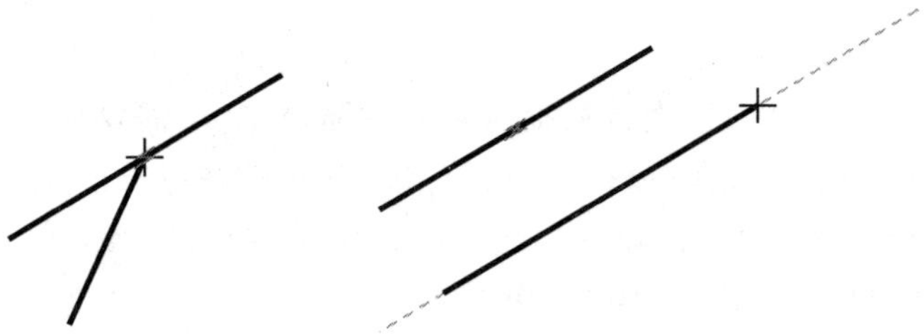

A. 捕捉平行关系　　B. 沿平行追踪线绘制平行线

数字资源 6-7

图 6-17 平行捕捉图例

此操作示范，请参阅数字资源 6-7。

(10) 切点　捕捉到圆弧、圆、椭圆、椭圆弧或样条曲线等对象的切点。捕捉到的切点上出现相切图标，图 6-18 中相切图标为捕捉到圆的切点。

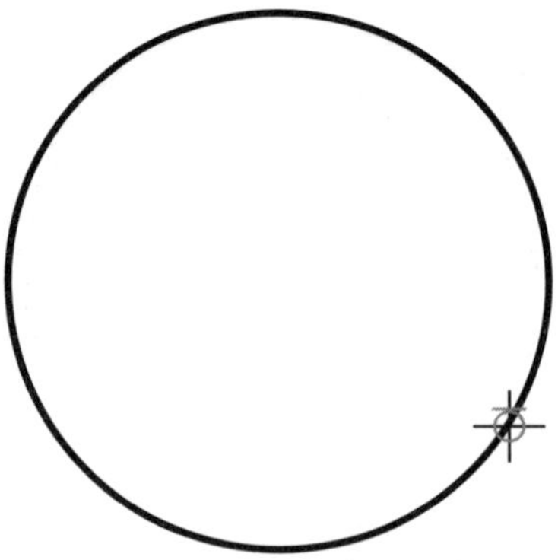

图 6-18　切点捕捉图例

在绘制两个圆或椭圆等对象的公切线时，切点是不固定的。激活绘制直线命令后，光标移动到切点位置附近，待出现切点符号后，再拾取该点。如图 6-19A 所示为绘制的图形，图 6-19B 和 6-18C 所示为拾取切点绘制切线的过程。

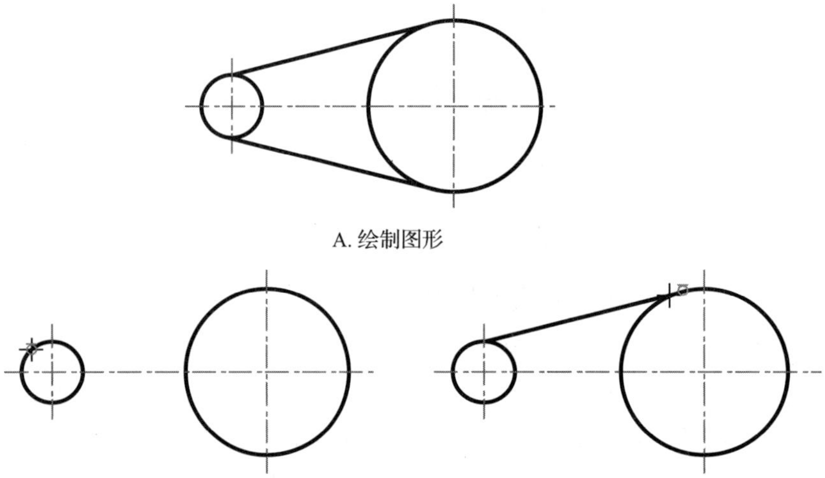

A. 绘制图形　B. 拾取小圆切点　C. 拾取大圆切点

图 6-19　利用捕捉切点绘制两圆的公切线

数字资源 6-8

此操作示范，请参阅数字资源 6-8。

• 捕捉对象快捷菜单：在绘图过程中，可进行捕捉对象的快捷设定，不需要在状态栏进行设定，实现方便快速绘图。调用绘图命令，在拾取下一点前，按 Shift 键并单击鼠标右键，可弹出快捷菜单。绘制图 6-20A 中圆的切线时，在确定下一点即切点时，调出快捷菜单，选择【切点】，如图 6-20B 所示，则可自动捕捉到切点，如图 6-20C 所示。

• 吸附选项设置：单击对象捕捉设置，可弹出设置吸附选项窗口，如图 6-21 所示，可对栅格间距、捕捉间距和栅格颜色进行设置。

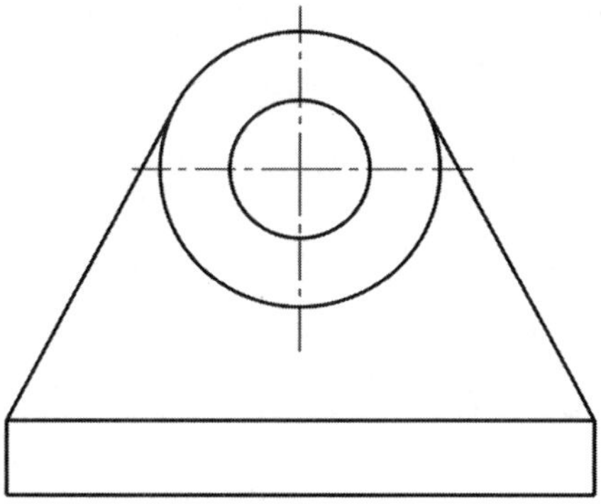

A. 绘制图形

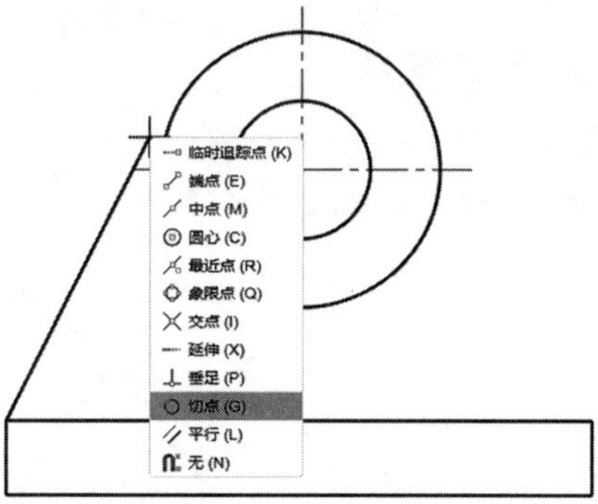

B. 调用捕捉对象快捷菜单

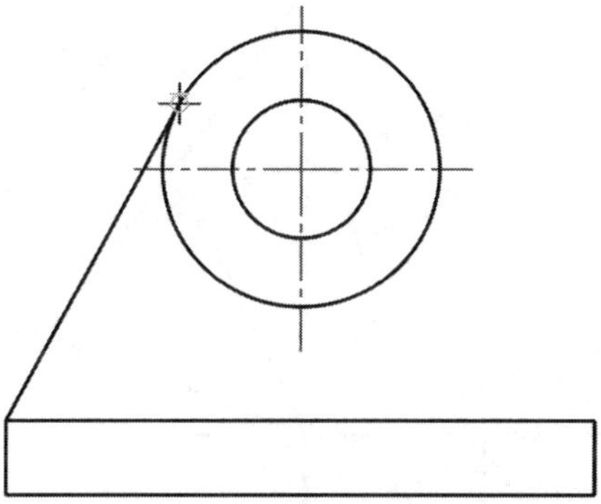

C. 自动捕捉切点

图 6-20　捕捉对象的快捷操作

图 6-21　设置吸附选项

注意:自动对象捕捉时,如果选择的捕捉类型太多,由于邻近的对象上可能会同时捕捉到多个捕捉类型,从而相互干扰,造成使用的不便。因此,除了很常用的如端点、交点、圆心等捕捉类型外,不要过多选择其他的捕捉类型。当绘图中临时需要某个捕捉类型时,可使用快捷菜单进行单点捕捉。

6.1.6 综合练习

绘制如图 6-22 所示的几何图形。

此练习示范,请参阅数字资源 6-9。

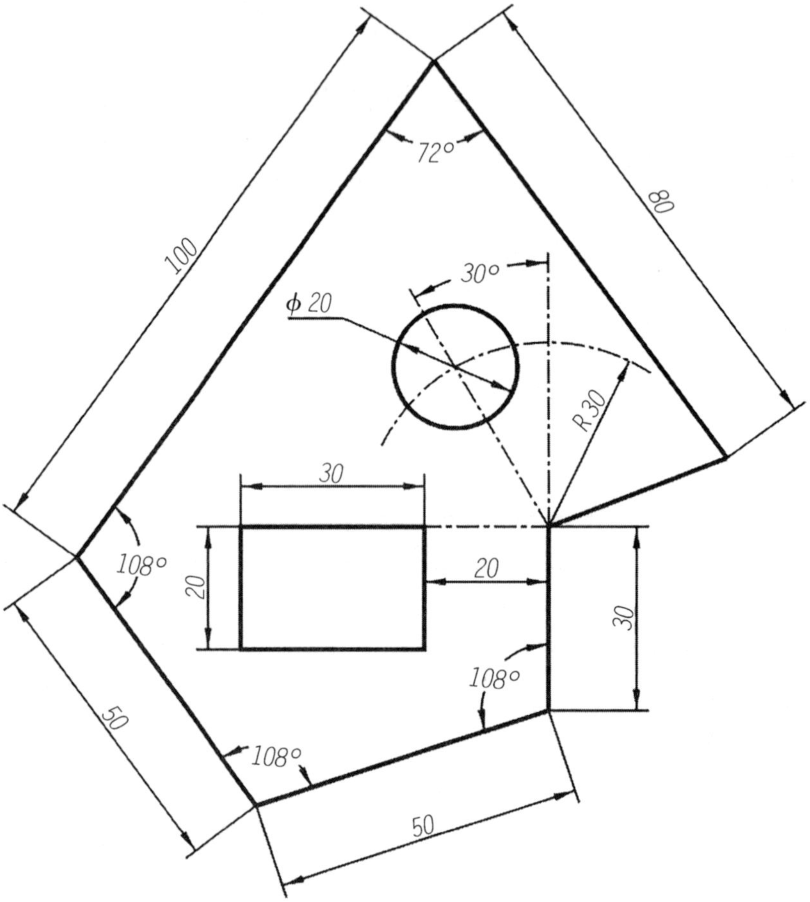

数字资源 6-9

图 6-22 几何图形

1. 分析

从图 6-22 中可以看出,线段长度已知,线段夹角均是 18° 的倍数,可通过设置极轴追踪作图;图中圆心位置可利用极轴追踪确定,长方形角点位置可通过捕捉参考线追踪获得。

2. 作图

(1)设置 设置粗实线、点画线两个图层;极轴增量角设置为 18°,如图 6-23A 所示;开启对象捕捉,如图 6-23B 所示;显示捕捉追踪参考线;开启动态输入。

(2)绘制封闭外框 选择"直线"命令,从长度 30 线段的上侧端点开始作图,在动态输入中输入线段长度和极轴追踪角度,按顺序逐条线段绘制,如图 6-24A 所示;最终完成封闭线框的绘制,如图 6-24B 所示。

(3)绘制内部矩形 选择"矩形"命令,沿捕捉追踪参考线,输入 20,确定矩形右上角点的位置,如图 6-25A 所示;根据矩形尺寸完成矩形绘制,如图 6-25B 所示。

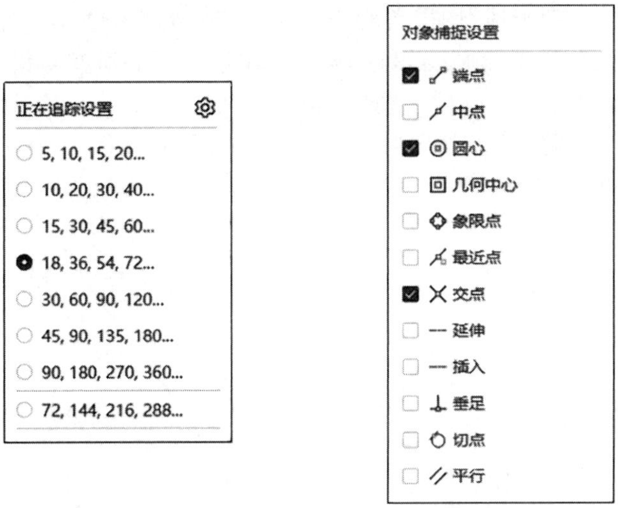

A. 极轴增量角设置　　B. 对象捕捉设置

图 6-23　绘图前相关功能设置

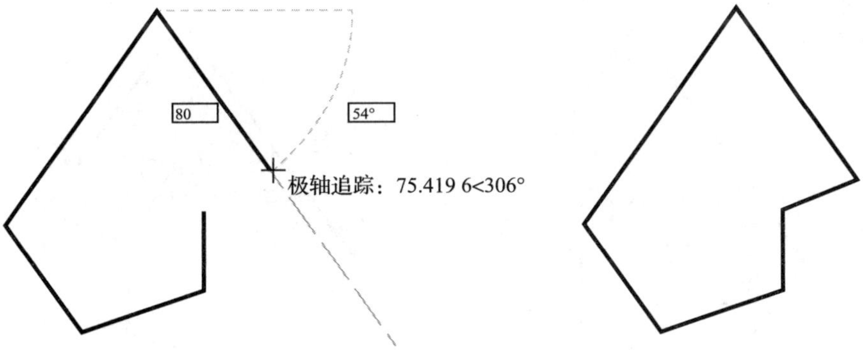

A. 按顺序逐条线段绘制　　B. 完成封闭线框绘制

图 6-24　封闭线框的绘制过程

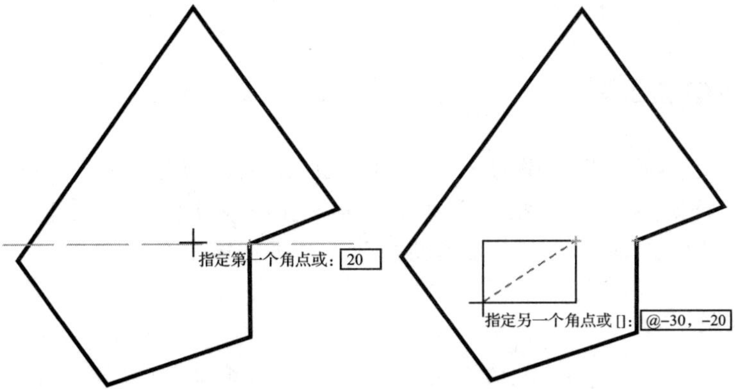

A. 确定矩形右上角点　　B. 确定矩形左下角点

图 6-25　矩形的绘制过程

(4)绘制内部圆　将“点画线”图层置为当前层，极轴增量角设置为15°，选择“直线”命令，利用捕捉参照线追踪绘制铅垂点画线，利用极轴追踪绘制圆心所在与铅垂线成30°的点画线，如图6-26A所示；绘制半径为30的圆，利用【修改】的“打断”命令将圆修改为圆弧，确定圆心的位置，如图6-26B所示；将“粗实线”图层置为当前层，绘制半径为10的圆，如图6-26C所示，完成图形绘制，如图6-26D所示。

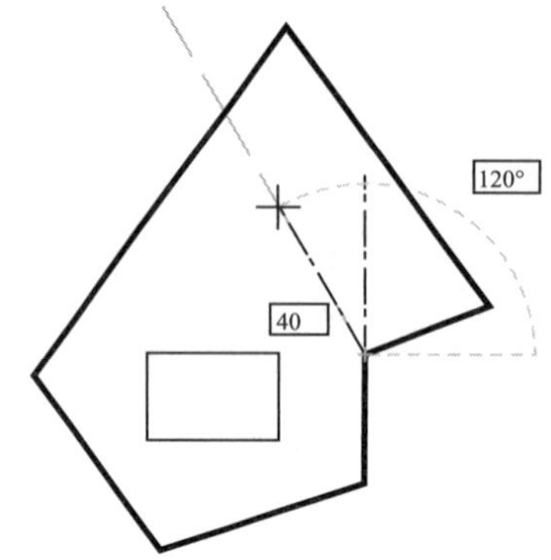

A. 确定圆心所在夹角30°的直线

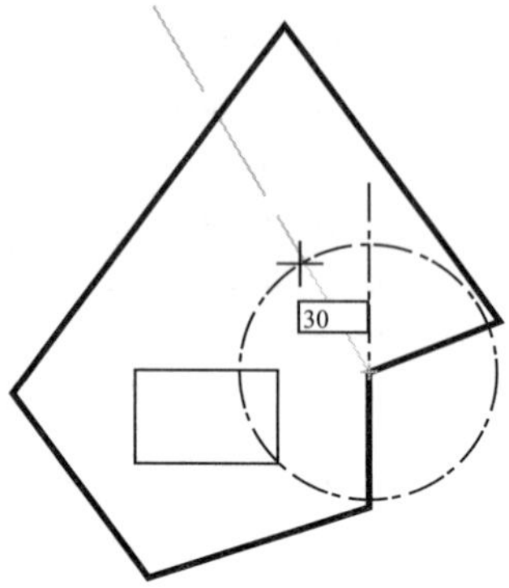

B. 确定圆心的位置

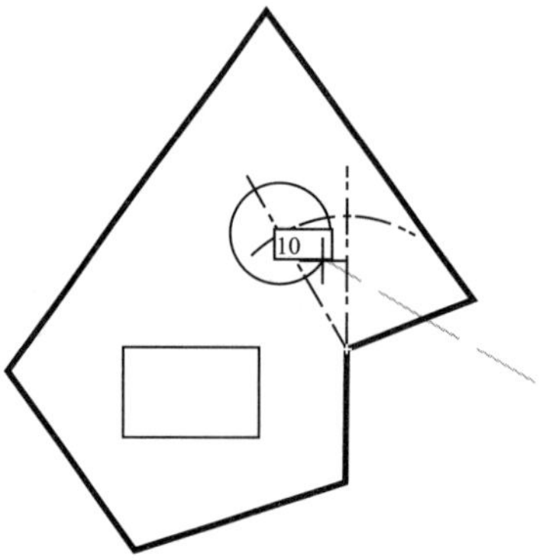

C. 绘制圆

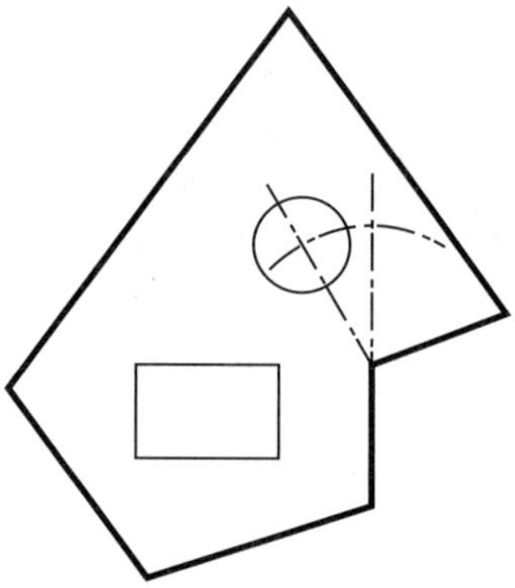
D. 完成图形

图 6-26　圆的绘制过程

6.2　辅助绘图工具

卡伦特CAD提供了一些实用的小工具辅助绘图，包括测量、快速选择、加粗线条、查找与替换、点样式和批量文本复制等，在【常用】工具栏的【实用工具】选项卡，如图6-27所示。下面对辅助绘图工具进行逐一介绍。

图 6-27　【实用工具】选项卡

6.2.1　测量

利用卡伦特CAD绘图过程中，在不需要使用标注功能时，可以使用测量工具快速测量出图形数值信息，以方便设计人员进行检查或绘图。常用的测量信息包括距离、面积、弧长、半径、角度、坐标。注意：若要在图上直接显示测量信息，需要打开【动态输入】。

- 快捷键：MEASUREGEOM。
- 激活命令：在【实用工具】选项卡【测量】按钮的箭头上单击，弹出【测量】工具栏菜单，如图 6-28 所示。下面逐一介绍使用方法。

此操作示范，请参阅数字资源 6-10。

数字资源 6-10

(1) 距离　用于测量两点之间的距离。使用时，选择起始点和终点，图上直接显示距离数值。如图 6-29 所示。

图 6-28　【测量】工具栏菜单

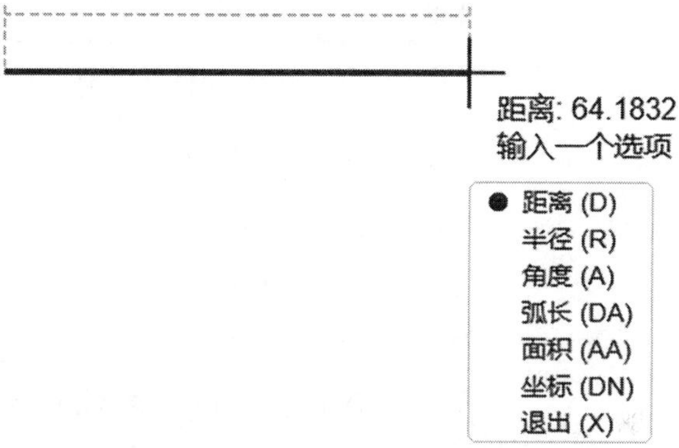

图 6-29　测量距离

(2) 面积　用于测量对象或定义区域的面积和周长。包含以下几种测量方式：

①指定角点：计算由指定点所定义的面积和周长，按顺序选择指定点，图上直接显示所选点构成图形的面积和周长，如图 6-30 所示。

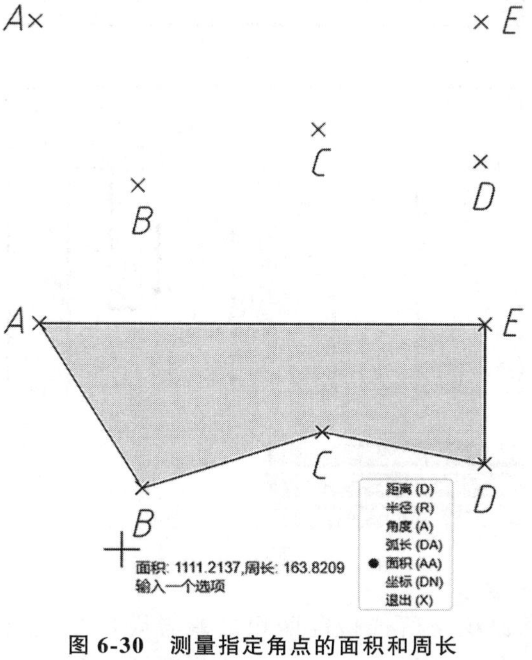

图 6-30　测量指定角点的面积和周长

②指定对象：计算对象的面积和周长，在命令行选择“对象(O)”，图上直接显示所选对象的面积和周长，如图 6-31 显示了所选矩形的面积和周长信息。

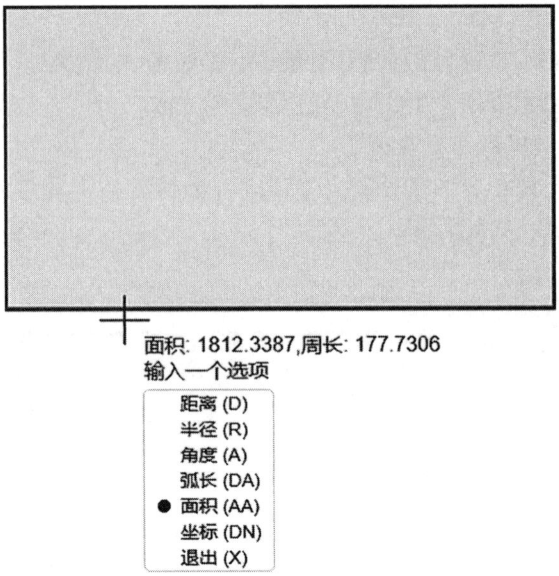

图 6-31　测量指定对象的面积和周长

③增加面积：计算所选对象的面积之和与周长之和，在命令行选择“增加面积(A)”，选择对象完成后，测量数据信息将显示在命令行提示框中，如图 6-32 所示，命令行提示框显示了两个对象的面积、周长及总面积。

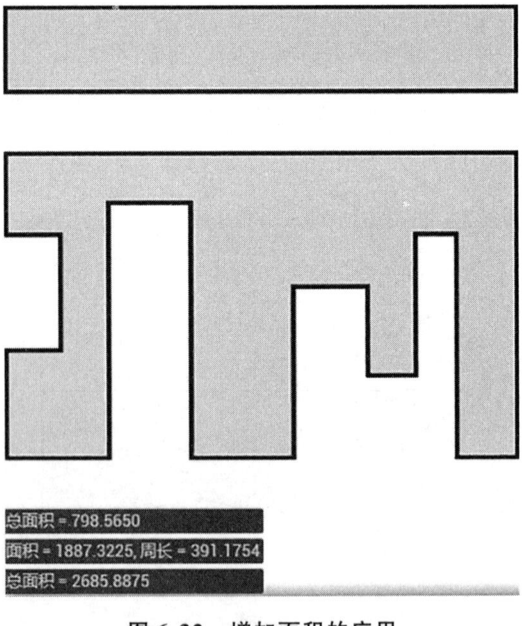

图 6-32　增加面积的应用

④减少面积：计算总面积与所选指定面积之差与周长之差，在命令行选择“减少面积(S)”，选择相应对象，如图 6-33 所示，计算出从长方形图形面积中减去圆形面积的数据。

(3)弧长　用于测量一段弧的弧长。使用时，选择圆弧，图上直接显示弧长数值，如图 6-34 所示。

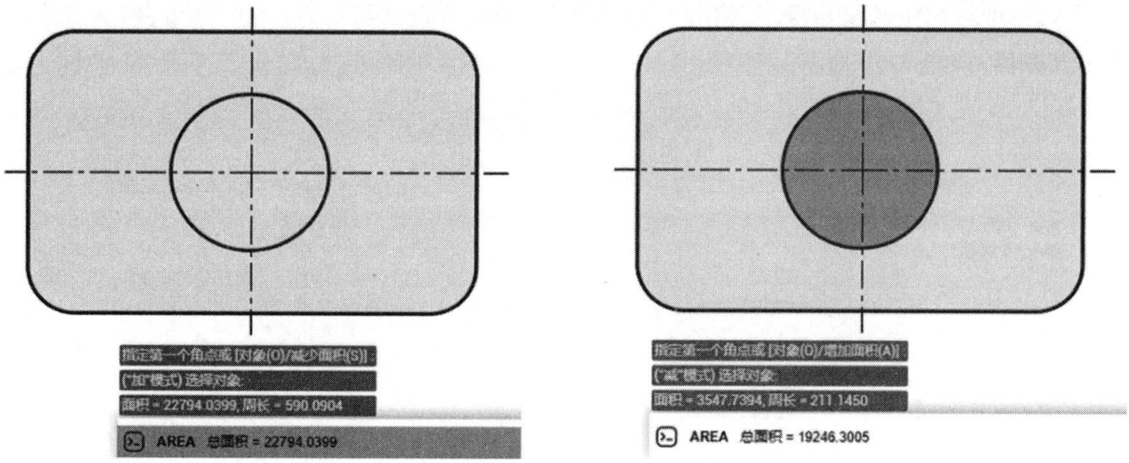

图 6-33　减少面积的应用

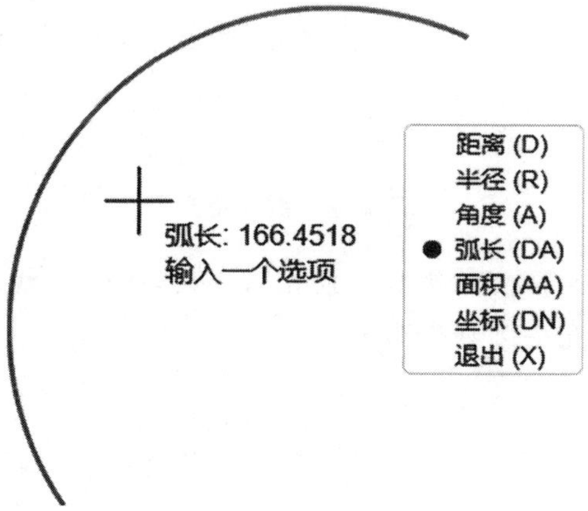

图 6-34　测量弧长

(4)半径　用于测量一段圆弧或圆的半径。使用时,选择圆弧或圆,图上直接显示半径数值,如图 6-35 所示。

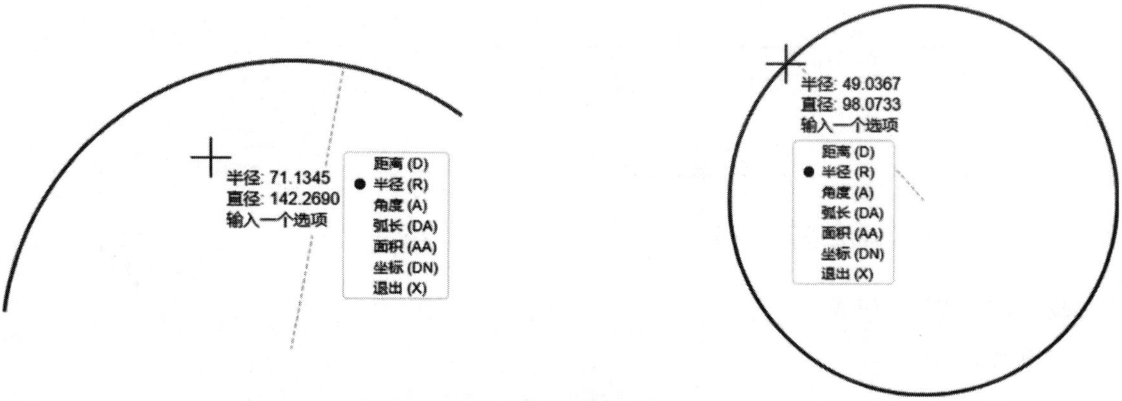

图 6-35　测量半径

(5) 角度　用于测量角度。使用时，选择圆弧、圆上一点到另一点、直线夹角，图上直接显示角度数值，如图 6-36 所示。

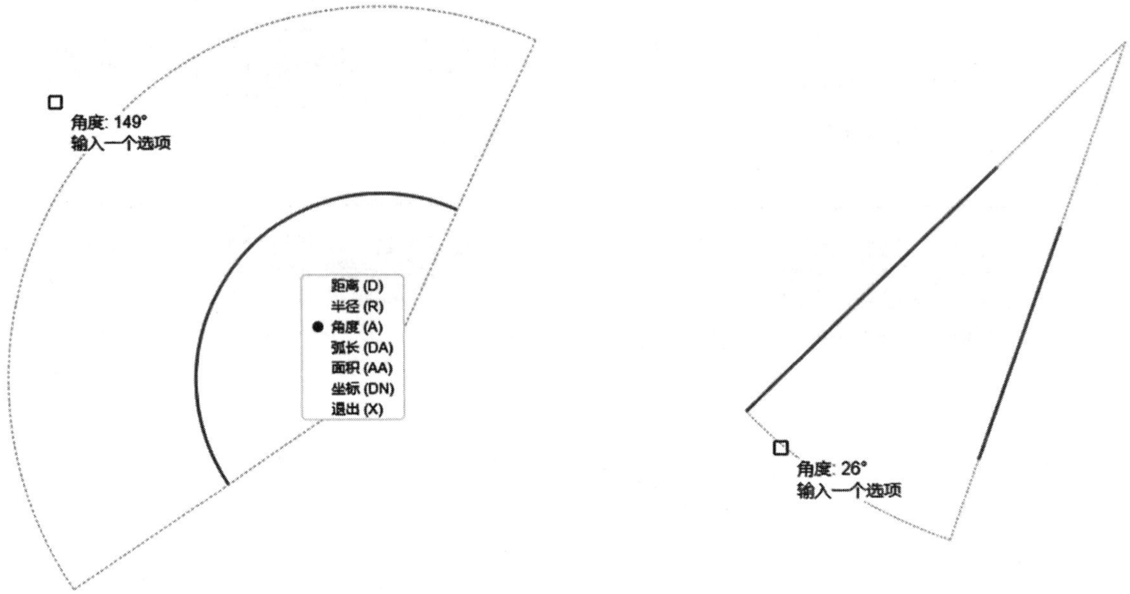

图 6-36　测量角度

(6) 坐标　用于测量任意一点的坐标。使用时，选择图中一点，命令行提示框中显示相关数据，如图 6-37 所示，测量左半圆圆心的坐标。

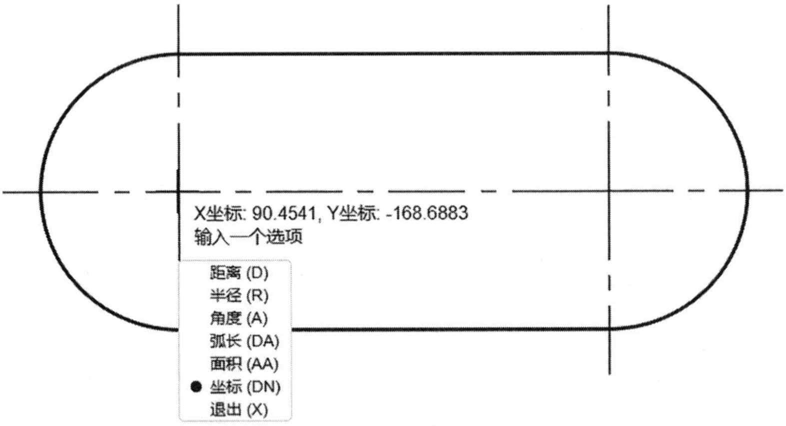

图 6-37　测量坐标

数字资源 6-11

此操作示范，请参阅数字资源 6-11。

6.2.2　快速选择

- 快捷键：QS。
- 激活命令：在【实用工具】选项卡上单击【快速选择】按钮，出现如图 6-38 所示的操作页面，可快速批量选中图纸中相同特性的对象。

6.2.3 加粗线条

• 快捷键:JCQX。

• 激活命令:在【实用工具】选项卡上单击【加粗线条】按钮,在命令行输入线宽,选择需要加粗的对象。本命令可对直线、多段线、圆弧、圆、椭圆和椭圆弧等进行加粗。如图 6-39 所示,将线条由默认线宽加粗为 0.5 mm 的效果。

图 6-38 【快速选择】操作页面

图 6-39 加粗线条效果

6.2.4 查找与替换

• 快捷键:WBSS。

• 激活命令:在【实用工具】选项卡上单击【查找与替换】按钮,可用于查找或替换图纸中的文本。在弹出对话框中输入查找文本后,可展示查找结果;或输入替换文本进行文本替换,可单个文本替换,也可进行全部文本替换。【查找与替换】对话框如图 6-40 所示。

图 6-40 【查找与替换】对话框

6.2.5 点样式

• 激活命令:在【实用工具】选项卡上单击【点样式】按钮,用于设置点的样式。【点样式】对话框弹出，可选择点的表示图案、点比例和点大小(%)，如图6-41所示。

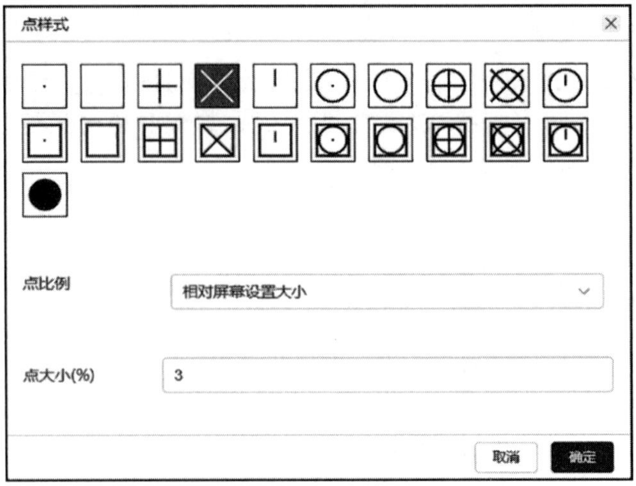

图6-41 【点样式】设置界面

6.2.6 批量文本复制

- 快捷键：WBFZ。
- 激活命令：在【实用工具】选项卡上单击【批量文本复制】按钮，可以将文本内容提取至粘贴板，再复制到其他文档内。
- 按照命令行提示进行操作：请选择文本对象→按Enter键结束选择→已将文本内容提取至粘贴板，可复制至其他文档内。

数字资源6-12

此操作示范，请参阅数字资源6-12。

6.3 图形显示工具

数字资源6-13

应用卡伦特CAD进行设计时，用户需要通过显示控制命令控制图形在显示器中的显示，以观察设计的整体或局部内容。本节介绍常用的图形显示工具。

此操作示范，请参阅数字资源6-13。

6.3.1 全屏显示

该功能可实现卡伦特CAD画布以及工具栏的全屏显示，以便扩大绘图和观察图形的区域。

- 快捷键：Ctrl+0，反复按此快捷键，将在全屏显示与非全屏显示之间切换。
- 激活命令：底部工具栏上按钮。

6.3.2 阅图工具

卡伦特CAD的阅图工具栏位于编辑器右侧，用途为通过不同的阅图工具达到不同的阅图效果，主要包括选择、平移、范围缩放、主体缩放、窗口缩放、实时缩放和Viewcube等工具。阅图工具如图 6-42 所示。

(1)选择　阅图工具栏中的图标。单击此图标后,光标将变成“十字靶标”,可在画布上选取目标,如图 6-43 所示。

图 6-42　阅图工具

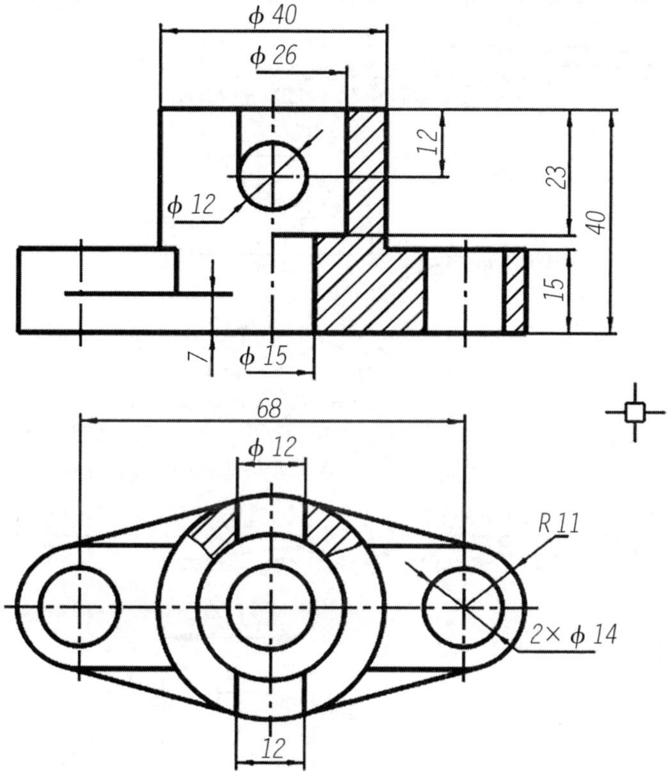

图 6-43　选择工具的应用

(2)平移　阅图工具栏中的图标。单击此图标后,光标将变成“手”形状,按住鼠标左键并进行各方向的移动,视图随着鼠标移动而平移。视图平移也可以通过按住鼠标滚轮来实现。

(3)范围缩放　阅图工具栏中的图标。单击此图标后,将最大化显示全图,如图 6-44 所示,图形充满整个画布。最大化显示全图也可以通过双击鼠标滚轮实现。

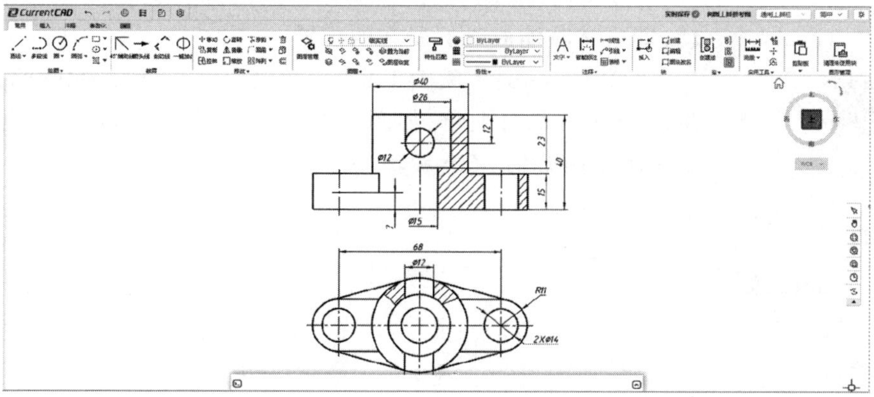

图 6-44　范围缩放工具的应用

(4) 主体缩放　阅图工具栏中的图标[◎]。单击此图标后，将尽可能大地显示一个或多个主体对象并使其位于视图的中心。

(5) 窗口缩放　阅图工具栏中的图标[◎]。单击此图标后，在画布上框选矩形区域，如图 6-45A 所示，该区域将被局部放大，如图 6-45B 所示，被框选区域的图形被放大并充满画布。

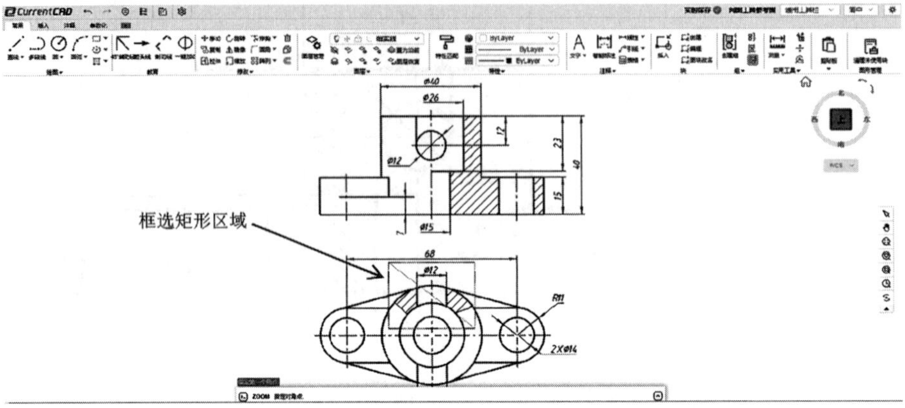

A. 框选局部放大区域

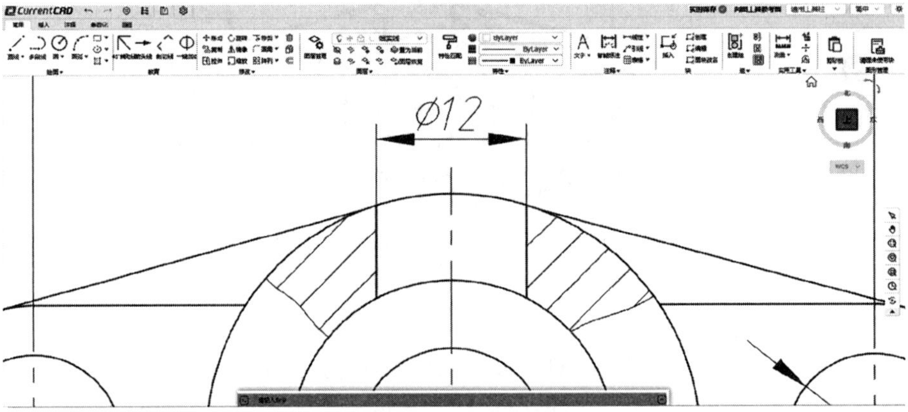

B. 框选区域被放大并充满画布

图 6-45　窗口缩放工具的应用

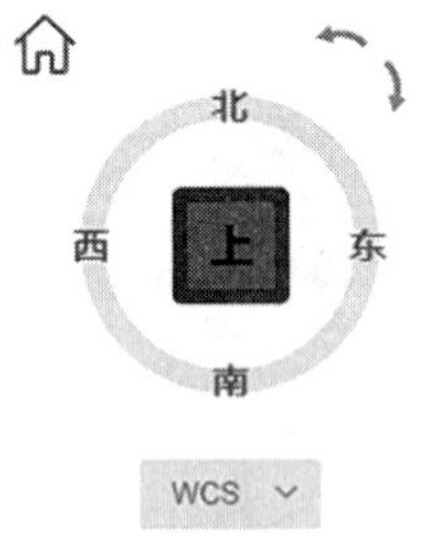

图 6-46　Viewcube 图标

(6) 实时缩放　阅图工具栏中的图标[◎]。利用鼠标滚轮前后滑动，即可实时缩放光标所在的位置。

(7)Viewcube　阅图工具栏中的图标[S]。单击此图标，Viewcube 将出现在画布右上角，如图 6-46 所示。鼠标左键旋转 Viewcube 可实现图纸内容的 360° 旋转。

本章练习

请利用精确绘图的方法绘制以下图形。

1.

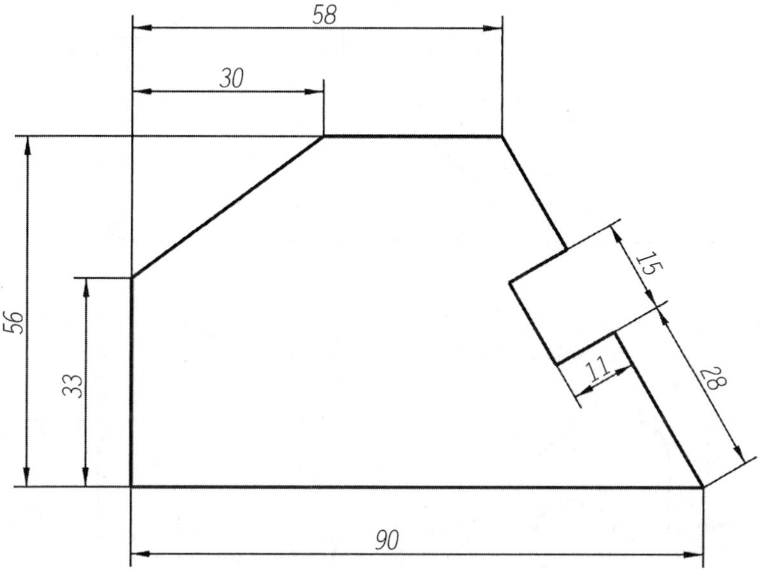

2.

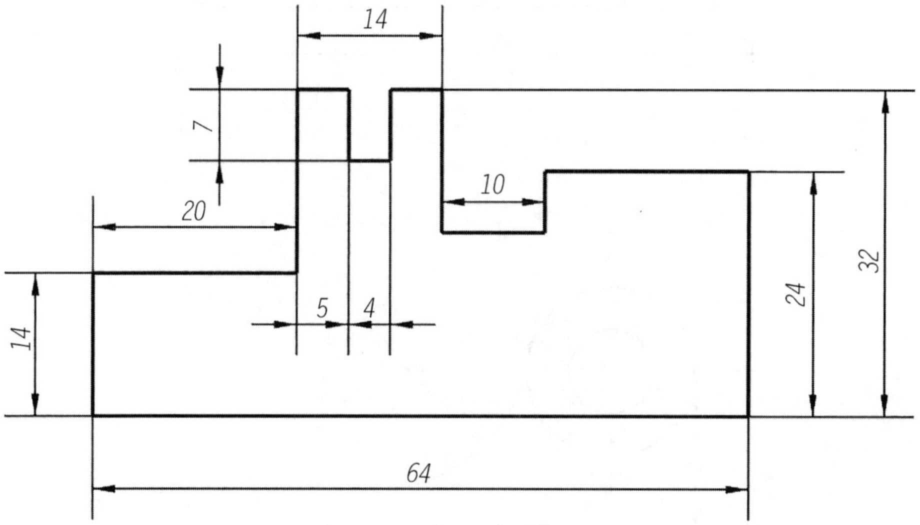

3.

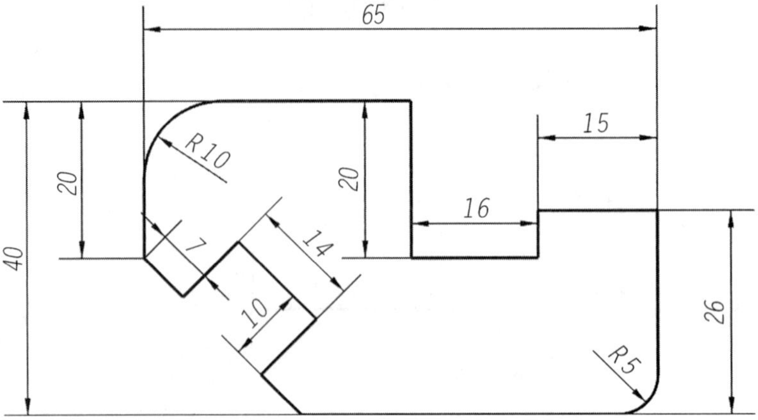
65
15
R10
20
20
16
40
7
14
10
26
R5

4.

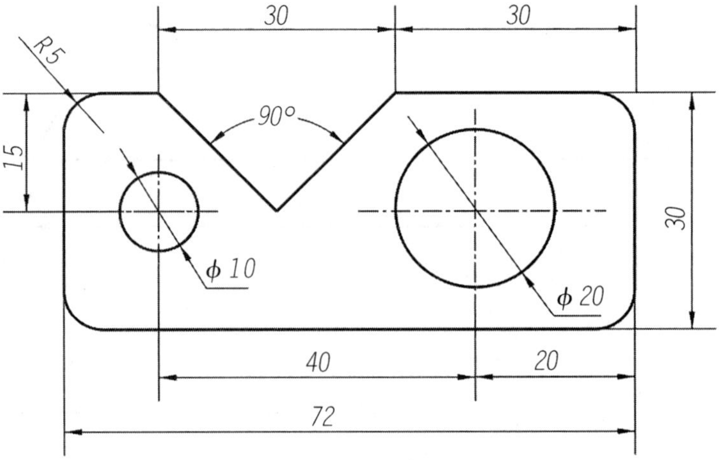
30
30
R5
90°
15
30
ϕ 10
ϕ 20
40
20
72

5.

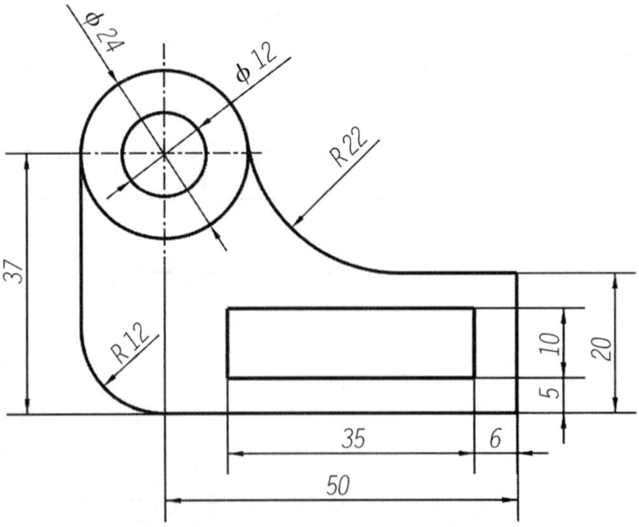
ϕ 24
ϕ 12
R22
37
R12
10
20
5
35
6
50

6.

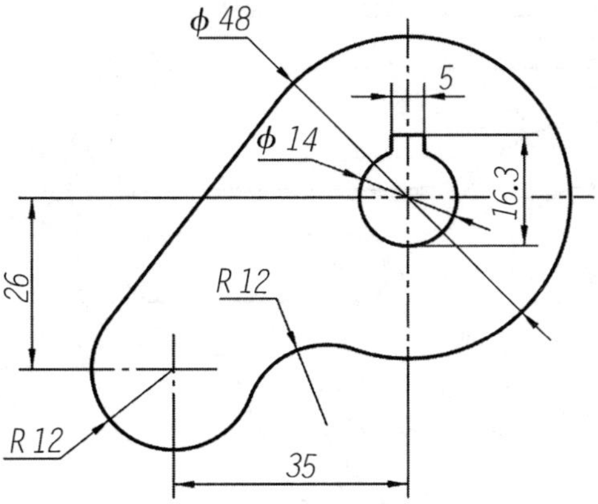
ϕ 48
5
ϕ 14
16.3
26
R 12
R 12
35

7.

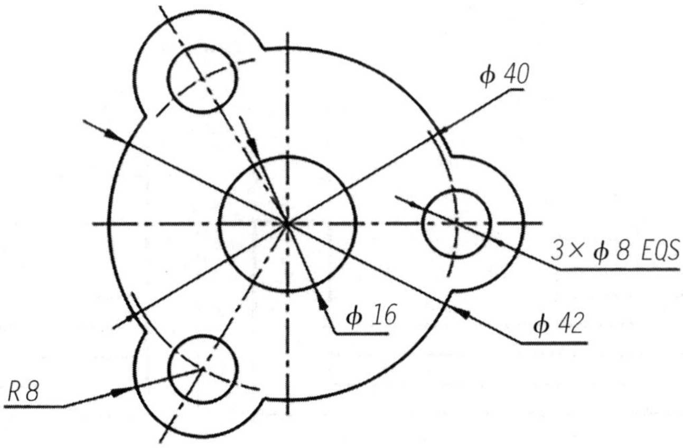
ϕ 40
3× ϕ 8 EQS
ϕ 16
ϕ 42
R 8

8.

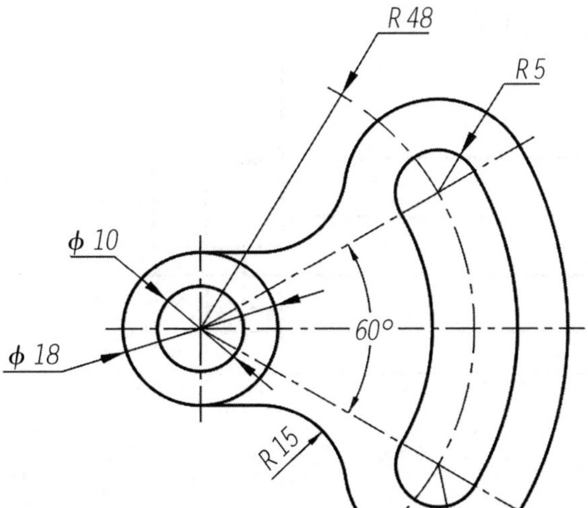
R 48
R 5
ϕ 10
60°
ϕ 18
R 15
R 11

9.

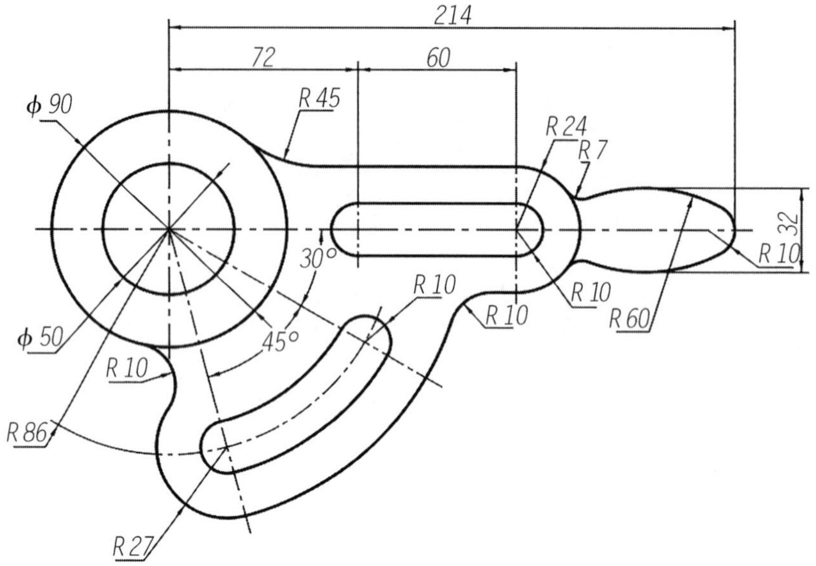
214
72
60
ϕ 90
R 45
R 24
R 7
32
R 10
30°
R 10
R 10
R 10
R 60
ϕ 50
45°
R 10
R 86
R 27

10.

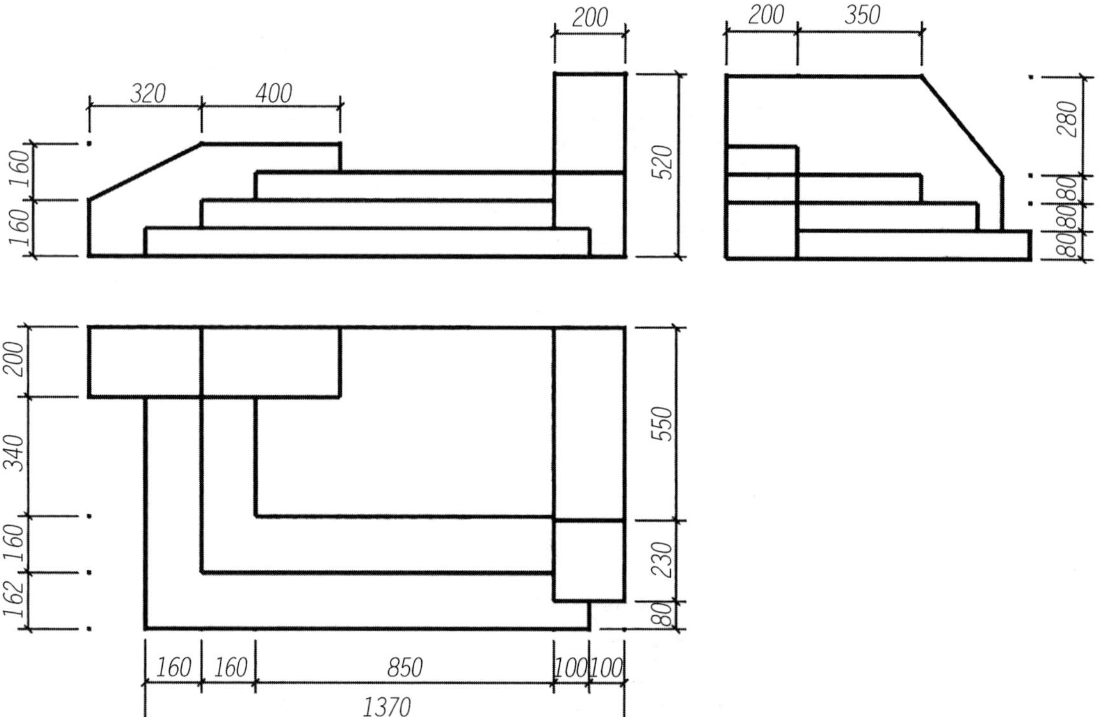
200
320
400
160
160
520
200
350
280
80
80
80
200
340
160
162
550
230
80
160
160
850
100
100
1370

第 7 章　文字与表格

文字和表格作为信息传递与展示的核心工具，扮演着举足轻重的角色。文字不仅用于标注设计细节、添加说明注释，还承担着传达设计理念的重任，其准确性与可读性直接影响设计的沟通与理解。表格则以其条理清晰、数据集中的特点，成为整理设计参数、统计材料用量及记录修改历史的理想选择。本章将介绍卡伦特 CAD 中文字的输入、编辑与样式设置，以及表格的创建、调整与表格输出技巧，旨在帮助用户高效利用这些基础功能，提升设计文档的专业性与易用性，确保设计信息的精准传达。

本章主要介绍以下内容：

◎ 文字功能概述　　◎ 创建表格

◎ 文字输入

数字资源 7-1

本章操作示范，请参阅数字资源 7-1。

7.1　文字功能概述

7.1.1　工程图文字的规定

工程图中的标题栏、明细表、技术要求和尺寸标注等都需要用文字进行书写。国家标准 GB/T 14691—1993《技术制图　字体》中规定的文字样式：汉字为长仿宋体字，字体宽度约等于字体高度的 $1/\sqrt{2}$，字体高度有 1.8 mm、2.5 mm、3.5 mm、5 mm、7 mm、10 mm、14 mm、20 mm 8 种，汉字高度不小于 3.5 mm。字母和数字可写为直体或斜体，如果文字采用斜体字体，则文字字头必须向右倾斜，且与水平基线约呈 75°。

7.1.2　文字样式功能

卡伦特 CAD 图形中的所有文字都具有与之相关的文字样式，因此在使用卡伦特 CAD 进行文字书写之前，首先需要定义一个文字样式（系统有一个默认样式——Standard），然后再使用该样式书写文本。卡伦特 CAD 可以定义多个文字样式，不同的文字样式用于书写不同的字体。当需要修改文本格式时，不需要逐个修改文本，而只要对该文本的样式进行修改，就可以改变使用该样式书写的所有文本的格式。

7.1.3 文字样式设置

卡伦特 CAD 文字样式的默认设置是 Standard 样式。在使用过程中可以通过【文本样式】对话框自定义文字样式，建立满足国标的绘图文字样式。文本样式的设置主要应用【文本样式】对话框来完成，打开该对话框的方法如下：

- 注释工具栏：【样式】面板→【样式管理】下拉列表→【文本样式】文本样式按钮。
- 常用工具栏：【注释】选项卡下拉列表→按钮。

打开【文字样式】对话框，如图 7-1A 所示。在【样式】列表中显示的是当前所应用的文字样式。

单击【文字样式】对话框【新建】按钮，系统弹出【新建文字样式】对话框，在【样式名】文本框中输入“工程字”，如图 7-1B 所示。

从【字体名】下拉列表中选择“gbeitc”字体，并勾选【使用大字体】复选框，然后在【大字体】下拉列表中选择“gbcbig.shx”字体，如图 7-1C 所示。

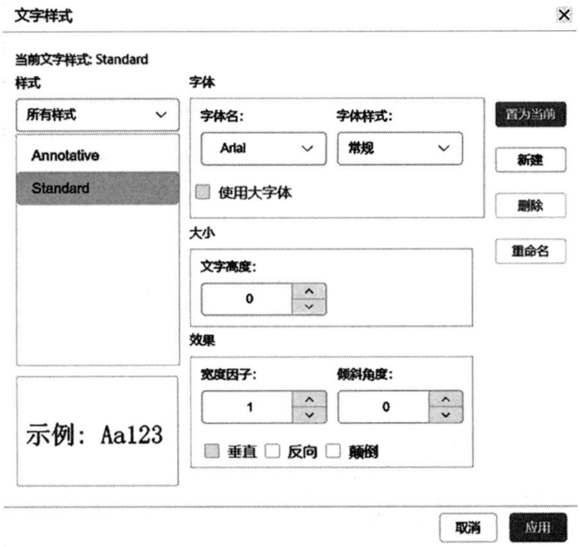

A

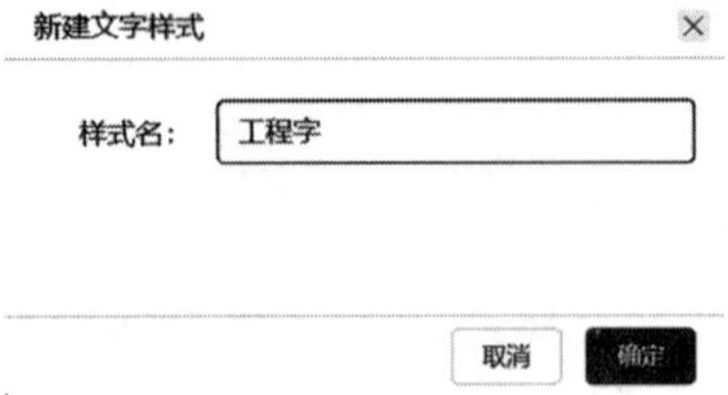

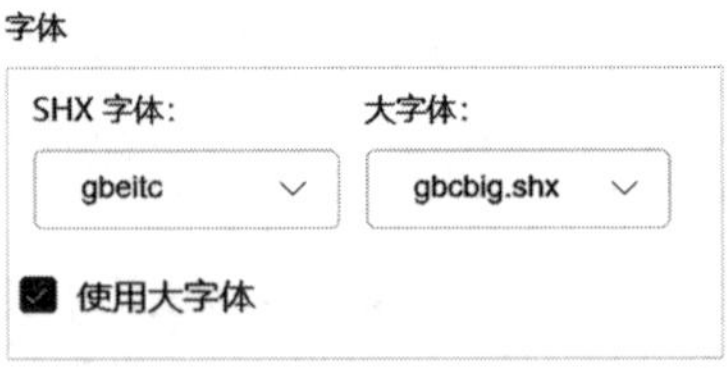

B　　C　　D

图 7-1　文字样式建立过程

【文字高度】文本框中可以输入字体高度，一般情况最好不要改变它的默认设置“0”，如果在这里修改成其他数值，则以此样式输入文字的字高便不会提示了，并且如果在以后的标注中使用了这个文字样式，标注的字高就被固定，不能在标注设置中更改了。

【宽度因子】文本框用于设置文字的纵横比，默认值为“1”，如果设置为大于 1 的正数，则放宽文字宽度。若小于 1，则压缩文字宽度。

【倾斜角度】文本框用于设置文字的倾斜角度使其变为斜体字，如图 7-1D 所示，保持其默认设置为“0”。

【颠倒】选项是确定是否倒写文字，【反向】选项是确定是否反写文字，【垂直】选项是确定是否垂直对齐显示文字，该功能对 True Type 字体不可用。一般不会使用这三个选项，在这里也不做选取。

7.2　文字输入

卡伦特 CAD 的文字功能提供了“文字”和“文字打散”两种命令。“文字”命令用于输入多行文字，并将其整体作为一个实体对象来处理。“文字打散”命令能将图中已写好的文字打散成线段，多用于绘制含有文字刻印特征的零件的文字部分。

7.2.1　文字

调用“文字”命令的方法有以下 3 种：

- 注释工具栏：【文字】面板→A下拉列表→A 文字。
- 常用工具栏：【注释】选项卡→【文字】按钮A→A 文字。
- 快捷键：T。

【例 7-1】用 5 号字输入“卡伦特 CAD”。

激活“文字”命令，单击画布空白区域任一点，指定对角点之后，将显示【文字编辑器】功能对话弹窗，如图 7-2 所示。设置字体样式为工程字，字体类型为长仿宋体，字号为 5，颜色为 ByLayer，在书写框中输入文字“卡伦特 CAD”，单击绘图面板的其他空白区域结束命令，结果如图 7-2 所示。

图 7-2　“文字”命令输入过程

7.2.2　特殊字符的输入

利用“文字”命令可以输入特殊字符，如直径符号“ϕ”、角度符号“°”等。

1. 利用软键盘

以搜狗输入法为例，首先调出如图 7-3 所示的输入法状态条。单击【软键盘】按钮，弹出的快捷菜单如图 7-4 所示，选择需要的软键盘。例如，选择【希腊字母】选项，就会出现如图 7-5 所示的软键盘。用鼠标单击需要的字符键，就可以输入对应的字母和符号。

图 7-3　输入法状态条

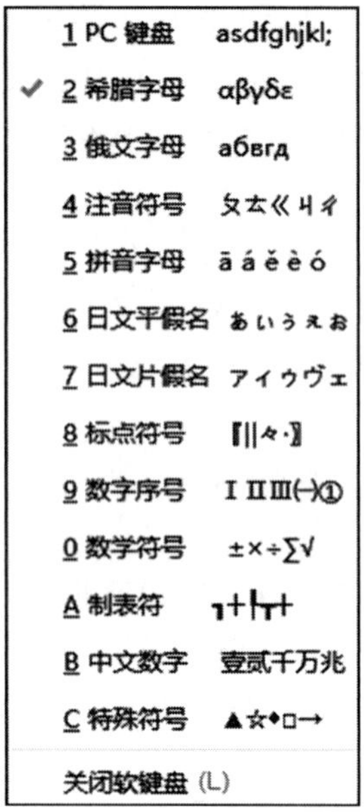

图 7-4　快捷菜单

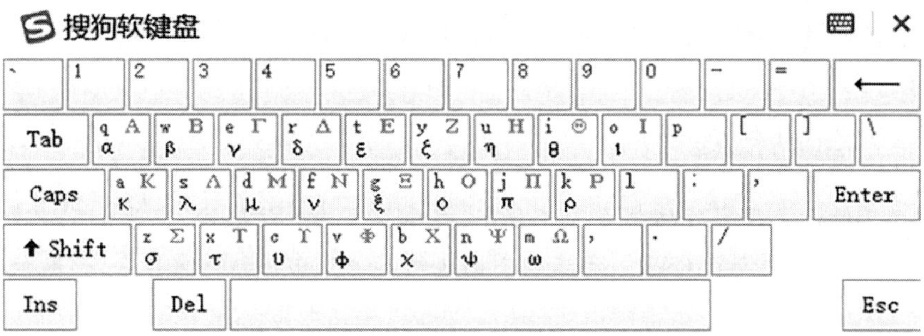

图 7-5　软键盘

2. 用控制码输入特殊字符

控制码由两个百分号“%%”加一个字母构成。卡伦特 CAD 中常用的控制码见表 7-1。

表 7-1　卡伦特 CAD 常用控制码

控制码	功能	效果
%%d	度符号	°
%%p	加减号	±
%%c	直径符号	∅
%%%	百分号	%

3. 用“插入符号”命令

鼠标放置于【文字编辑器】功能对话弹窗中的“插入符号”命令@⌄处，将会出现下拉菜单，如图 7-6 所示。

选择【插入符号】菜单的【更多】选项，可以打开【字符集】对话框，如图 7-7 所示，可以从中选择更多特殊符号输入。

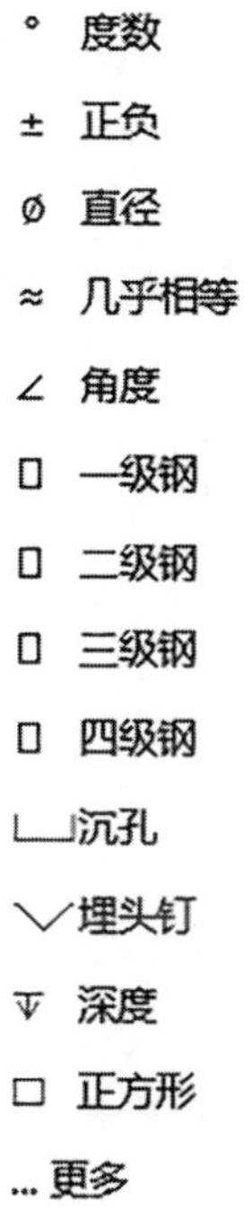

图 7-6 【插入符号】菜单

图 7-7 【字符集】对话框

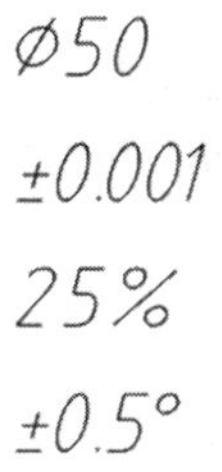

图 7-8 特殊字符样例

【例 7-2】按图 7-8 所示样例输入文字。

调用“文字”命令，命令窗口提示及操作如下。

命令：T（MTEXT）

指定第一角点：　　　　　　　　　// 指定第一角点

指定对角点或［高度（H）行距（L）旋转（R）宽度（W）］　　// 指定第二角点，确定矩形框，并自动出现【文字编辑器】弹窗，如图 7-9 所示。

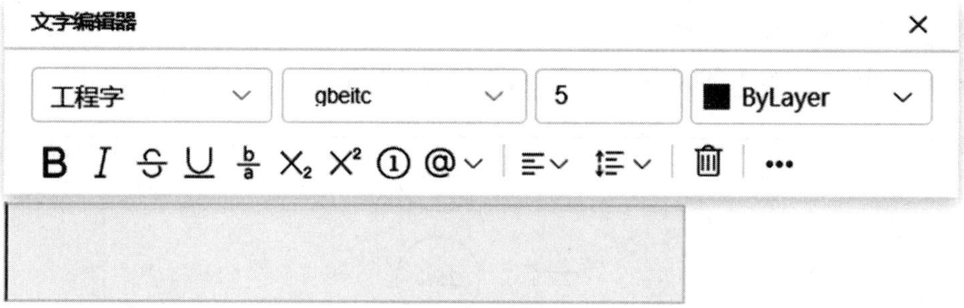

图 7-9 矩形框和【文字编辑器】窗口

在矩形框中通过键盘输入文字:%%c50　　　　// 输入直径符号
键盘输入文字:%%p0.001　　　　// 输入加减符号
键盘输入文字:25%%%　　　　// 输入 %
键盘输入文字:%%p0.5%%d　　　　// 同时输入加减符号和度
单击绘图面板的其他空白区域结束命令。

7.2.3 格式编辑

通过【文字编辑器】可对文字进行编辑,【文字编辑器】如图 7-10 所示,各部分功能介绍如下。

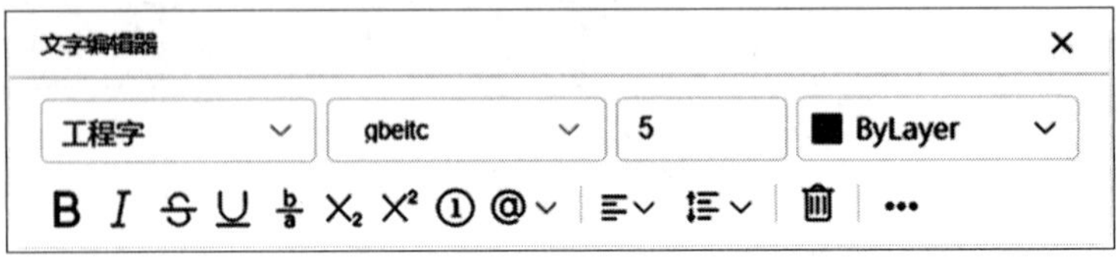

图 7-10 【文字编辑器】功能对话弹窗

【文字样式】Standard:选择文字的样式。
【字体】宋体:选择文本的字体。
【字体大小】3.5:选择字体的大小。
【字体颜色】ByLayer:设置字体颜色。
【加粗】B:为新输入文字或选定文字加粗。
【倾斜】*I*:使新输入文字或选定文字倾斜。
【删除线】S:新输入文字或选定文字添加删除线。
【下划线】U:新输入文字或选定文字添加下划线。
【堆叠】:当文字中包含“^”符号时,如图 7-11A 所示,先选中需要堆叠的文字,然后单击【堆叠】按钮,数字就会变成上下布置,如图 7-11B 所示。选中堆叠成上下布置的文字,然后单击【堆叠】按钮即可取消堆叠。

图 7-11 文字堆叠

【下标】X_2:将选中的文字变成下角标。
【上标】X^2:将选中的文字变成上角标。
【圈内文字】①:将选中的文字放入圈中,如图 7-12 所示。

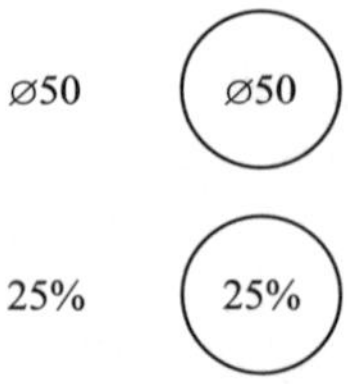

图 7-12 圈内文字方式

【对齐】【行距】【删除格式】：与 Word 中的功能相同，不再赘述。

【倾斜角度】0/：使新输入文字或选定文字倾斜一定角度，如图 7-13 所示。

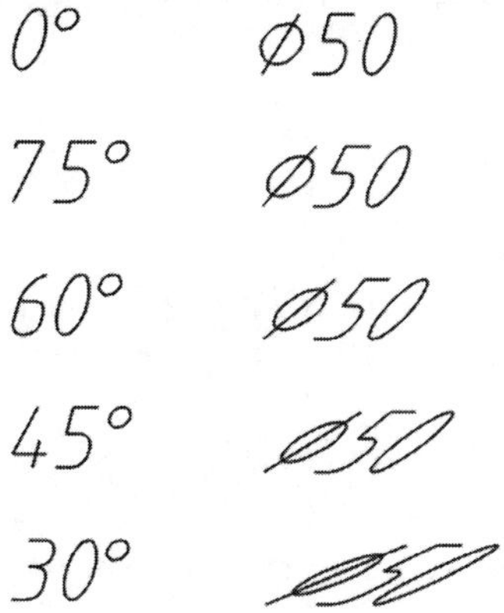

图 7-13 倾斜角度方式

【追踪】a-b：加宽或缩小新输入文字或选定文字的字间距，如图 7-14 所示。

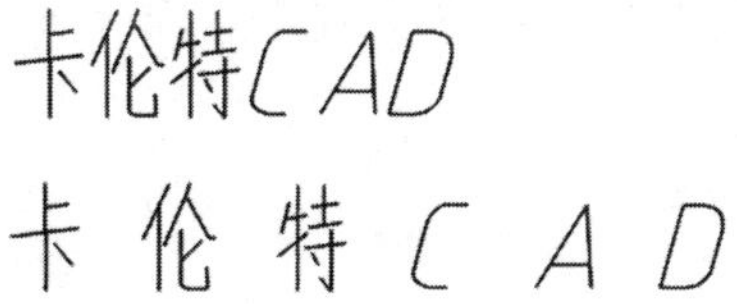

图 7-14 追踪命令样例

【宽度因子】：加宽或缩小新输入文字或选定文字的宽度，如图 7-15 所示。

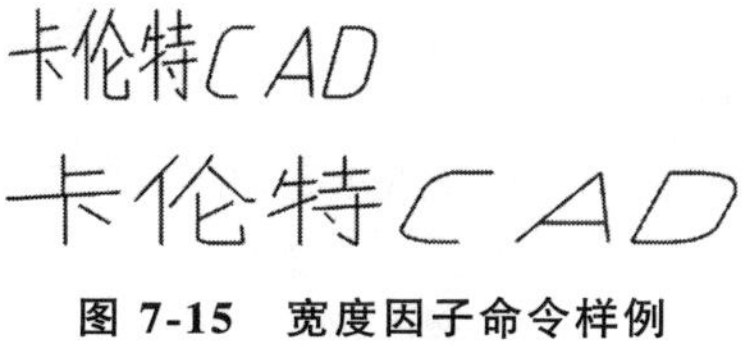

图 7-15 宽度因子命令样例

7.2.4 文字修改

直接双击画布上的文字，系统弹出【文字编辑器】窗口，然后直接在书写框中对文本内容进行重新编辑、修改即可。

7.2.5 文字打散

文字打散是将图中文字打散成线段，调用“文字打散”命令有以下 3 种方法：

- 注释工具栏：【文字】面板→下拉列表→文字打散。
- 常用工具栏：【注释】选项卡→【文字】按钮→文字打散。
- 快捷键：TX。

【例 7-3】将图 7-16 上方的“卡伦特 CAD”文字打散。

调用“文字打散”命令，命令窗口提示及操作如下。

方法一：

命令：TX↙

TXTEXP选择对象：　　　　　// 选中“卡伦特CAD”文字↙，将文字打散成线段，如图7-16下方“卡伦特CAD”所示。

方法二：

单击“文本打散”命令，选择“卡伦特CAD”对象后，按Enter键或空格键完成文本打散。

图 7-16　“文字打散”命令样例

7.3　创建表格

表格是在行和列中包含数据的对象。在工程上大量使用到表格，如标题栏和明细栏都属于表格的应用。

7.3.1　表格的生成

激活表格创建命令的方法有如下3种：

- 常用工具栏：【注释】面板→【表格】下拉列表→【表格】按钮 表格。
- 注释工具栏：【表格】面板→【表格】按钮。
- 快捷键：IT。

【例7-4】创建一个行高7.5，列宽15，3行8列的表格。

调用“表格”命令，弹出【插入表格】对话框，如图7-17所示。

图 7-17　【插入表格】对话框

在【列和行设置】中修改列数为 8，列宽为 15.00，行数为 3，行高为 7.50，如图 7-18 所示。

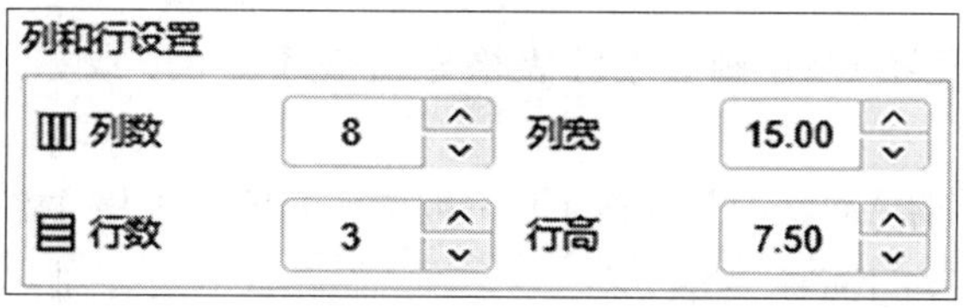

图 7-18　【列和行设置】

单击【确定】按钮，并在画布上指定插入点，生成表格，如图 7-19 所示。

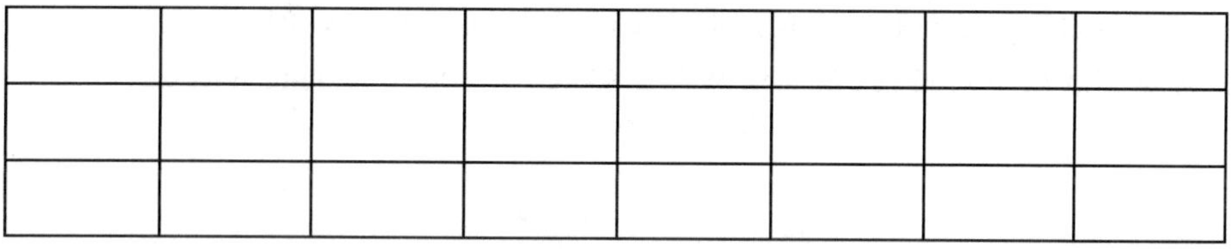

图 7-19　表格样例

7.3.2　单元格编辑

单击单元格，单元格的 4 条边上出现 4 个蓝色小矩形，如图 7-20 所示。拖动小矩形可以调整单元格的行高和列宽，拖动过程中，在命令栏中输入数字，可精确控制行高和列宽。

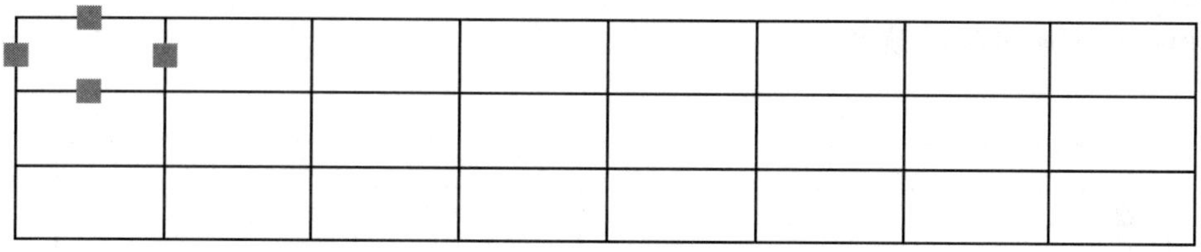

图 7-20　单元格激活

选中单元格并右击，弹出编辑表格快捷菜单，如图 7-21 所示。通过快捷菜单可以插入或删除行或列。若选中多个单元格，可以进行合并单元格或拆分单元格。双击单元格，弹出【文字编辑器】窗口，可在表格中输入文字内容。

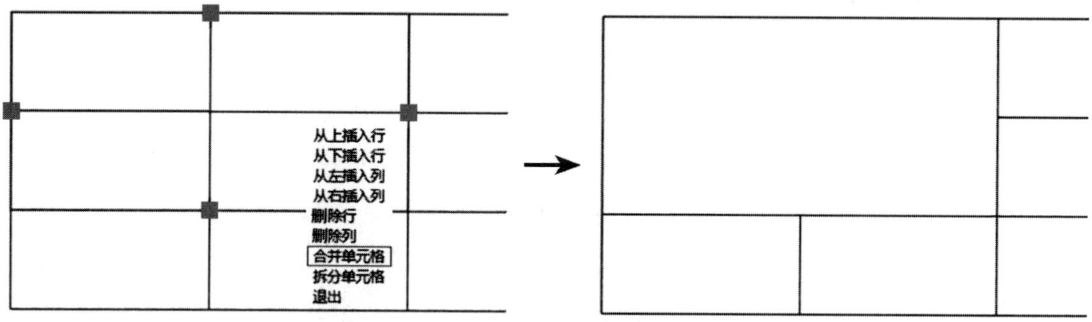

图 7-21　编辑单元格

7.3.3 导出表格

导出表格是指将卡伦特 CAD 画布中的表格导出格式为 csv 或 xls 的外部表格。导出表格的命令如下：

- 常用工具栏：【注释】面板→【表格】下拉列表→【导出表格】按钮 导出表格。
- 注释工具栏：【表格】面板→ 导出表格。

【例 7-5】导出图 7-19 所示的表格，格式选用 xls。

调用"导出表格" 导出表格 命令

TABLEEXPORT　选择表格：　　　　//选择图 7-19 所示的表格

TABLEEXPORT　选择导出格式：[导出 csv 格式(C) 导出 xls 格式(X)]　　　　//输入 X↙，弹出新建下载任务对话框，设置表格导出路径，将表格下载到设置位置。

本章练习

1. 思考并回答下列问题。

(1) 如何设置文字样式？

(2) 如何编辑文本？

(3) 如何编辑单元格？

(4) 特殊字符有几种输入方式？分别如何操作？

2. 绘图练习

(1) 创建如下所示的标题栏。

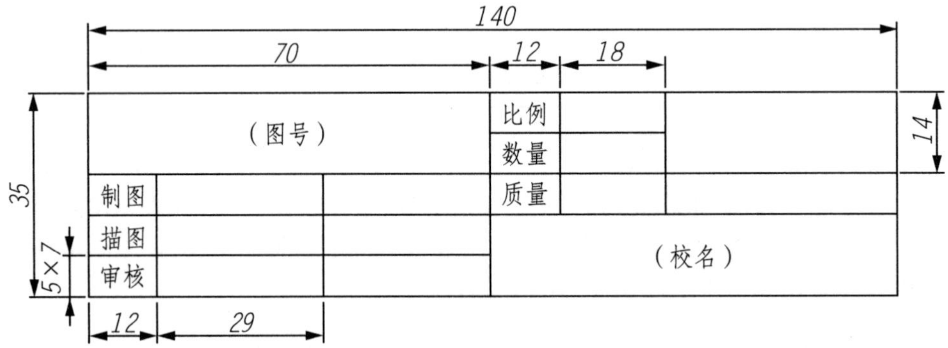

A. 标题栏 1

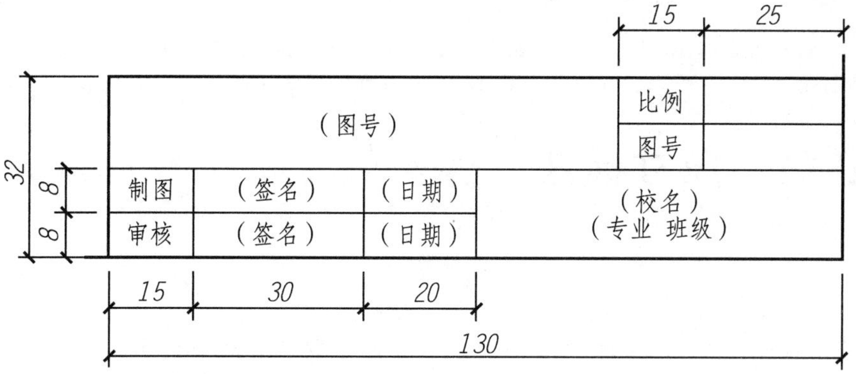

B. 标题栏 2

(2) 输入如下所示的 gbeitc 字体,青色,下划线“计算机绘图”和“建筑平面图”文本。

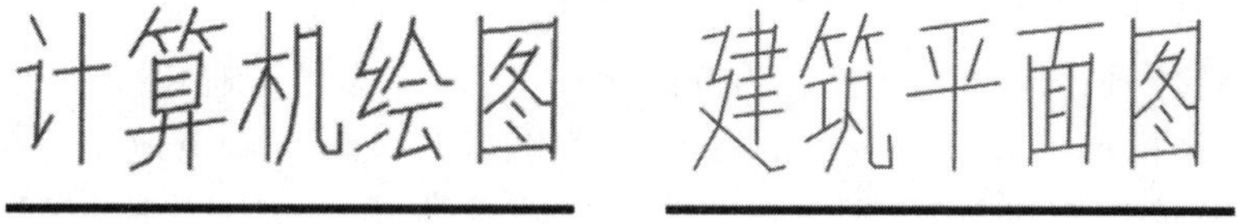

(3) 输入如下所示的 7 个含特殊字符的文本。

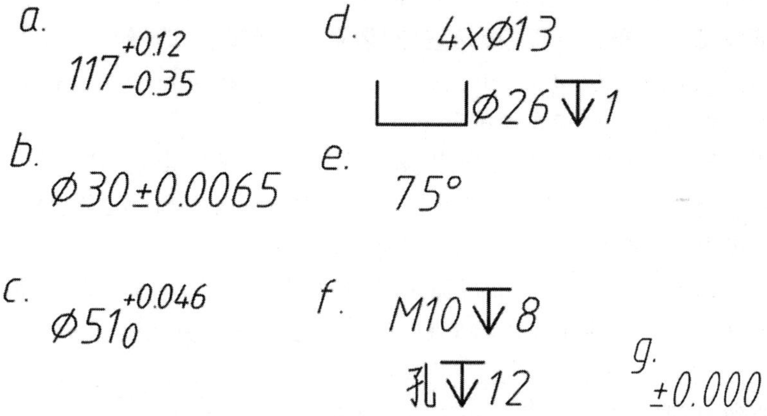

(4) 创建如下所示的绿色、宋体“成图大赛”文本,并打散。

第 8 章 尺寸标注

一张完整的工程图，包含准确的尺寸标注。尺寸标注要符合正确、完整、清晰、合理的要求。“正确”即标注的尺寸要符合国家标准规定。“完整”即标注出确定机件各个形体形状大小的定形尺寸和确定各形体间相对位置的定位尺寸，以及必要的总体尺寸，尺寸的标注要不多也不少。“清晰”即尺寸的标注原则上应该集中标注在反映形状特征的视图上；同轴回转体的直径尺寸尽量标注在反映轴线的视图上，避免标注在投影为同心圆的视图上，但特殊情况例外，如偏心回转体直径应标注在投影为圆的视图上；尺寸应尽量避免标注在虚线上；尽量把外形尺寸和内部结构尺寸分开标注在剖视图的两侧；当尺寸不可避免地注写在线段或剖面线处时，应该将线段或剖面线断开；尺寸线与其他尺寸界线，尺寸线、尺寸界线与轮廓线应尽量避免相交；同一方向连续的几个尺寸尽量放在一条线上标注；有些尺寸在半剖视图上不能完整地标注出来，则尺寸线应略超过圆心或对称中心线，仅在尺寸线的一端画出箭头等，对尺寸标注清晰性的基本要求是布置合理、排列整齐、清晰，便于阅读和理解。“合理”即标注的尺寸既满足设计要求又要满足工艺要求，也就是既要满足零件在机器中所承担的工作要求，又要满足零件在制造加工、测量、检验方便的要求。

实际生产中，受到机床精度、刀具磨损、操作技能等因素的影响，不可能把零件的尺寸做得绝对准确，往往会产生一定的误差，因此为了保证零件的互换性，就必须对零件的尺寸规定一个允许变动的极限值，尺寸公差即为允许尺寸变动全量。

零件是依靠工程图中的尺寸来进行加工的，准确的尺寸标注是工程图纸的关键所在，错误标注将造成零件废品。在使用卡伦特 CAD 软件标注尺寸时应正确标注工程图样的尺寸。

本章主要介绍以下内容：

◎ 创建各种尺寸标注

◎ 创建公差标注

◎ 定义标注样式

◎ 创建表面粗糙度标注

◎ 标注的编辑与修改

8.1 创建各种尺寸标注

卡伦特 CAD 的标注是建立在精确绘图的基础上的，图纸精确，卡伦特 CAD 便会自动给出正确的标注尺寸。

一个完整的尺寸，包括尺寸线、尺寸界线、尺寸数字和尺寸线终端（箭头或斜线），如图 8-1 所示。这 4 个部分是以块的形式出现，它们是一个整体。

此操作示范，请参阅数字资源 8-1。

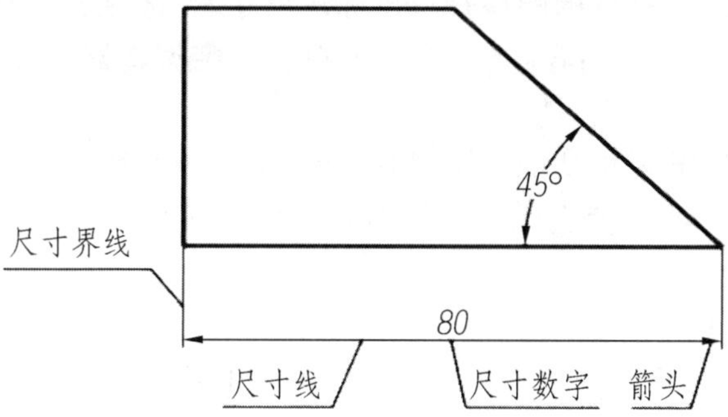

数字资源 8-1

图 8-1　尺寸标注的组成

8.1.1　线性标注与对齐标注

1. 线性标注

线性标注命令提供水平或者垂直方向上的线性尺寸标注，如图 8-2 所示。

命令的激活方法如下（界面设置为经典工具栏，下文同）：

- 【标注】工具栏【线性】按钮 ⟷。
- 命令行：DIMLINEAR ↙。
- 快捷键：DLI ↙。

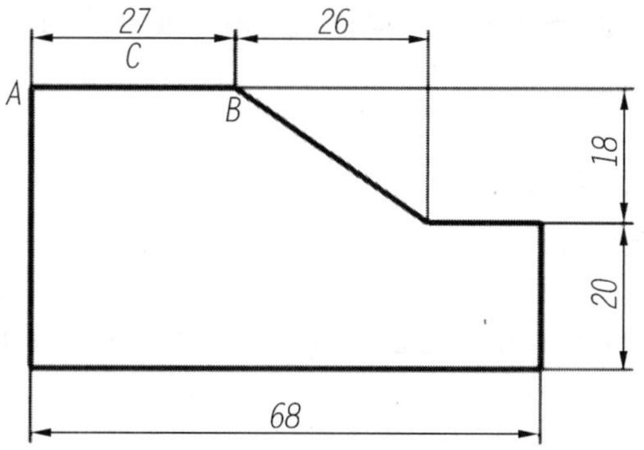

图 8-2　线性标注

（1）标注图 8-2 所示的尺寸 27，激活命令，命令行提示如下：

命令：DIMLINEAR

指定第一个尺寸界线原点：（单击 *A* 端点）

指定第二条尺寸界线原点：（单击 *B* 端点）

指定尺寸线位置或[文本(T) 角度(A) 水平(H) 垂直(V) 旋转(R)]：（向上拉出尺寸线，选择合适的尺寸线位置，如 *C* 点）

完成尺寸 27 的标注（因线段的实长为 27，CAD 自动给出该值，值与线具备“关联性”）。

（2）单击右键（系统里设置“自定义右键单击”的功能为：“重复上一个命令”或“快捷菜单”），重复以上步骤，继续执行线性标注命令。

（3）在向右拉出尺寸线的时候，可以实现垂直方向的线性标注，如尺寸 18、20。

需要说明的是,在执行到"指定尺寸线位置或[多行文字(M) 文字(T) 角度(A) 水平(H) 垂直(V) 旋转(R)]:"这一步时,默认的响应是拉出标注尺寸线,选择合适的尺寸线位置,其他的各种选项可以自定义标注文字的内容(弹出多行或单行文字编辑器)、角度以及尺寸线的旋转角度,一般情况下不推荐大家进行修改。

(4)在拾取标注点时,要打开对象捕捉功能,精确捕捉标注对象的特征点,这样才能在标注与标注对象之间建立"关联性",即标注值会随着标注对象的修改而自动更新,如果人为修改标注值,则失去关联性。

2. 线性带 ϕ 标注

线性带 ϕ 标注命令提供水平或者垂直方向上线段的直径尺寸标注,如图 8-3 所示。

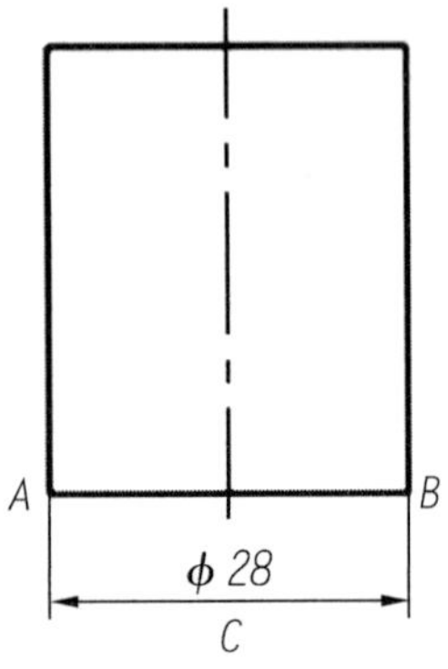

图 8-3 线性带 ϕ 标注

命令的激活方法如下:

- 【标注】工具栏【线性带 ϕ】按钮。

(1)如图 8-3 所示标注尺寸 ϕ28,激活命令,命令行提示如下:

指定第一个尺寸界线原点:(单击 A 端点)

指定第二条尺寸界线原点:(单击 B 端点)

指定尺寸线位置或[文本(T) 角度(A) 水平(H) 垂直(V) 旋转(R)]:(拉出标注尺寸线,单击 C 位置)

完成尺寸 ϕ28 的标注。

(2)单击右键,可以重复执行线性带 ϕ 标注命令。

3. 对齐标注

对齐标注命令提供与拾取的标注点对齐的线性尺寸标注,如图 8-4 所示。

命令的激活方法如下:

- 【标注】工具栏【对齐】按钮。
- 命令行:DIMALIGNED↙。
- 快捷键:DAL↙。

对齐标注与线性标注的使用方法基本相同,它可以标注出水平、垂直、倾斜线的尺寸,如图 8-4 所示的 4 个尺寸。

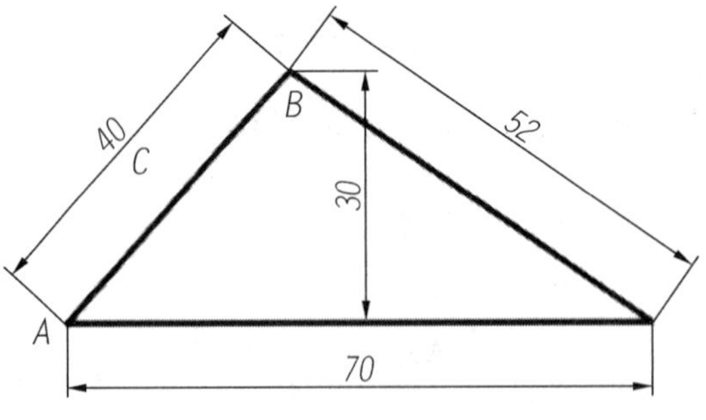

图 8-4 对齐标注

(1)标注图 8-4 的尺寸 40,激活命令,命令行提示如下:

命令:DIMALIGNED

指定第一个尺寸界线原点或〈选择对象〉:(单击 A 端点)

指定第二条尺寸界线原点:(单击 B 端点)

指定尺寸线位置或:[文本(T) 角度(A)](拉出标注尺寸线,单击 C 位置)

完成尺寸 40 的标注。

(2)单击右键,重复以上步骤,继续执行对齐标注命令。

4. 对齐带 ϕ 标注

对齐带 ϕ 标注命令提供水平、垂直或倾斜方向上线段的直径尺寸标注,如图 8-5 所示。

命令的激活方法如下:

- 【标注】工具栏【对齐带 ϕ】按钮。

(1)标注尺寸 ϕ40,激活命令,命令行提示如下:

指定第一个尺寸界线原点:(单击 A 端点)

指定第二条尺寸界线原点:(单击 B 端点)

指定尺寸线位置或:[文本(T) 角度(A)](拉出标注尺寸线,单击 C 位置)

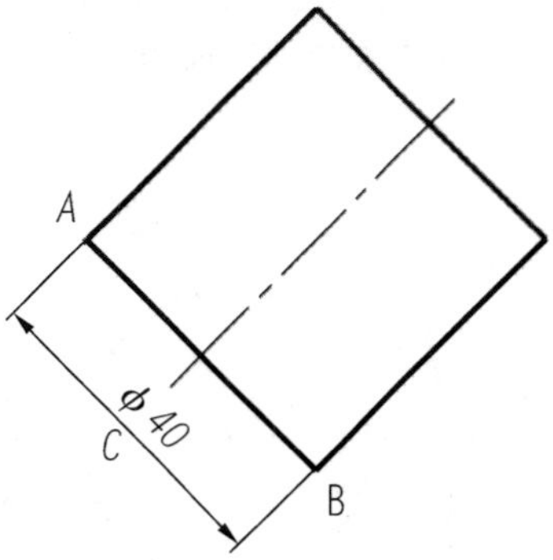

图 8-5 对齐带 ϕ 标注

完成尺寸 ϕ40 标注。

(2)单击右键或按 Enter 键,重复以上步骤,继续执行对齐带 ϕ 标注命令。

5. 一键带 ϕ 标注

一键带 ϕ 标注命令把水平、垂直或倾斜方向上线段的线性尺寸标注改变为带 ϕ 的直径标注。命令的激活方法如下:

- 【标注】工具栏【一键带 ϕ】按钮。

激活命令后,命令行提示如下:

请选择标注,或者按 Enter 键结束。

选择线性尺寸 32 后,尺寸数字即改变为前缀带 ϕ 的 ϕ32,如图 8-6 所示。

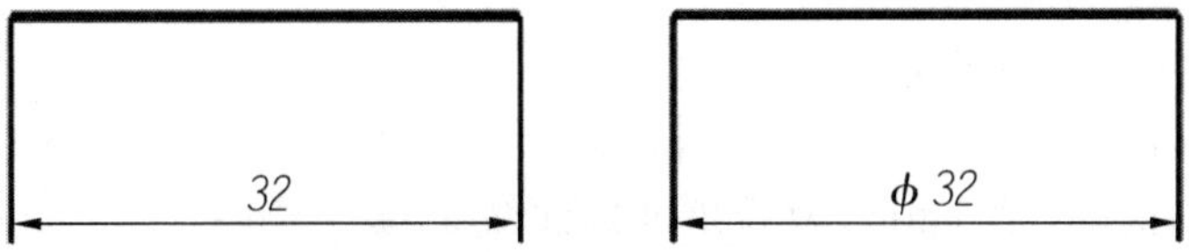

图 8-6 一键带 Φ 标注

8.1.2 半径标注与直径标注

卡伦特 CAD 对圆或者圆弧可以进行直径和半径的标注。对于半径,标注尺寸值之前会自动加上半径符号“R”,对于直径,标注尺寸值之前会自动加上直径符号“ϕ”。

1. 半径的标注

半径标注命令提供对圆或圆弧半径的标注,如图 8-7 所示。激活方法如下:

- 【标注】工具栏【半径】按钮。
- 命令行:DIMRADIUS ↙。
- 快捷键:DRA ↙。

(1)标注如图 8-17 所示尺寸 R18,激活命令,命令行提示如下:

命令:DIMRADIUS

选择圆弧或圆:(选择圆弧)

指定尺寸线位置或:[文本(T) 角度(A)](拉出标注尺寸线,确定合适的尺寸线位置)

完成尺寸 $R18$ 的标注。

2. 直径的标注

直径标注命令提供对圆或者圆弧直径的标注。激活方法如下:

- 【标注】工具栏【直径】按钮⊖。
- 命令行:DIMDIAMETER ↙。
- 快捷键:DDI ↙。

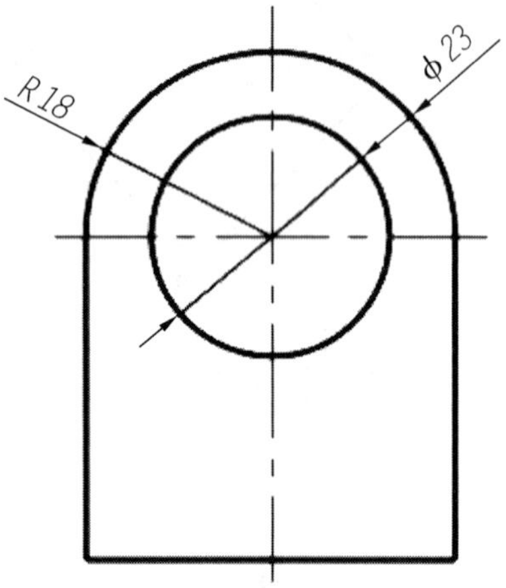

图 8-7 半径与直径标注

如图 8-7 所示,标注尺寸 $\phi23$,激活直径标注命令,提示如下:

命令:DIMDIAMETER

选择圆弧或圆:(选择圆)

指定尺寸线位置或:[文本(T) 角度(A)](拉出标注尺寸线,确定合适的尺寸线位置)

完成 $\phi23$ 尺寸的标注。

半径或直径标注的对象既可以是完整的圆,也可以是圆弧,拉出的尺寸线可以在圆或圆弧的内部,也可以在圆或圆弧的外部。

8.1.3 角度尺寸的标注

卡伦特 CAD 可以对两条非平行直线形成的夹角、圆或圆弧的夹角进行角度标注,标注值为度数,卡伦特 CAD 会自动为标注值后面加上度数单位“°”。

角度标注命令的激活方法如下:

- 【标注】工具栏【角度】按钮⊿。
- 命令行:DIMANGULAR ↙。
- 快捷键:DAN ↙。

如图 8-8 所示,标注尺寸 126°,激活角度标注命令,提示如下:

命令:DIMANGULAR

选择圆弧、圆、直线或〈指定顶点〉:(选择 *A* 线段)

选择第二条直线:(选择 *B* 线段)

指定弧线标注位置:[文本(T) 角度(A) 象限点(Q)](选择 *C* 位置)

完成标注。

角度标注所拉出的尺寸线的方向将影响到标注结果,如图 8-8 所示,两条直线段间的角度在不同的方向可以形成 4 个角度值。

角度标注也可以对圆或圆弧进行标注,在激活命令的第一个提示“选择圆弧、圆、直线或〈指定顶点〉:”下,可以选择圆或者圆弧,然后可分别进行下面的操作。

- 如果选择圆弧,卡伦特 CAD 会自动标注出圆弧起点及终点围成的扇形角度,如图 8-9A 所示。

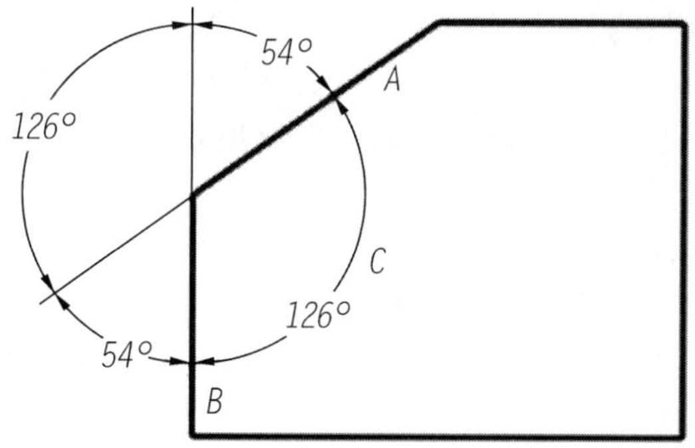

图 8-8　直线段间的 4 个角度标注

- 如果选择圆,则标注出拾取的第一点和第二点间围成的扇形角度,如图 8-9B 所示。

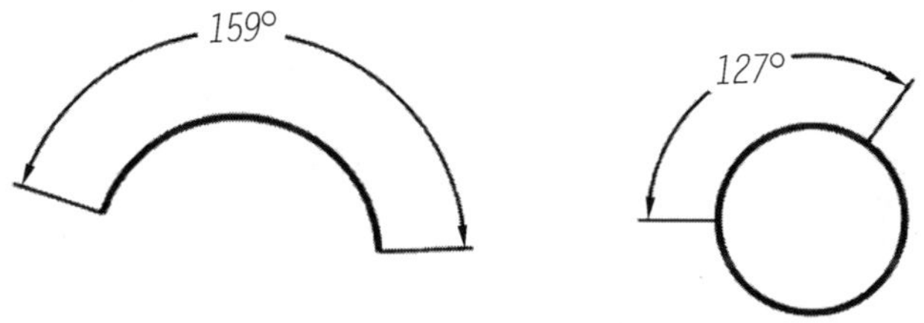

A　　　　　　B

图 8-9　圆和圆弧上的角度标注

8.1.4　弧长的标注

卡伦特 CAD 的弧长标注功能是标注圆弧的弧长而不是弦长。

弧长标注命令的激活方法如下:

- 【标注】工具栏【弧长】按钮。
- 命令行:DIMARC ↙。
- 快捷键:DAR ↙。

如图 8-10 所示,标注弧长 51 的尺寸,激活"弧长"标注命令,提示如下:

命令:DIMARC

选择弧线段或多段线圆弧段:(选择弧线)

指定弧长标注位置或[文本(T) 角度(A) 部分(P) 引线(L)]:(拉到合适位置)

完成标注。

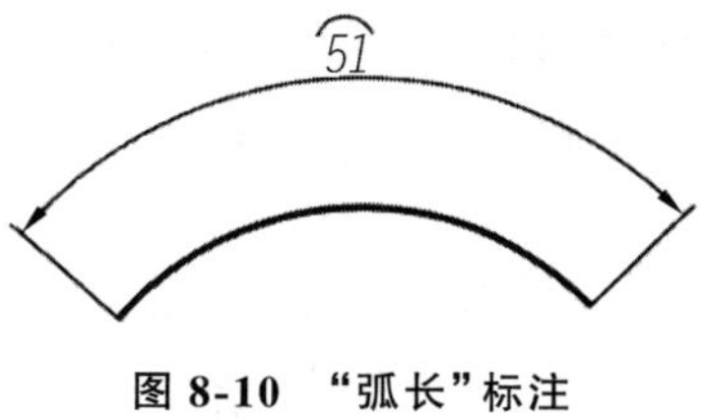

图 8-10　"弧长"标注

8.1.5　折弯标注

当圆弧的半径过大,或在图纸范围内无法标出其圆心位置时,可按图 8-11A 的形式标注。若不需要标出其圆心位置时,可按图 8-11B 的形式标注。

折弯标注命令的激活方式如下:

- 【标注】工具栏【折弯】按钮。

- 命令行：DIMJOGGED ↙。
- 快捷键：JOG ↙。

如图 8-11A 所示，标注 R61 的尺寸，激活折弯标注命令，提示如下：

命令：DIMJOGGED

选择圆弧或圆：(选择圆弧)

指定图示中心位置：(拾取图 8-11A 中的 A 点)

指定尺寸线位置或：[文本(T) 角度(A)]：(拾取图 8-11A 中的 B 点)

指定折弯位置：(拾取图 8-11A 中的 C 点)

完成标注。

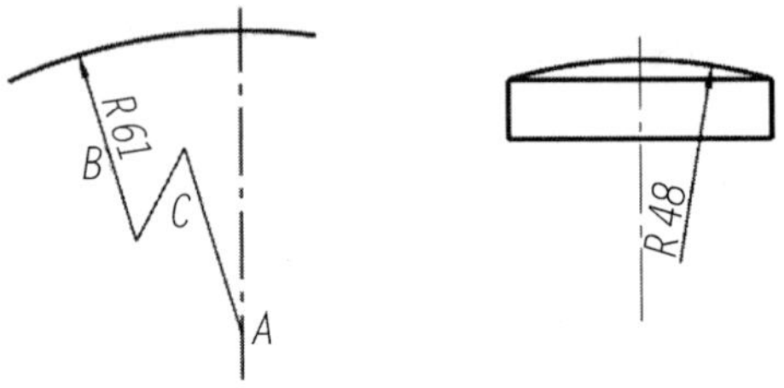

A　　B

图 8-11 "折弯"标注

8.1.6 基线标注、坐标标注、倾斜标注

1. 基线标注

对于由同一个基准面引出的一系列尺寸，可以使用基线标注，激活方法如下：

- 【标注】工具栏【基线】按钮。
- 命令行：DIMBASELINE ↙。
- 快捷键：DBA ↙。

基线标注，都需要预先指定一个完成的标注作为标注的基准，这个基准标注可以是线性标注、角度标注，如图 8-12 中所示的尺寸 13、角度 39°，一旦指定了基准标注，接下来的基线标注和基准标注形式一样。

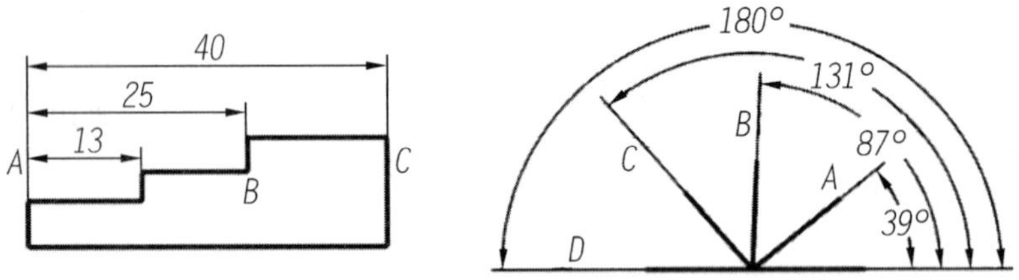

A　　B

图 8-12 "基线"标注

(1)以图 8-12A 长度基线标注为例，先创建一个基准标注尺寸 13，接着激活基线标注命令，命令行提示如下：

命令：DIMBASELINE

选择基准标注:(拾取图 8-12A 中的 *A* 点)

指定第二个尺寸界线原点或:[选择(S) 放弃(U)]:(拾取图 8-12A 中的 *B* 点,标注尺寸 25)

指定第二个尺寸界线原点或:[选择(S) 放弃(U)]:(拾取图 8-12A 中的 *C* 点,标注尺寸 40)

指定第二个尺寸界线原点或:[选择(S) 放弃(U)]:(按右键)

选择基准标注:(按右键结束命令)

(2) 以图 8-12B 角度基线标注为例,先创建一个基准标注尺寸 39°,注意标注 39°时先选 A 处线条,再选水平线,接着激活基线标注命令,命令行提示如下:

命令:DIMBASELINE

选择基准标注:(拾取图 8-12B 中尺寸 39°的尺寸界线)

指定第二个尺寸界线原点或:[选择(S) 放弃(U)]:(拾取图 8-12B 中的 *B* 点,标注尺寸 87°)

指定第二个尺寸界线原点或:[选择(S) 放弃(U)]:(拾取图 8-12B 中的 *C* 点,标注尺寸 131°)

指定第二个尺寸界线原点或:[选择(S) 放弃(U)]:(拾图取 8-12B 中的 *D* 点,标注尺寸 180°)

指定第二个尺寸界线原点或:[选择(S) 放弃(U)]:(按右键)

选择基准标注:(按右键结束命令)

2. 坐标标注

坐标标注,激活方法如下:

- 【标注】工具栏【坐标】按钮。
- 命令行:DIMORDINATE ↙。
- 快捷键:DIMORD ↙。

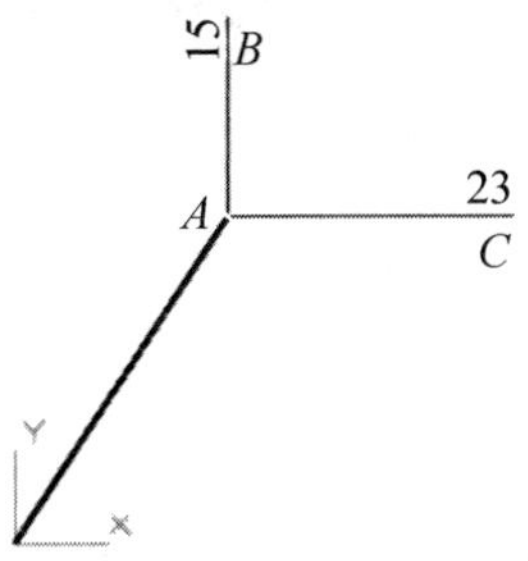

图 8-13　"坐标"标注

标注如图 8-13 所示 *A* 点的坐标(15,23),激活命令如下:

命令:DIMORDINATE

指定点坐标(选择线段的 *A* 端点)

指定引线端点或:[X 基准(X) Y 基准(Y) 多行文本(M) 文本(T) 角度(A)](选择 *B* 点,标注 15 后,退出)

单击右键,重复上一个命令:

指定点坐标(选择线段的 *A* 端点)

指定引线端点或:[X 基准(X) Y 基准(Y) 多行文本(M) 文本(T) 角度(A)](选择 *C* 点,标注 23 后,退出)

3. 倾斜标注

倾斜标注,激活方法如下:

- 【标注】工具栏【倾斜】按钮。

把图 8-14A ϕ23 的标注改为图 8-14B 的倾斜标注。

激活倾斜标注命令,命令提示如下:

请选择线性标注或者对齐标注(选择图 8-14A ϕ23)

选择对象(单击右键)

请输入倾斜角度:(输入 70°,单击右键退出命令)

结果如图 8-14B 中 ϕ23 所示的标注。

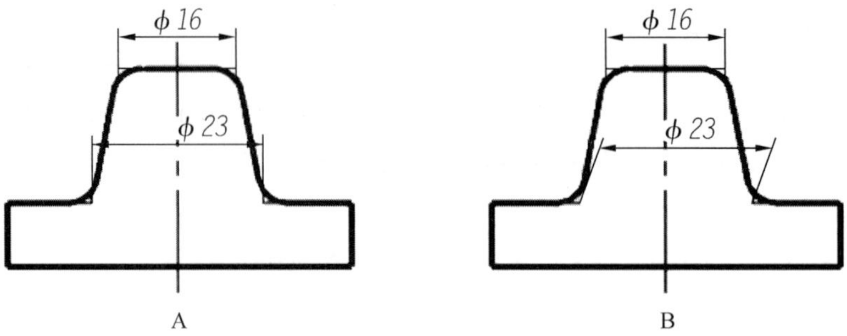

图 8-14 “倾斜”标注

8.1.7 智能标注(DIM)

智能标注命令非常强大,将光标悬停在标注对象上时,DIM 命令将自动预览要使用的合适标注类型。选择对象或点,然后单击绘图区域中的任意位置进行标注。

智能标注的激活方法如下:

- 【标注】工具栏【标注】按钮。
- 命令行:DIM ↙。

此命令支持的标注类型包括线性标注、对齐标注、角度标注、半径标注、直径标注等。

8.1.8 引线标注

如果标注倒角尺寸,或是一些文字注释、装配图的零件编号等,需要用引线来标注,引线标注图标在【标注】工具栏【引线】中,如图 8-15 所示,引线命令及其展开选项。

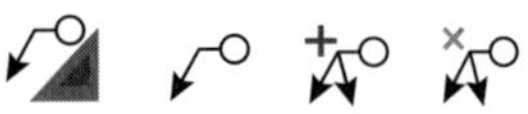

图 8-15 【引线】按钮展开

1. 引线(多重引线)的标注

命令的激活方法如下:

- 【标注】工具栏【引线】按钮。
- 命令行:MLEADER ↙。
- 快捷键:MLD ↙。

如图 8-16A 所示,绘制引线(表面粗糙度另标),激活引线标注命令,命令行提示如下:

命令:MLEADER

指定引线箭头的位置或[引线基线优先(L) 选项(O)]:(选取图 8-16A 的线上 *A* 点)

指定引线基线位置:(选取图 8-16A 的 *B* 点)

指定引线基线位置:(按右键,退出命令)

如图 8-16B 所示,添加引线,激活添加引线命令,命令行提示如下:

命令:MLEADEREDIT 选择多重引线(选取图 8-16B 中 *AB* 处的引线)

指定引线箭头的位置或:[删除引线(R)](选取图 8-16B 中的 *C* 点处)

指定引线箭头的位置或:[删除引线(R)](选取图 8-16B 中的 *D* 点处)

指定引线箭头的位置或:[删除引线(R)](按右键,退出命令)

如图 8-16C 所示,移除引线,激活移除引线命令,命令行提示如下:

命令:MLEADERDELETE 选择多重引线(选取图 8-16B 中任一处引线)

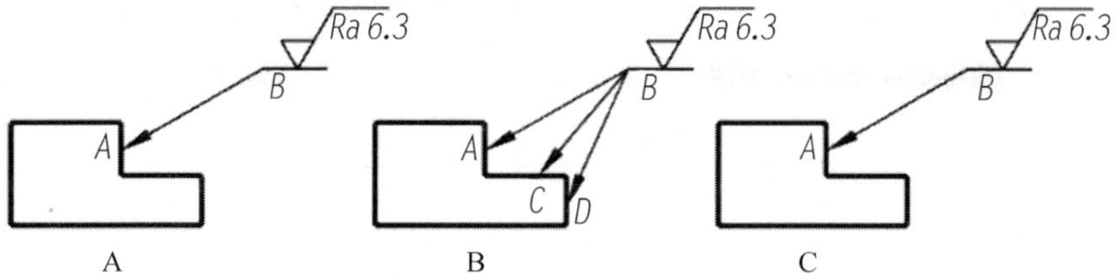

图 8-16 【引线】

指定引线箭头的位置或:[删除引线(R)](选取图 8-16B 中 *BC* 处的引线)

指定引线箭头的位置或:[删除引线(R)](选取图 8-16B 中 *BD* 处的引线)

指定引线箭头的位置或:[删除引线(R)](按右键,删除以上所选引线,退出命令,结果如图 8-16C 所示)

2. 引线(多重引线)标注样式的设置

多重引线样式,在【多重引线样式管理器】中进行设置。

- 【标注】工具栏【引线】命令展开的【多重引线样式管理器】按钮。

(1)单击按钮,打开【多重引线样式管理器】对话框,如图 8-17 所示,“样式”列表中有名为“Standard”的多重引线样式。

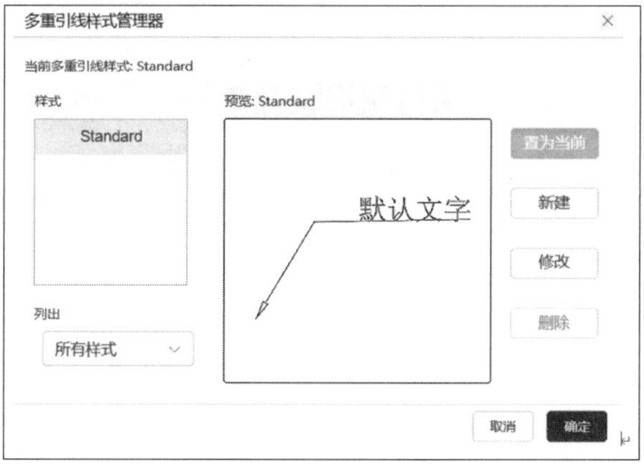

图 8-17 【多重引线样式管理器】

(2)单击【新建】按钮,弹出【创建新多重引线样式】对话框,将“新样式名”设置为“倒角”,如图 8-18 所示,单击【确定】按钮,打开【修改多重引线样式】对话框,此对话框中有 3 个选项卡,默认打开的是【引线格式】选项卡,如图 8-19 所示。于倒角引线标注不需要箭头,因此将“箭头”选项区域的“符号”下拉列表选择为“无”。

(3)选择【引线结构】选项卡,如图 8-20 所示,设置基线距离 0~1。

图 8-18 【创建新多重引线样式】

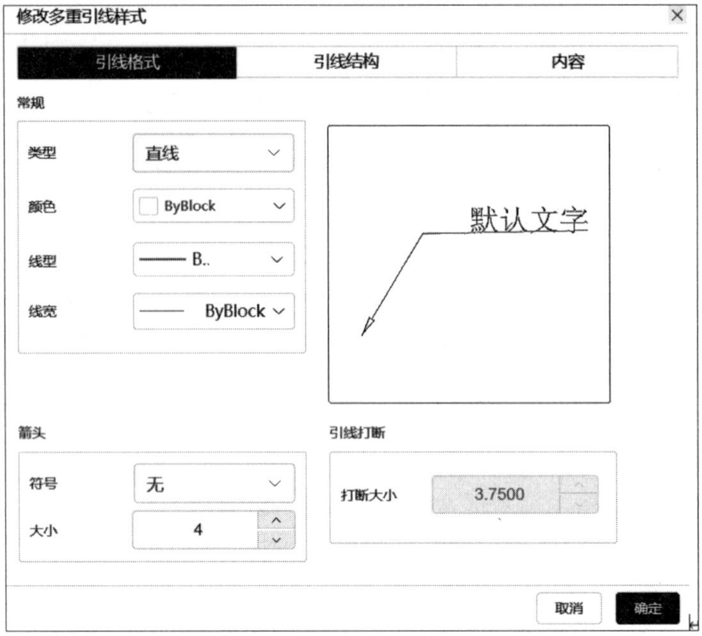

图 8-19 【修改多重引线样式】对话框【引线格式】选项卡

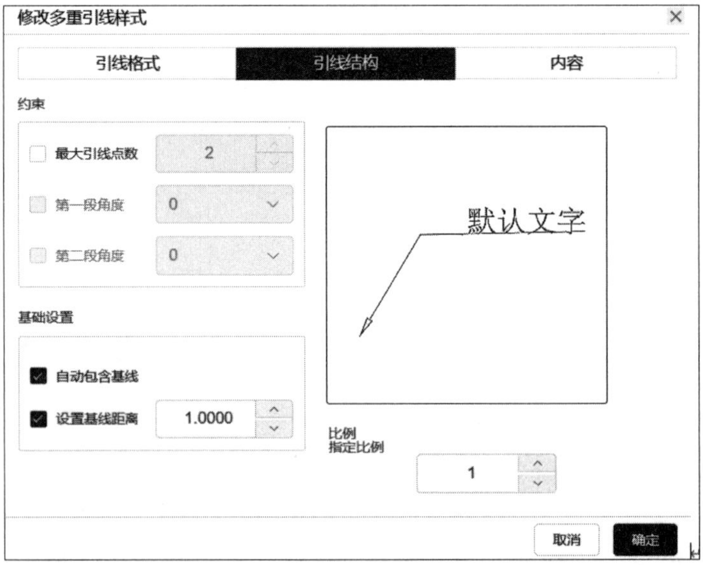

图 8-20 【修改多重引线样式】对话框【引线结构】选项卡

(4)选择【内容】选项卡,如图 8-21 所示,“文字样式”为默认的“Standard”,单击绘图区顶部工具栏的【更多…】下拉菜单,弹出如图 8-22 所示选项。单击 A,设置“Standard”的文字样式,如图 8-23 所示,可以选择字体,设置字高等。将“引线连接”选项区域的“连接位置-左”下拉列表和“连接位置-右”下拉列表都设置为“最后一行加下划线”。单击【确定】按钮回到【多重引线样式管理】对话框,单击【确定】按钮,关闭对话框。

(5)确定【多重引线样式控制】下拉列表中的当前样式是“倒角”,对左、右两个倒角进行引线标注,结果如图 8-24 所示。

图 8-21　【修改多重引线样式】对话框【内容】选项卡

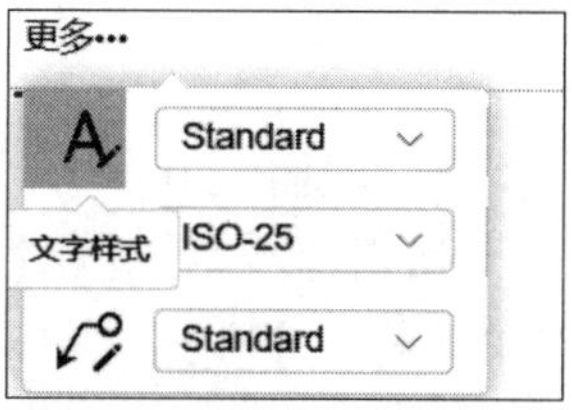

图 8-22　【文字样式】设置

图 8-23　Standard 文字样式设置

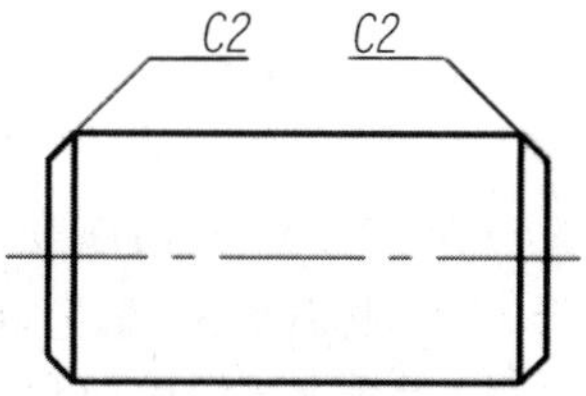

图 8-24　多重引线标注倒角尺寸

8.2 定义标注样式

本章 8.1 节讲述了标注命令的使用方法。每个尺寸标注都有一个样式，样式中定义了标注的尺寸线、尺寸界线、箭头、文字、对齐方式、标注比例等各种参数，由于不同国家或不同行业对于尺寸标注的标准不尽相同，所以需要使用标注样式来定义不同标准的尺寸标注，在不同的标注样式中保存不同标准的标注设置。

此操作示范，请参阅数字资源 8-2。

数字资源 8-2

8.2.1 定义尺寸标注样式

在卡伦特 CAD 中，如果要定义标注样式，首先要激活标注样式管理器，方式如下：

- 【标注】工具栏【标注样式】按钮。
- 命令行：DIMSTYLE ↙。
- 快捷键：D ↙。

激活命令后，弹出【标注样式管理器】对话框，如图 8-25 所示，在【标注样式管理器】对话框的【样式】列表中“ISO-25”为当前默认的标注样式，还有“Standard”“Annotative”两个标注样式，“Annotative”是注释性标注样式，本章不讨论注释性标注，只讲如何设置。

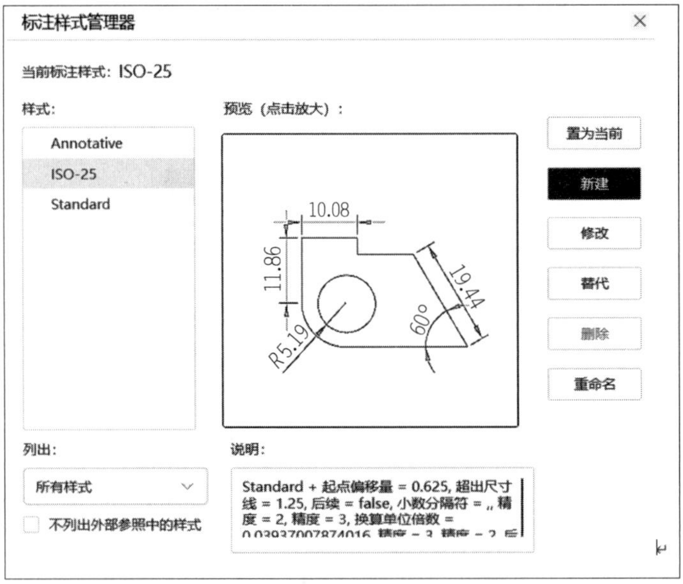

图 8-25 【标注样式管理器】

“ISO-25”是当前默认的标注样式，这是一个符合 ISO 标准的标注样式。

在【标注样式管理器】的右边有几个按钮，说明如下：

【置为当前】按钮将在【样式】列表下选定的标注样式设置为当前标注样式。

【新建】按钮将创建新的标注样式。

【修改】按钮将修改在【样式】列表下选定的标注样式。

【替代】按钮将设置在【样式】列表下选定标注样式的临时替代，临时修改新建标注的设置，常用在公差的设置。

【删除】删除标注样式，当前标注样式不能删除。

【重命名】重命名标注样式。

以下以“GB”的样式为例，创建一个符合我国国家标准 GB 的标注样式。

(1) 单击【标注样式管理器】对话框中的【新建】按钮，系统将弹出【创建新标注样式】对话框，如图 8-26 所示，在其中的“新样式名”文本框中键入“GB”。“基础样式”下拉列表中列出当前图形中的全部标注样式，选择“ISO-25”作为基础样式。

图 8-26　【创建新标注样式】对话框

(2) 单击【确定】按钮，继续新标注样式的创建，此时卡伦特 CAD 弹出【新建 标注样式：GB】对话框，如图 8-27 所示。

图 8-27　【新建 标注样式：GB】对话框的【直线】选项卡

在【新建 标注样式:GB】对话框中有7个选项卡,当前打开的是【直线】选项卡,这个选项卡设置尺寸线、尺寸界线样式。部分选项的含义如图8-28所示。

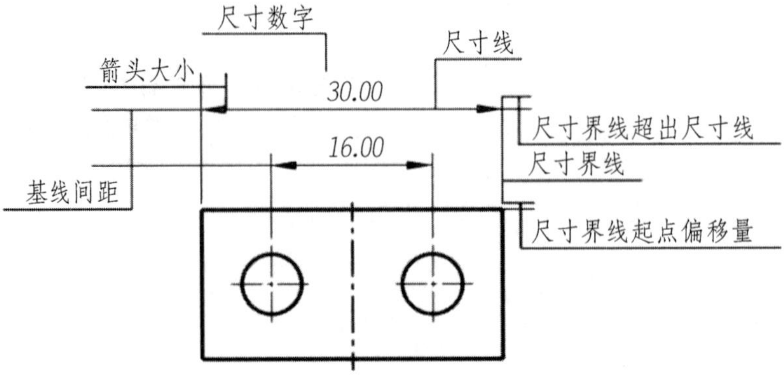

图8-28 标注样式中部分选项的含义

在制图GB中对标注的各部分设置都有规定,如在【直线】选项卡中做如下设置。

- 在"尺寸线"选项区域的线型、颜色、线宽均按默认选择"ByBlock",由于尺寸线、箭头、尺寸界线、尺寸数字是一个整体的块,块中的线型、颜色、线宽等均已定义。
- 在"尺寸线"选项区域的"超出标记"是指尺寸线从箭头处超出尺寸界线的距离,设置为"0"。
- 在"尺寸线"选项区域的"基线间距"文本框中输入"6",该值在基线标注时,确定两条相邻平行尺寸线之间的距离。
- "尺寸线"选项区域中"隐藏"后面的"尺寸线1"和"尺寸线2"复选框,勾选后省略所选的尺寸线。
- 在"尺寸界线"选项区域中的颜色、尺寸线1的线型、尺寸线2的线型、线宽均按默认选择"ByBlock"。
- "尺寸界线"选项区域中"隐藏"后面的"尺寸界线1"和"尺寸界线2"复选框,勾选后省略所选的尺寸界线。
- 在"尺寸界线"选项区域中的"超出尺寸线"文本框中输入"2",该值用于确定尺寸界线超出尺寸线的长度。
- 在"尺寸界线"选项区域中的"起点偏移量"文本框中输入"0",该值用于确定尺寸界线的起点与拾取的标注点之间的距离。
- "固定长度的尺寸界线"复选框用于设置尺寸界线从起点一直到终点的长度,这里不选择此复选框。

(3)【符号和箭头】选项卡用于控制标注箭头的样式、符号的位置等,如图8-29所示。

- "箭头"选项区域中的"第一个"和"第二个"下拉列表可以选择标注箭头的样式,对于机械图样,可以选择"实心闭合"。
- "箭头"选项区域中的"引线"下拉列表可以选择引线标注起点处的样式,在这里选择"实心闭合"箭头,有时选择"小点"。
- "箭头"选项区域中的"箭头大小"文本框用于确定标注箭头的大小,输入值"2.5"。
- "圆心标记"选项区域用于设置"圆心标记"命令,选择"无"。

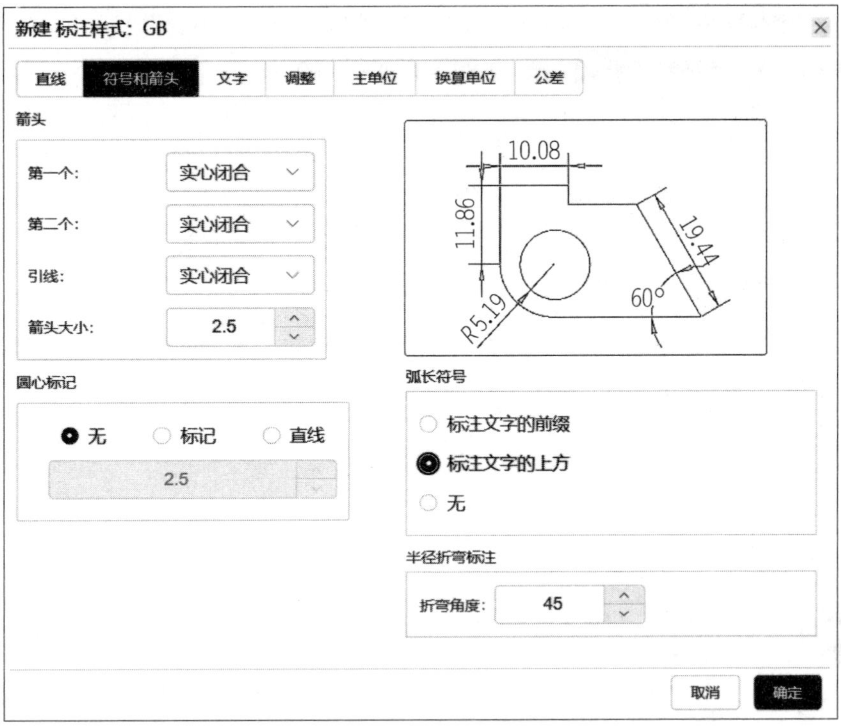

图 8-29　【新建　标注样式:GB】对话框的【符号和箭头】选项卡

- “弧长符号”选项区域用于设置标注弧长符号的位置,可选择“标注文字的上方”。
- “半径折弯标注”选项区域控制 Z 形折弯标注的折弯角度,设置为 45。

(4)【文字】选项卡用于控制标注文字外观、文字位置和文字对齐,如图 8-30 所示。

- 在“文字外观”选项区域中,“文字样式”选择“Standard”,见图 8-23 Standard 文字样式设置。
- 在“文字外观”选项区域中的“文字高度”文本框中输入“2.5”,即将标注文字的字高设置为 2.5。
- 在“文字外观”选项区域中的“绘制文字边框”复选框可以将标注文字加上矩形边框,默认不选。
- 在“文字位置”选项区域中的“垂直”和“水平”两个下拉列表用于控制标注文字相对尺寸线的垂直位置和相对于尺寸线、尺寸界线的水平位置,使用默认设置“上”和“居中”。“观察方向”控制标注文字的观察方向,使用默认选择“从左到右”。
- 选项区域中的“从尺寸线偏移”表示文字底部与尺寸线之间的距离,使用默认值“0.625”。
- “文字对齐”选项区域中“一般文本”下拉列表中的“与尺寸线对齐”选项,表示文字与尺寸线对齐,即书写方向与尺寸线平行;“ISO 标准”选项表示当文字在尺寸界线内时,文字与尺寸线对齐;当文字在尺寸界线外时,文字水平排列。本项选择默认的“与尺寸线对齐”选项。
- “文字对齐”选项区域中“角度文本”下拉列表中的“水平”选项,表示所标注的角度文字水平排列,水平排列符合国标,一般不选其他两项。

(5)【调整】选项卡,有“调整选项”“文字位置”“全局比例”“优化”选项区域,如图 8-31 所示。

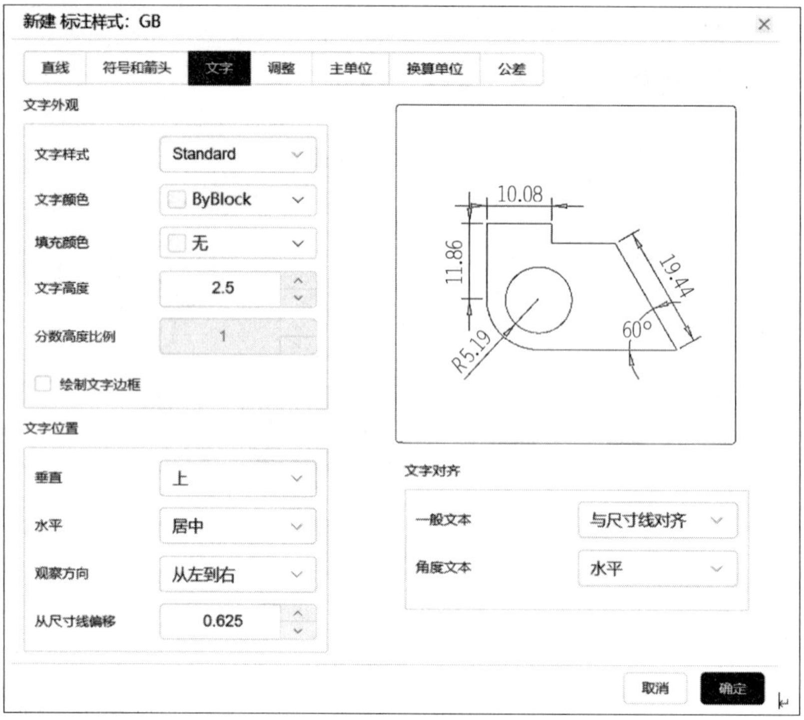

图 8-30 【新建 标注样式:GB】的【文字】选项卡

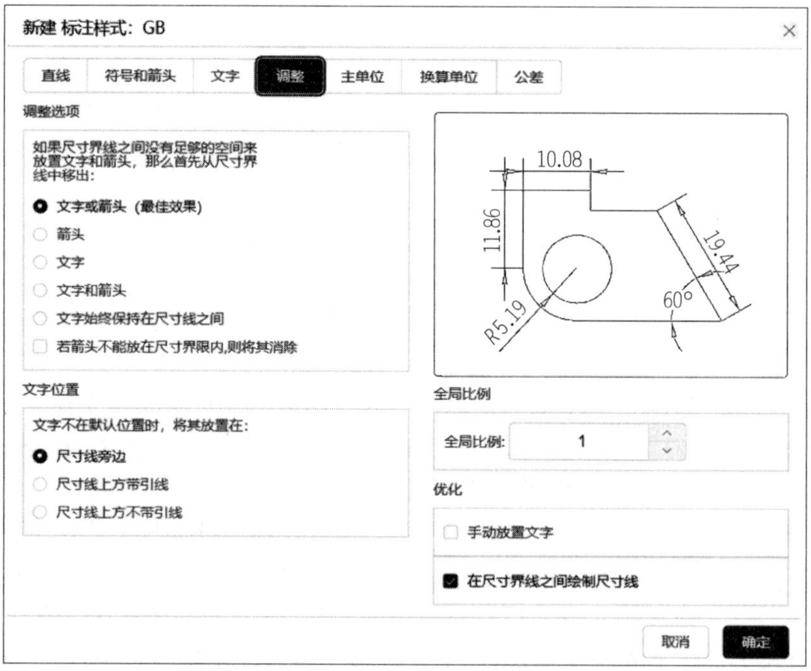

图 8-31 【新建 标注样式:GB】的【调整】选项卡

- “调整选项”选项区域控制基于尺寸界线之间可用空间的文字和箭头的位置，选择其默认选项“文字或箭头(最佳效果)”。

• “文字位置”选项区域设置标注文字不在默认位置(由尺寸界线间距小引起的)时的位置,选择“尺寸线旁边”选项。

• “全局比例”选项区域设置全局标注比例,是指设置尺寸标注中标注数字字体和箭头的大小比例。通过调整全局比例,可以改变标注文字的高度和箭头的大小,从而改善标注的清晰度和视觉效果。

• “优化”选项区域中,“手动放置文字”复选框可以手动放置尺寸文字(没勾选,则尺寸文字在两尺寸界线的中间位置)。“在尺寸界线之间绘制尺寸线”复选框控制始终在测量点之间绘制尺寸线。勾选默认的“在尺寸界线之间绘制尺寸线”复选框。

(6)【主单位】选项卡,在此可以控制主标注单位的格式和精度,并设置标注文字的前缀和后缀,如图8-32所示。

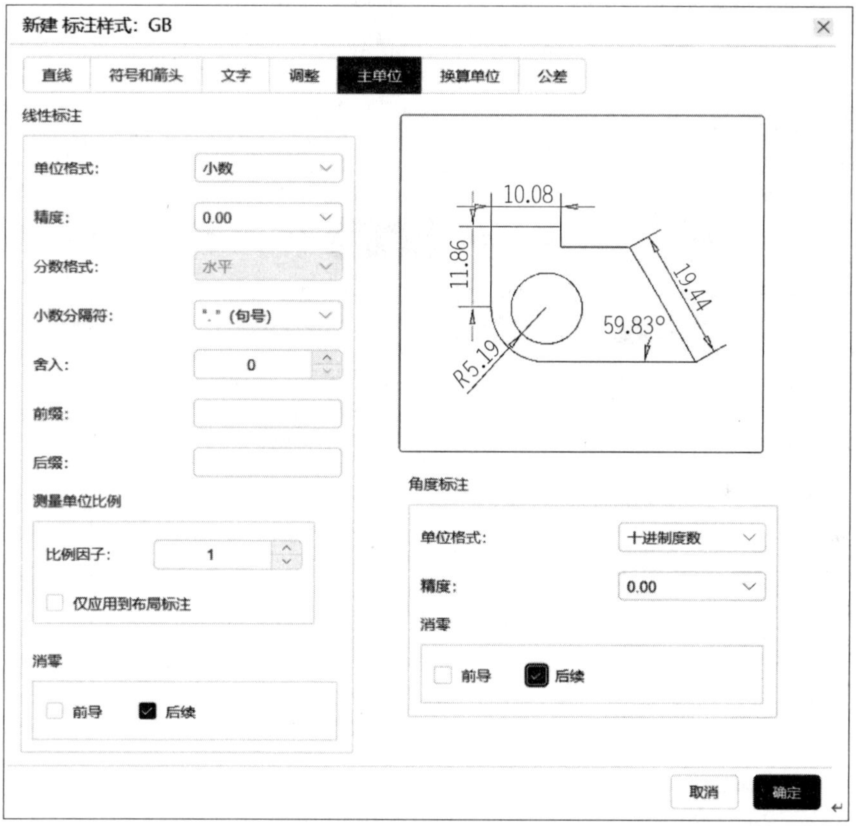

图8-32 【新建 标注样式:GB】的【主单位】选项卡

• “线性标注”选项区域的“单位格式”下拉列表选择“小数”;“精度”下拉列表决定标注线性尺寸的精度,根据需要选择“0”或“0.00”等;“小数分隔符”下拉列表中选择“‘.’(句号)”;“舍入”文本框为除“角度”之外的所有标注类型设置标注测量值的舍入规则,如果输入0.25,则所有标注距离都以0.25为单位进行舍入。如果输入1.0,则所有标注距离都将舍入为最接近的整数,小数点后显示的位数取决于“精度”设置,默认设置为“0”;“前缀”“后缀”文本框给所有的标注文字指示一个前缀或后缀。

• “测量单位比例”选项区域控制标注时零件测量的实际尺寸与图样线性尺寸值之间的

比例。如果在绘图的时候使用了非 1∶1 比例,那么此处的“比例因子”应设置为绘图比例的倒数才能正确标注,例如使用“1∶3”的比例绘图,“比例因子”应该设置为“3”,在这里使用默认值“1”。“仅应用到布局标注”复选框控制仅对在布局视口中创建的标注应用线性比例值,默认不选。

- “消零”选项区域控制不输出前导零(如 0.500 输出为 .500)和后续零(如 0.500 输出为 0.5),不勾选“前导”复选框,勾选“后续”复选框。
- “角度标注”选项区域设置角度标注的当前角度格式。其中,在“单位格式”下拉列表中选择符合 GB 的“十进制度数”;“精度”下拉列表决定标注角度尺寸的精度,如果使用默认值“0”,那么“0.5°”将会被标注成“1°”,在工程实际应用中这两个角度的偏差是很大,所以可考虑选择“0.0”或“0.00”等。
- “角度标注”选项区域的“消零”选项区域控制不输出前导零和后续零,在这里勾选“后续”复选框。

(7) 选择【换算单位】选项卡,在此可以指定标注测量值中换算单位的显示,并设置其格式和精度,如图 8-33 所示。

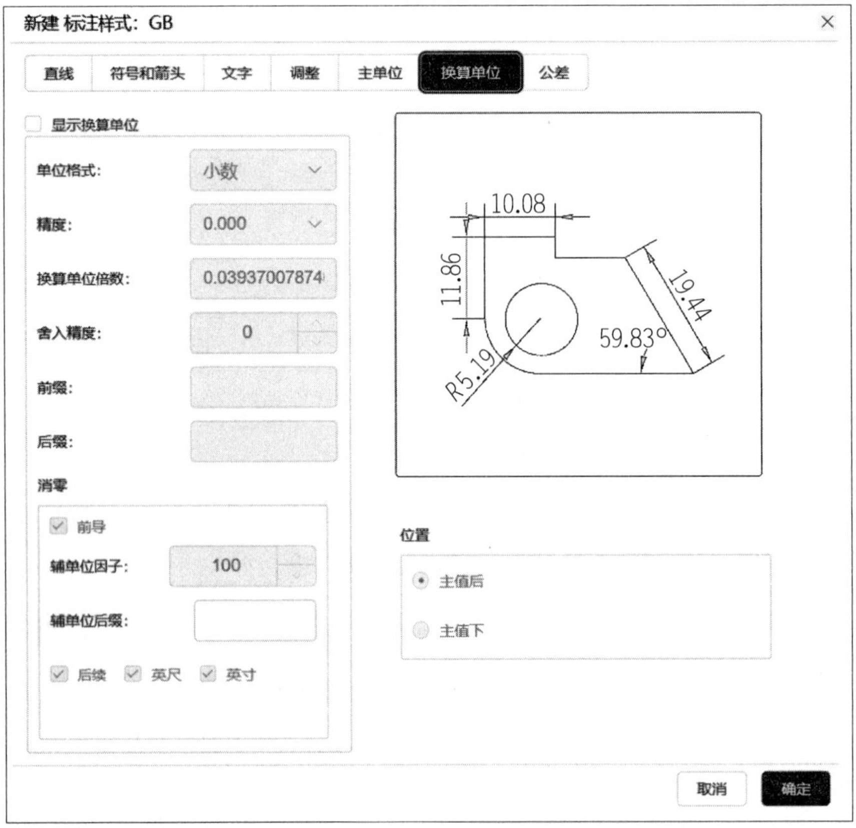

图 8-33 【新建 标注样式:GB】的【换算单位】选项卡

若勾选“显示换算单位”复选框,则为标注文字添加换算测量单位。此选项卡中所有的选项将被激活。

该选项卡在公、英制图纸之间进行交流时非常有用,可以将所有标注尺寸同时标注上公制和英制的尺寸，以方便不同国家的工程人员进行交流。

通常使用默认的设置，不选择“显示换算单位”复选框。

(8)选择【公差】选项卡，在此可以控制标注文字中公差的显示与格式，如图 8-34 所示。

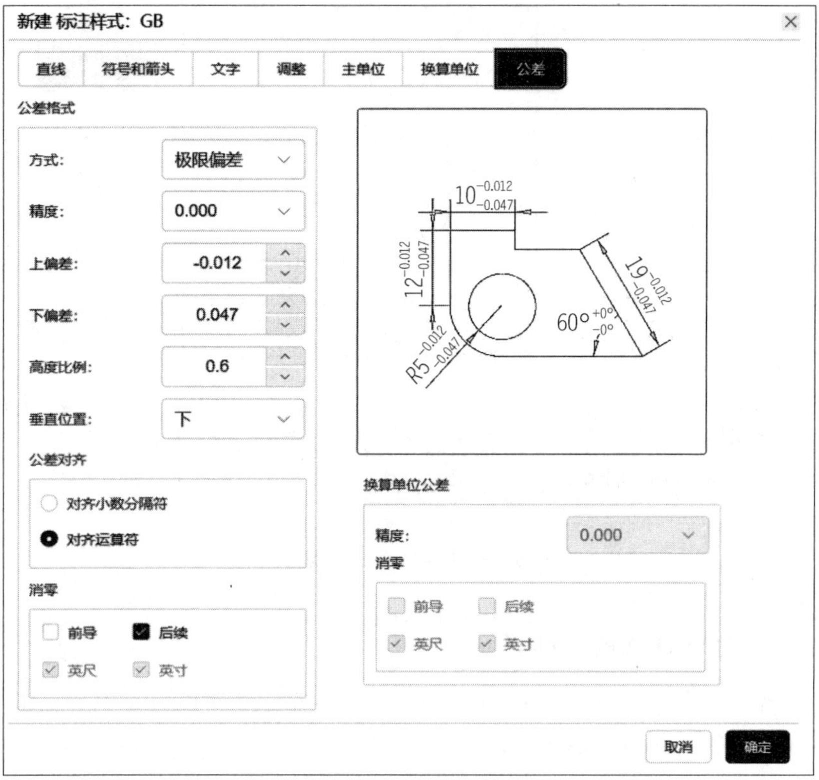

图 8-34　【新建　标注样式:GB】的【公差】选项卡

• “公差格式”选项区域用于控制公差的格式。其中，“方式”下拉列表中有“无”“对称”“极限偏差”“极限尺寸”“基本尺寸”5 项内容，分别代表不标注和 4 种不同的公差标注方法；“精度”文本框用于控制公差的精度值；“上偏差”“下偏差”文本框用于输入使用“极限偏差”方式时的上下偏差值，注意正(+)负(-)符号；“高度比例”文本框控制公差文字和尺寸文字之间的大小比例，建议设置为 0.6；“垂直位置”下拉列表控制公称尺寸值和极限偏差值的文字对齐方式。

• “公差对齐”选项选择“对齐运算符”。

• “消零”选项区域控制不输出前导零和后续零。

• “换算单位公差”选项区域设置换算单位公差的精度和消零规则。

公差一旦设置后，所有的标注尺寸均会加上公差的标注，因此默认在“方式”下拉列表选择“无”。

(9)所有的设置结束之后，单击【确定】按钮，完成新标注样式的设置，退回到【标注样式管理器】对话框，如图 8-35 所示，“样式”列表中有了一个名为“GB”的标注样式，新标注样式自动被置为当前，单击关闭按钮【×】，回到绘图区的界面。

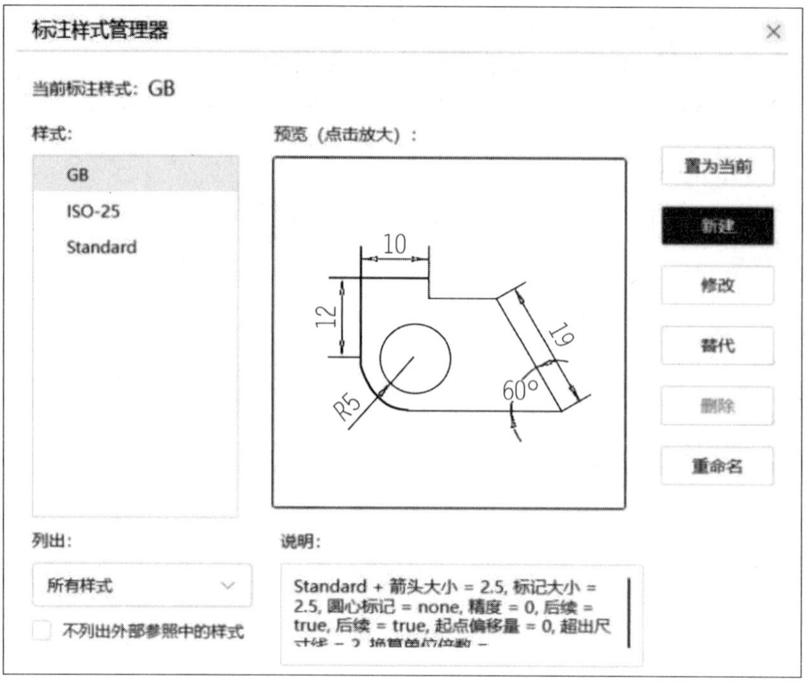

图 8-35 【标注样式管理器】

8.2.2 定义标注样式的子样式

有时，在使用同一个标注样式进行标注时，并不能满足所有的标注规范，如在进行建筑图标注时，对于直线一类的标注使用的箭头形式一般是“建筑标记”，而对于像角度、半径、直径一类的标注，箭头形式仍然应该是“实心箭头”，如图 8-36 所示。

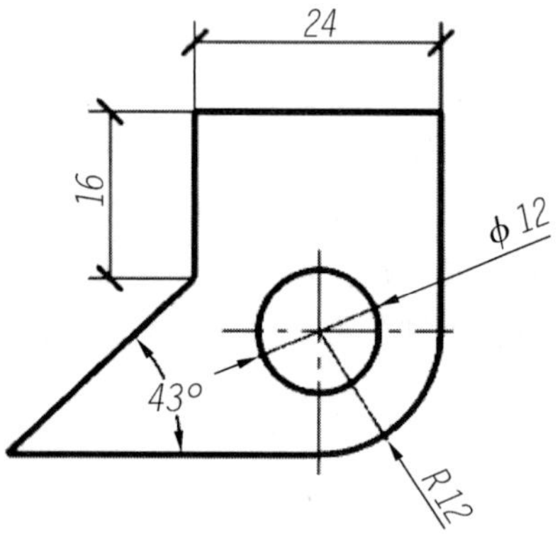

图 8-36 建筑图中正确的角度、半径以及直径的标注

要在一个样式中同时满足多种需求，可以使用卡伦特 CAD 标注子样式的功能。

(1) 选择【标注】工具栏【标注样式】按钮，弹出【标注样式管理器】对话框，如图 8-37 所示，选中“ISO-25”，作为“基础样式”，单击【新建】按钮，弹出【创建新标注样式】对话框，如图 8-38 所示，在“新样式名”中输入“建筑”，单击【确定】按钮。弹出【新建标注样式：建筑】对话框，选择【符号和箭头】选项卡，在箭头选项区域的“第一个”和“第二个”选项框中，选择“建筑标记”，如图 8-39 所示，单击【确定】按钮，返回【样式管理器】对话框。在“样式”下拉列表中选中“建筑”样式，单击【新建】按钮，弹出【创建新标注样式】对话框，如图 8-40 所示，在“用于”下拉列表中选择“角度标注”，单击【确定】按钮。

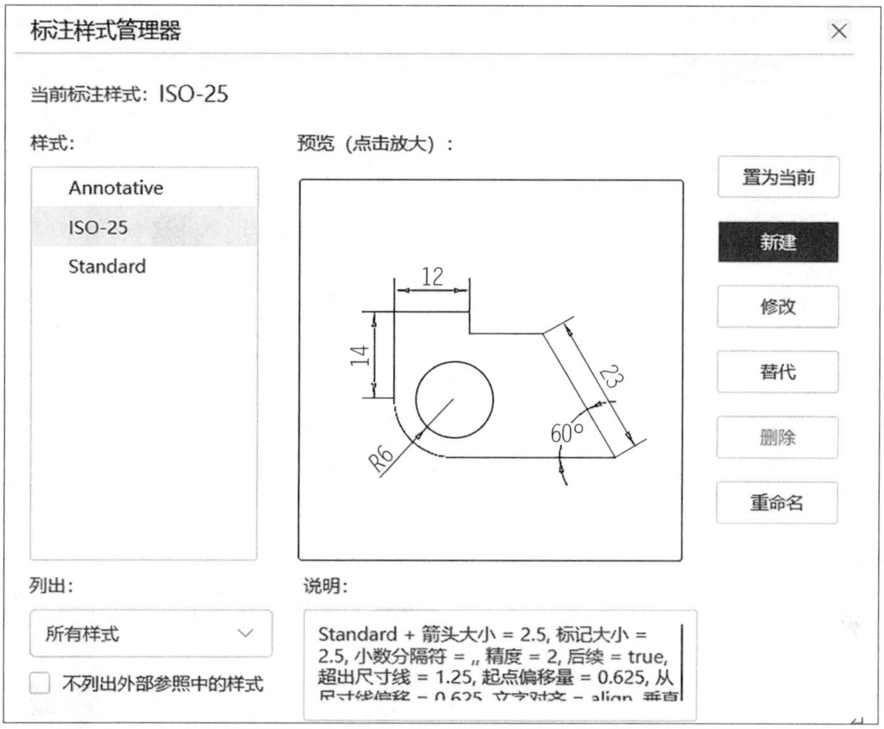

图 8-37 【标注样式管理器】

图 8-38 【创建新标注样式】

(2)在弹出的【新建 标注样式:建筑】对话框中选择【符号和箭头】选项卡,在"箭头"选项区域的"第一个""第二个"下拉列表中都选择"实心闭合",如图 8-41 所示。单击【确定】按钮,完成第一个角度标注子样式的设置。此时标注样式管理器的"样式"列表中"建筑"会出现一个名为"角度"的子样式。重复刚才的步骤,为"建筑"标注样式创建出"半径""直径"两个子样式,同样都将箭头"建筑标记"改为"实心闭合",如图 8-42 所示。

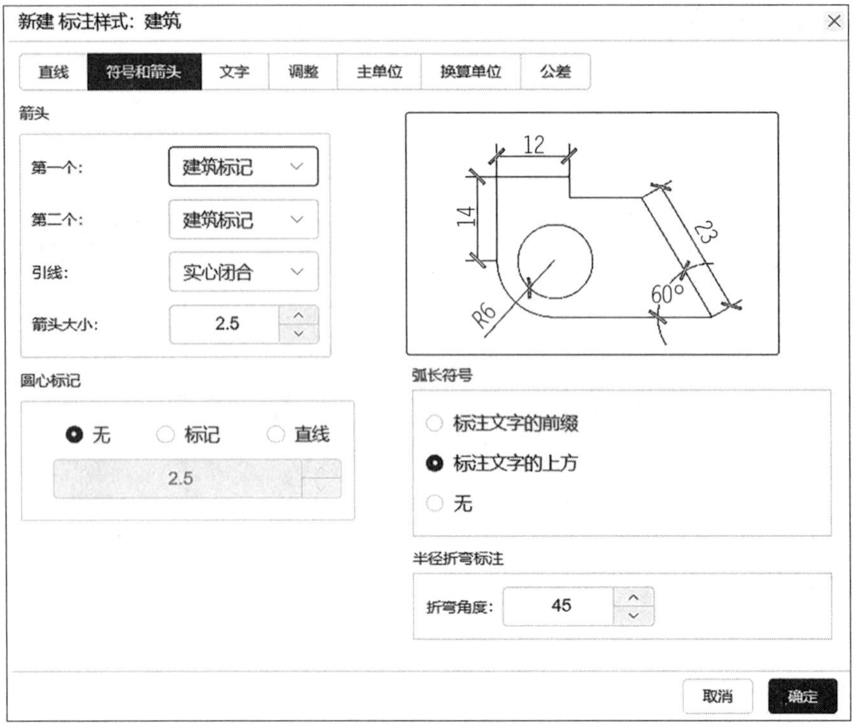

图 8-39 【新建 标注样式：建筑】

图 8-40 【创建新标注样式】

(3)完成后单击【关闭】按钮，退回到绘图界面，即可标注如图 8-36 所示的半径、角度及直径。

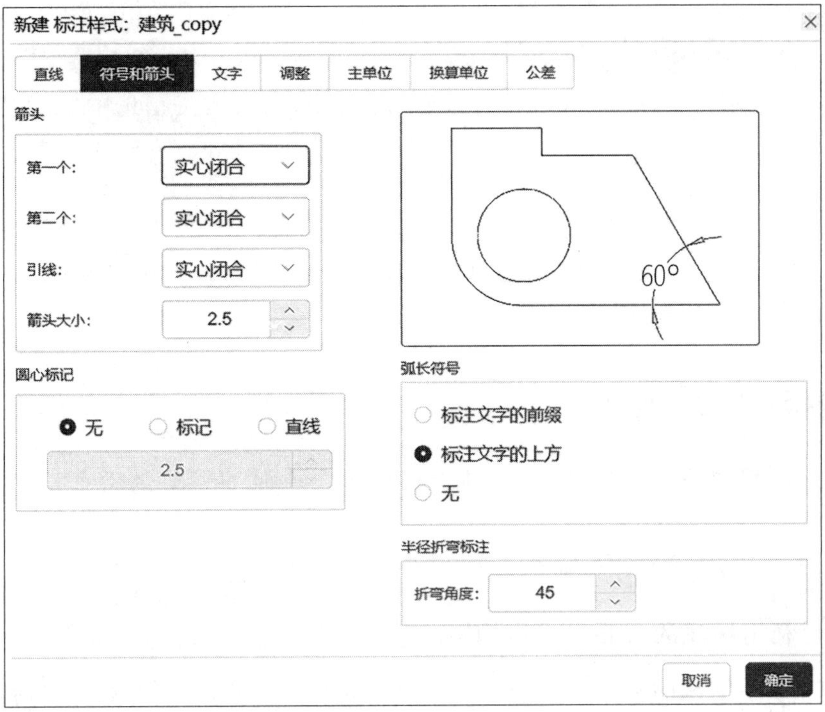

图 8-41　角度标注子样式箭头的创建

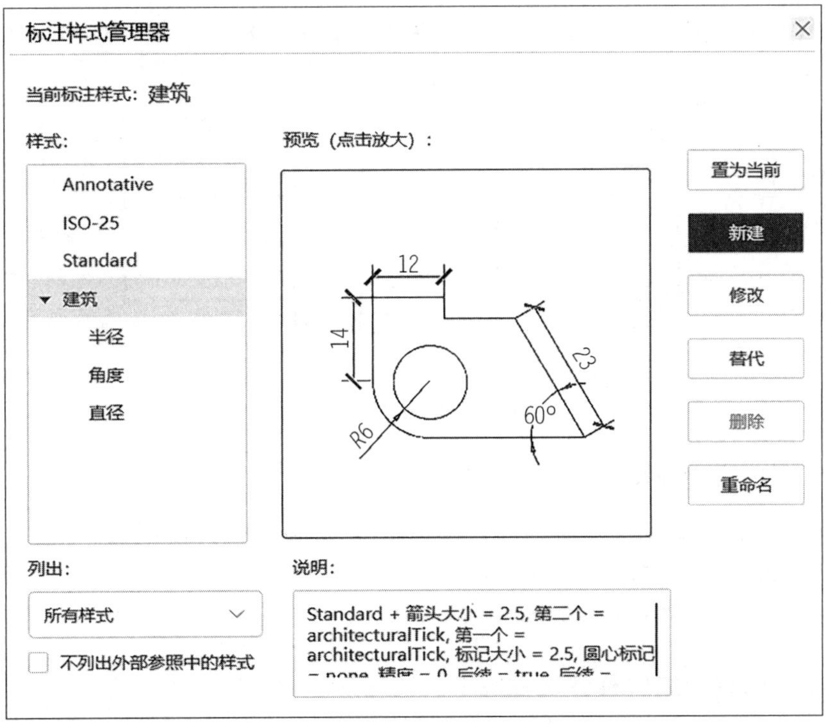

图 8-42　完成半径、角度、直径等标注子样式的创建

8.2.3 标注样式的编辑与修改

标注样式的编辑与修改都在【标注样式管理器】中进行，方法是选中“标注”列表中的样式，然后单击【修改】按钮，在【修改标注样式】对话框中进行修改，方法和新建标注样式一样，这里不再赘述。

要想删除一个标注样式，可以在“标注”列表中选中标注样式，然后选择【删除】。当前标注样式和不是当前样式但已使用的标注样式不能被删除(其子样式可以删除，删除后，其定义的子样式在图样上消失，标注样式改为基础样式)。

8.3 标注的编辑与修改

标注完成后，可以通过修改图形对象来修改标注。另外，标注好的尺寸也可以利用编辑工具直接对其进行编辑。

此操作示范，请参阅数字资源 8-2。

8.3.1 利用标注的关联性进行编辑

卡伦特 CAD 中默认的标注尺寸与标注对象之间具有关联性，如果修改了标注对象，标注尺寸会自动更新。

如图 8-43A 所示，如果要对图中右边长度为 18 的一段轴的标注进行编辑，将它的长度更改为 26，使用【拉伸】命令，将这段轴的实际长度拉伸为 26，标注就会自动更新为 26。如图 8-43B 所示。

数字资源 8-2

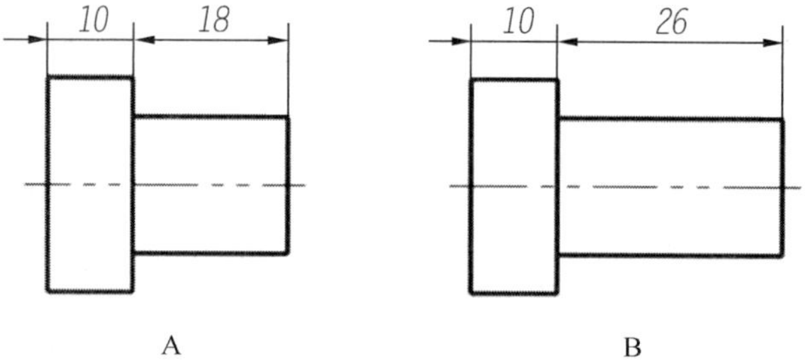

图 8-43　向右拉伸阶梯轴

8.3.2 利用文字编辑器编辑标注的尺寸文字

有时候需要对标注好的尺寸文字内容进行修改，如在线性标注中增加( )等，可以利用文字编辑器进行修改。例如把图 8-44A 中尺寸 10，改为(10)。双击尺寸“10”数字，在文字编辑器中直接添加( )，改为(10)，如图 8-44B 所示。

8.3.3 利用夹点编辑标注尺寸

对于完成的标注，还可以单击尺寸(显示蓝色夹点)，如图 8-45A 所示，拖动尺寸界线，改变尺寸检测点的位置，同时改变测量的标注值；也可以拖动尺寸数字，改变数字的位置。结果如图 8-45B 所示。

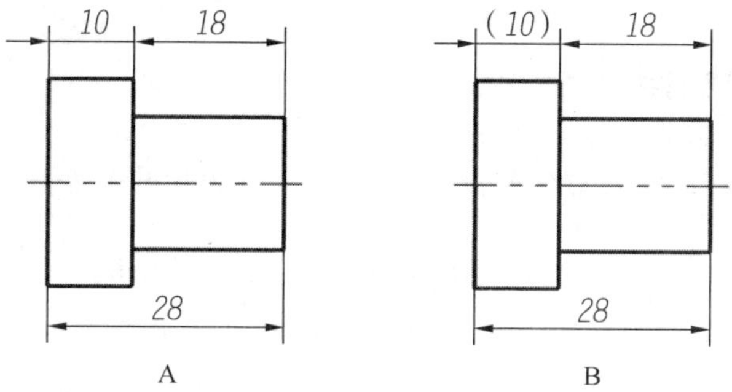

图 8-44　编辑标注的文字

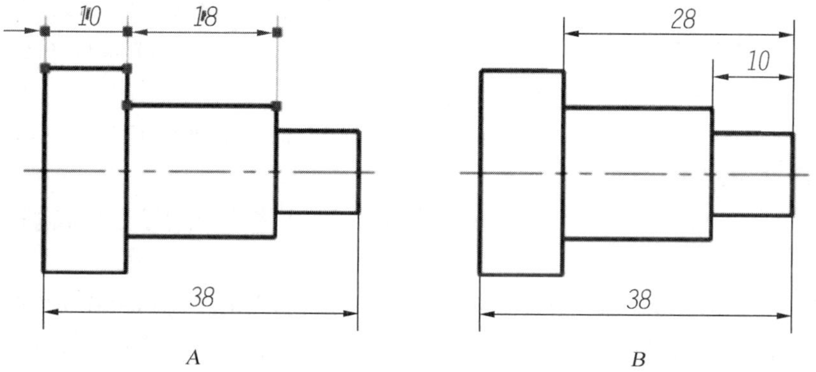

图 8-45　编辑标注的尺寸

8.3.4　利用特性选项板编辑尺寸标注

顶部工具栏的【特性】选项板可以对任何卡伦特 CAD 对象进行编辑，如单击图 8-46 所示的尺寸 18，再单击顶部工具栏的图标，将会弹出【特性】选项板，如图 8-47 所示，在这里可以对从标注样式到标注文字的几乎全部设置进行编辑。

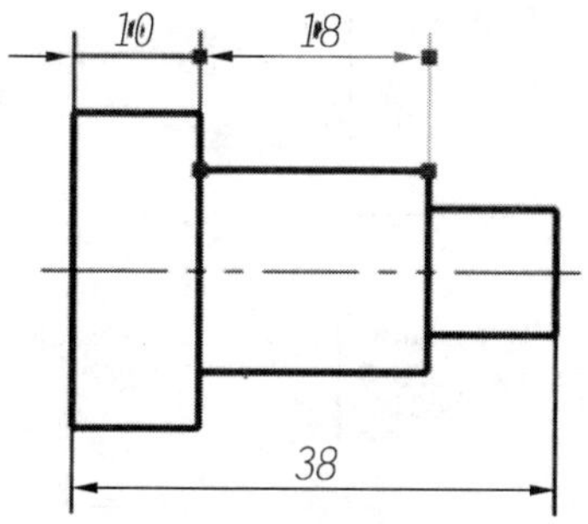

图 8-46　选中尺寸 18

图 8-47　利用【特性】选项板编辑标注

8.4 创建公差标注

对于机械图样来说，经常要对公差进行标注，公差分为尺寸公差和几何公差。

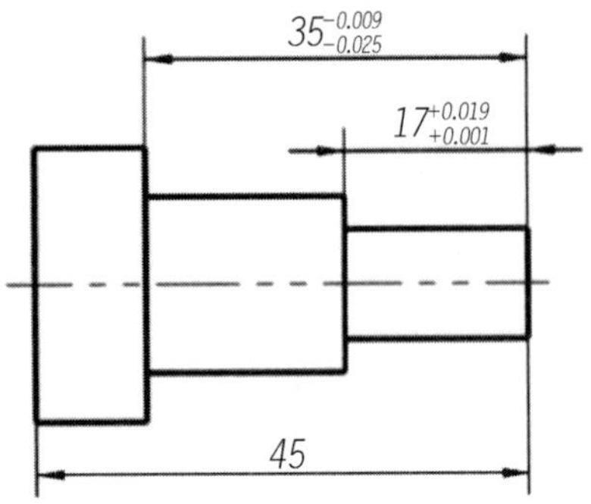

图 8-48 公差标注

8.4.1 尺寸公差标注

在标注样式创建时可以为每一个尺寸都附加上尺寸公差，但公差并非都一样，且并非每一个尺寸都需要，如图 8-48 所示。一般使用"替代"标注的方法标注尺寸公差，标注完成后再回到根标注，再次使用"替代"标注的方法标注不同的尺寸公差。也可以通过【特性】选项板来修改已有标注的公差。

1. 使用"替代"标注的方法标注图 8-48 所示的尺寸公差

(1) 在【标注】工具栏单击【标注样式】按钮，弹出如图 8-49 所示的标注样式管理器。

在"样式"选项区选中"GB"样式，单击【替代】按钮，弹出如图 8-50 所示的【替代 标注样式:GB】对话框，在"公差"选项区，按对话框内所示，设置"公差格式"选项区域中的方式、精度、上偏差、下偏差、高度比例、垂直位置等选项内容。设置后，单击确定，返回如图 8-51 所示的标注样式管理器。单击关闭对话框，返回绘图区。在【标注】工具栏单击【线性】按钮，标注如图 8-48 所示的尺寸 35 及其上、下极限偏差 -0.009、-0.025。

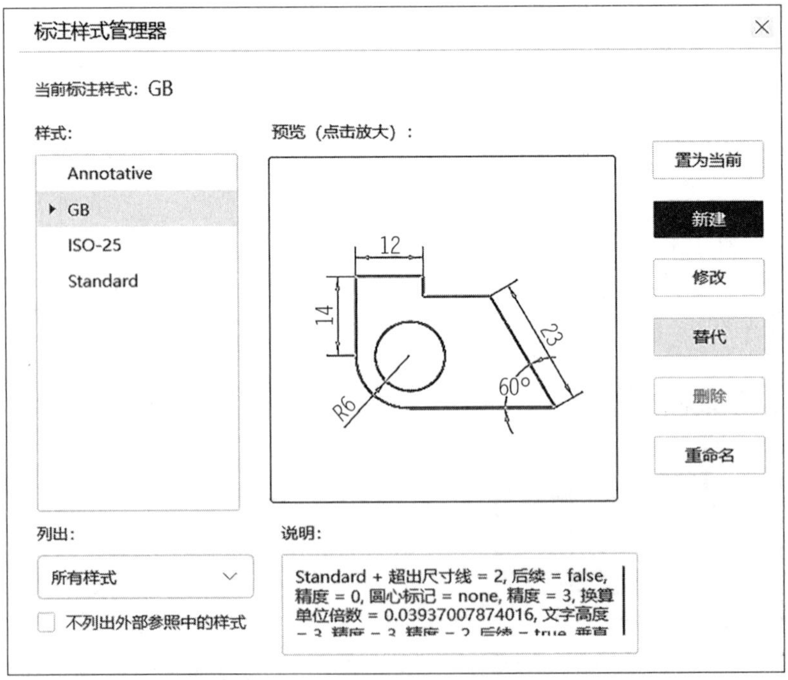

图 8-49 【标注样式管理器】

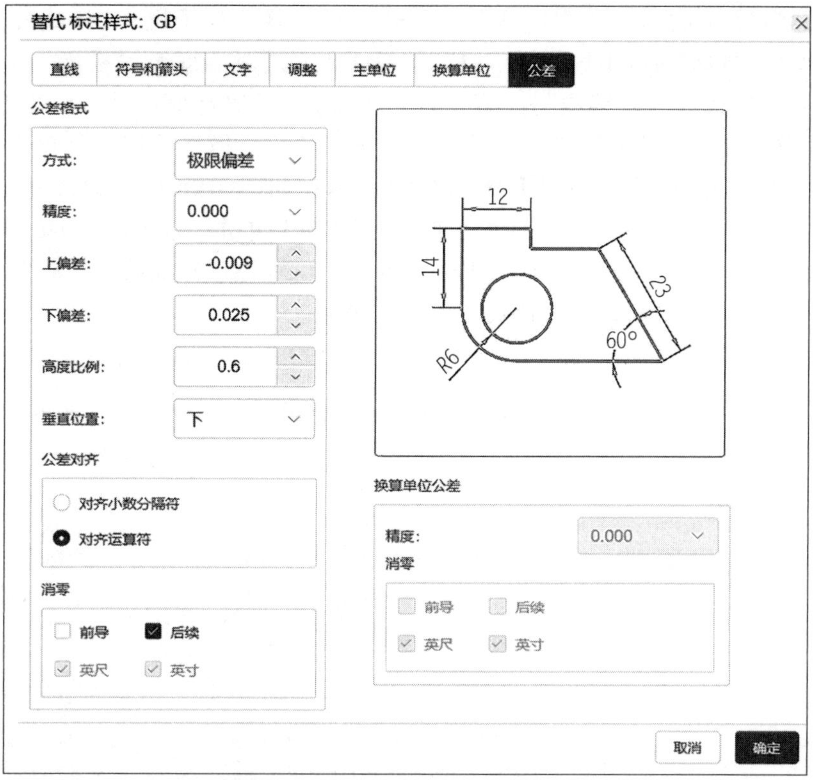

图 8-50 【替代 标注样式:GB】

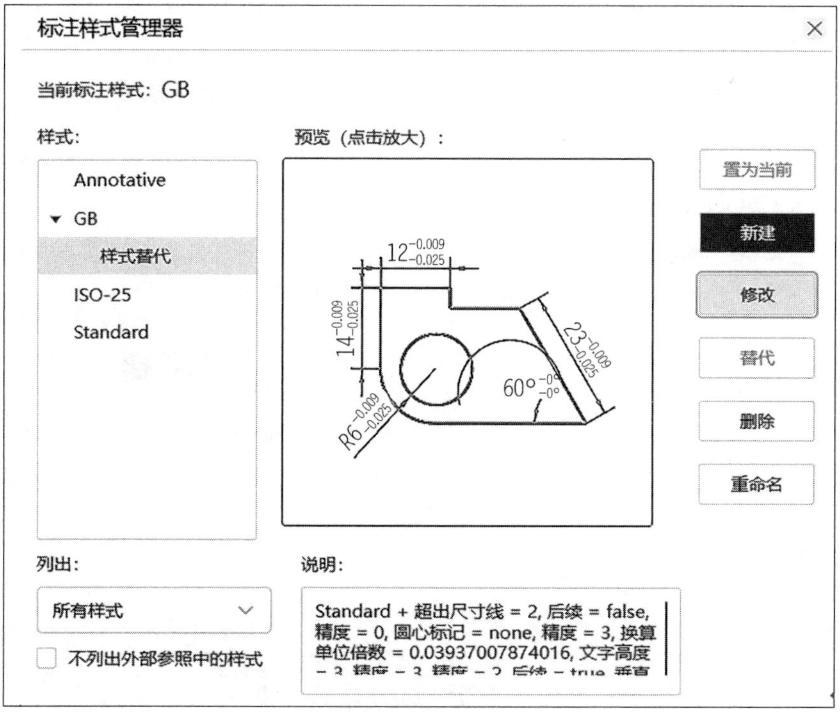

图 8-51　完成“替代”设置

(2)在图 8-51 所示的标注样式管理器中，选中“GB”样式的子样式“样式替代”，单击【修改】按钮，弹出图 8-52 所示的【修改 标注样式：样式替代】对话框，在“公差”选项，按对话框内所示，设置公差格式选项区域中的方式、精度、上偏差、下偏差、高度比例、垂直位置等选项内容。设置后，单击【确定】按钮，返回如图 8-51 所示的标注样式管理器。单击关闭对话框，返回绘图区。在【标注】工具栏单击【线性】按钮，标注如图 8-48 所示的尺寸 17 及其上、下极限偏差 +0.019、+0.001。标注完公差，在【标注】工具栏单击【标注样式】按钮，在标注样式管理器中选中“GB”，单击“置为当前”，如图 8-53 所示，之后“样式替代”消失，返回父样式“GB”，若再标注线性尺寸，则只有公称尺寸而不带公差。

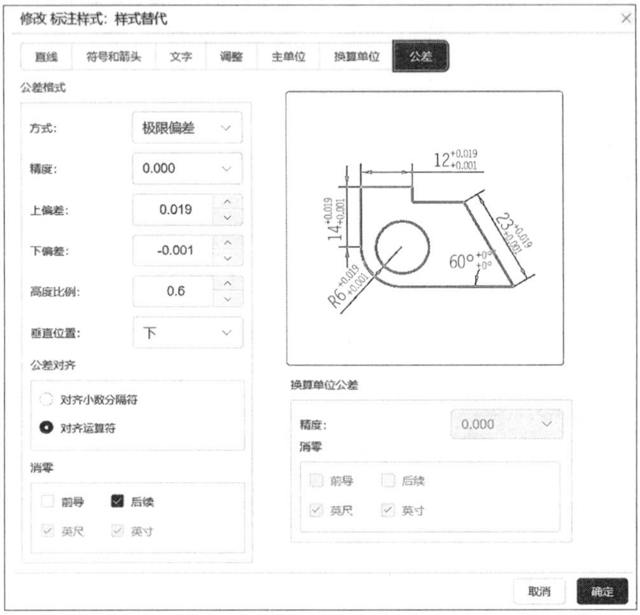

图 8-52 【修改 标注样式：样式替代】

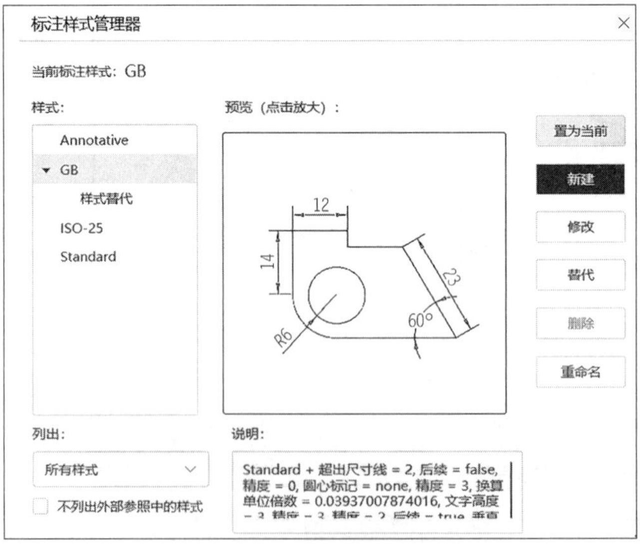

图 8-53 【标注样式管理器】

也可以选中已经标注的不带公差的线性尺寸或将要修改的带公差的线性尺寸，单击顶部工具栏的特性图标☷，在【特性】选项板，设置极限偏差等内容，如图 8-54 所示。

用同样的方法还可以标注“对称”“极限尺寸”“基本尺寸”等形式的尺寸。

图 8-54　【特性】选项板

8.4.2　几何公差标注

几何公差是机械图样中被测要素的形状或位置对其理想形状或位置误差所允许的变动全量，如直线度、平面度、垂直度、同轴度、平行度等。卡伦特 CAD 提供了标注几何公差的工具，命令的激活方式如下：

- 【标注】工具栏【几何公差】按钮⊞。
- 命令行：TOLERANCE↙。
- 快捷键：FCF↙；TOL↙。

命令激活后，卡伦特 CAD 会弹出【几何公差】对话框，如图 8-55 所示。

单击“符号”框，弹出【符号】选项，进行选择，如图 8-56 所示；单击“直径符号”框，显示或取消显示【ϕ】；在“公差值”框，可以输入公差值的大小，如图 8-55 所示的 0.01；在“基准代号”框，可以输入基准代号的字母，如图 8-55 所示的“A”；根据需要设置好其他参数，单击【确定】按钮后在图形中拾取一个位置，可以创建出几何公差，如图 8-57 所示。

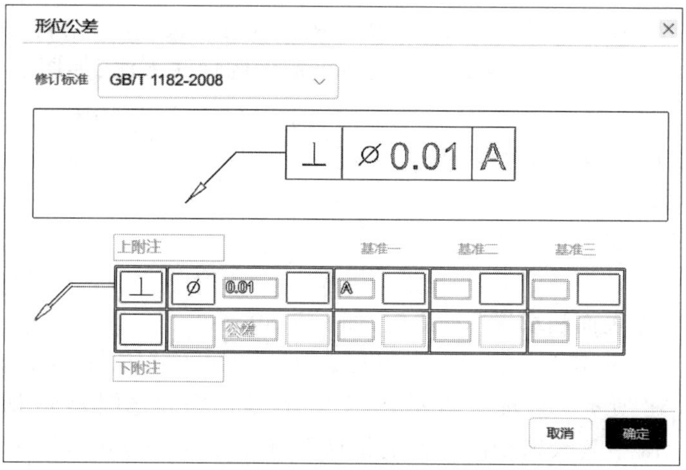

图 8-55　【几何公差】

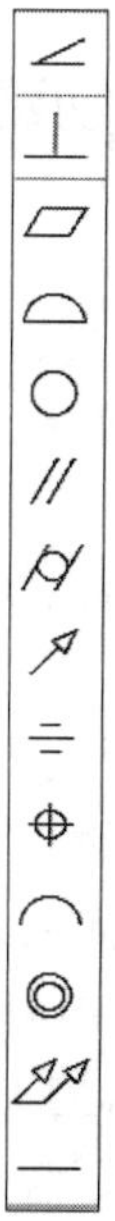

图 8-56　公差项目【符号】

单击【标注】工具栏【基准代号】按钮，标注如图 8-57 所示的代号。执行命令如下：

命令行：AMDATUMID

指定点或直线或圆弧：(选择底面直线段)

指定起点：(单击底面线上的位置)

指定下一点：(可拉动确定代号引线的长短)

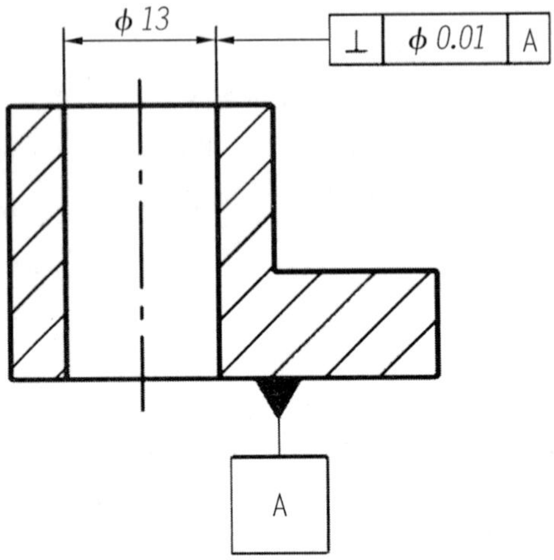

数字资源 8-3

图 8-57　几何公差

完成的几何公差是一个整体，若要编辑，双击几何公差，在弹出的【几何公差】对话框中编辑。几何公差的具体应用需参考工程制图等资料。

此操作示范，请参阅数字资源 8-3。

8.5　创建表面粗糙度标注

零件图上要注写的技术要求包括表面结构、尺寸极限偏差、几何公差等。前文已讲述了尺寸极限偏差、几何公差的标注方法，接下来介绍表面结构参数的标注方法，表面结构参数泛指粗糙度参数、波纹度参数和原始轮廓参数。本节介绍表面粗糙度的标注方法，如图 8-58 所示。

卡伦特 CAD 标注表面粗糙度的激活命令方式如下：

- 【标注】工具栏【表面粗糙度】按钮✓。
- 命令行：SURFACETEXTURE↙。
- 快捷键：TS↙。

命令激活后，卡伦特 CAD 会弹出【表面粗糙度】对话框，如图 8-59 所示。

按图 8-59 所示，选择基础符号和其他符号，在 A 框内填写 *Ra* 6.3，单击【确定】按钮，选择图 8-58 所示的上端面，标注如图 8-58 所示。要标注图 8-58 中的 *Ra* 3.2，需勾选图 8-59 所示的“使用引线”复选框。要标注图 8-58 中其余未切削表面的粗糙度符号，需按图 8-60、图 8-61 所示分别进行设置，括号需另外输入，注意图 8-60 中的 A 框需输入若干空格。

此操作示范，请参阅数字资源 8-3。

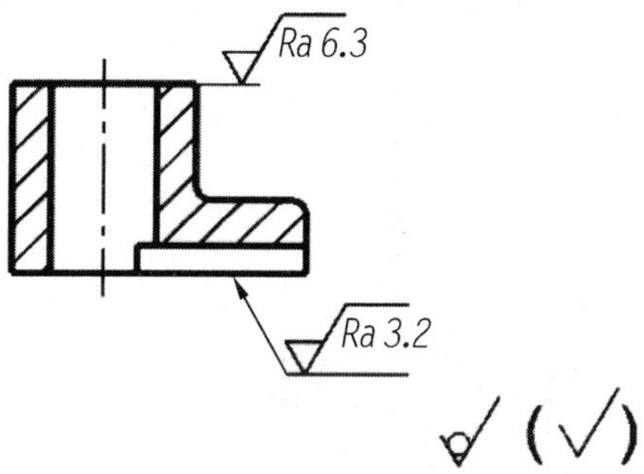

图 8-58　标注表面粗糙度

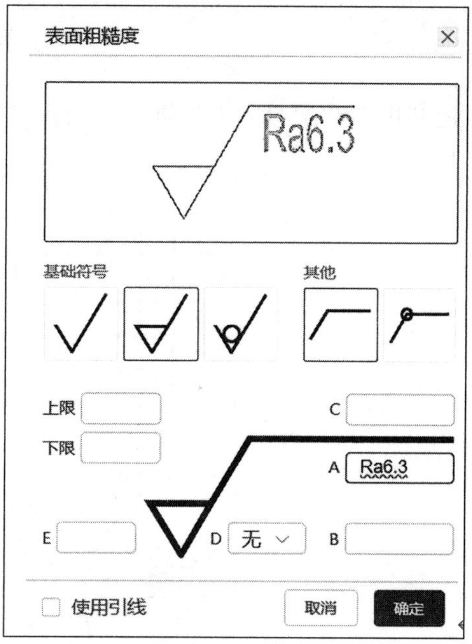

图 8-59 【表面粗糙度】

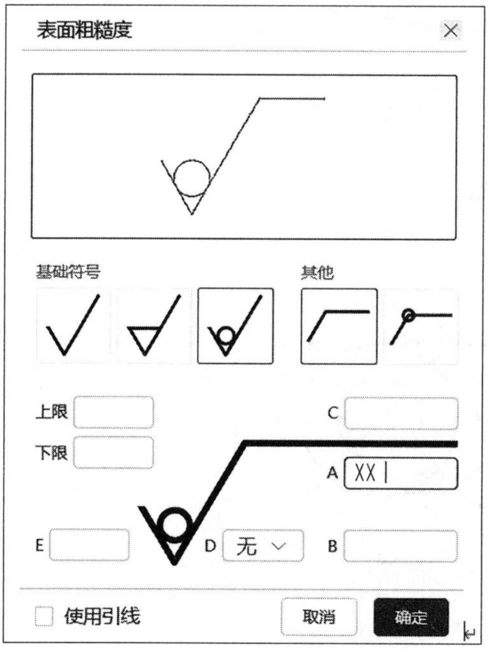

图 8-60　标注其余符号设置(一)

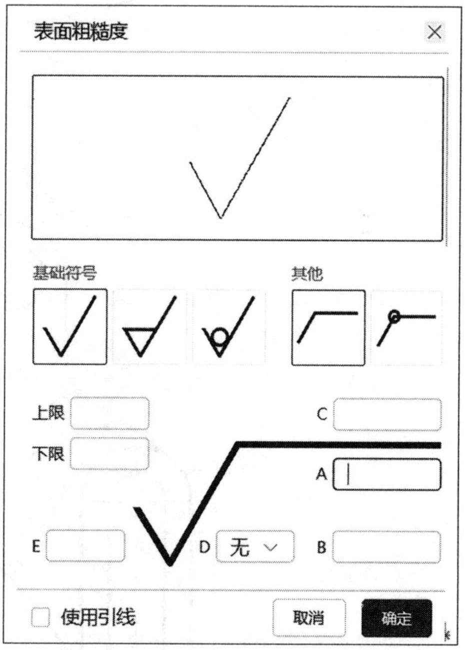

图 8-61　标注其余符号设置(二)

本章练习

请利用本章学习的方法进行下列尺寸标注练习。

1.

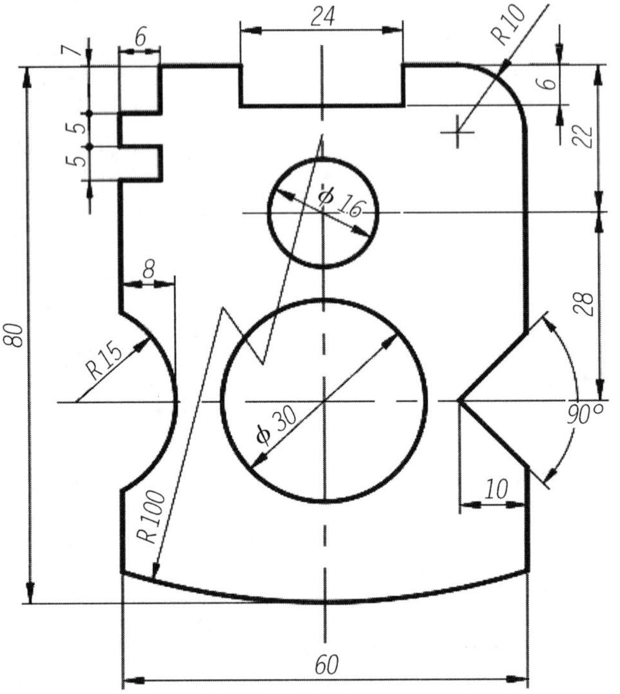

2.

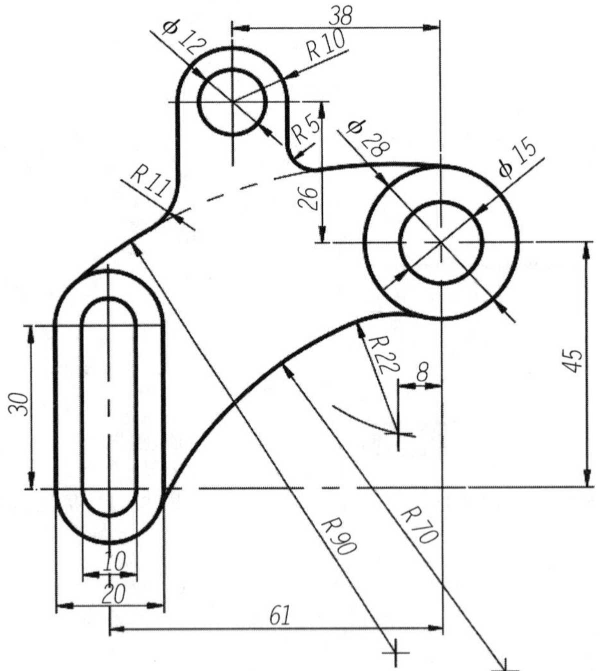

3.

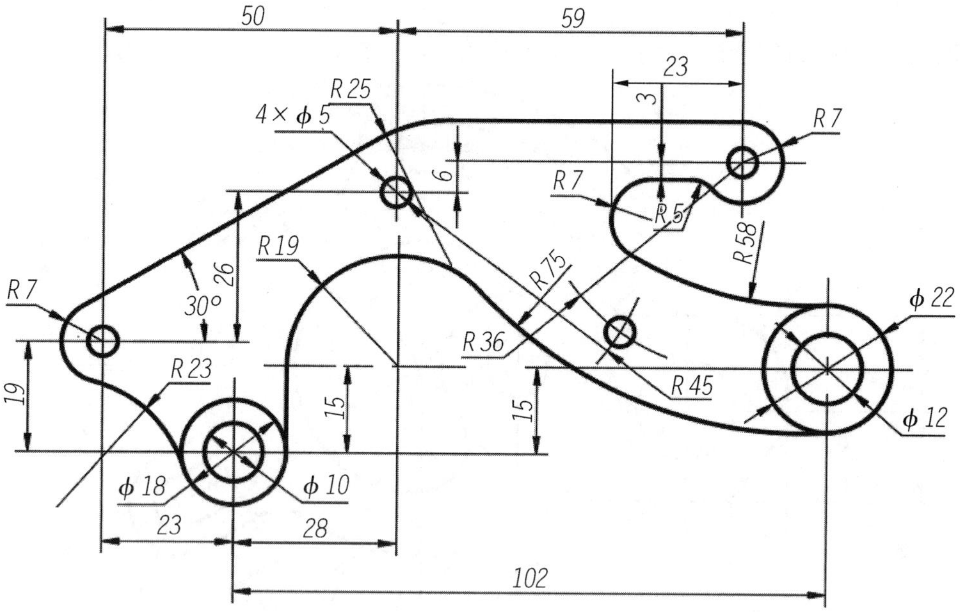
50
59
23
3
R 25
4×φ5
R 7
6
R 7
R 5
R 58
R 19
R 75
26
30°
R 7
φ22
R 36
R 45
R 23
19
15
15
φ12
φ18
φ10
23
28
102

4.

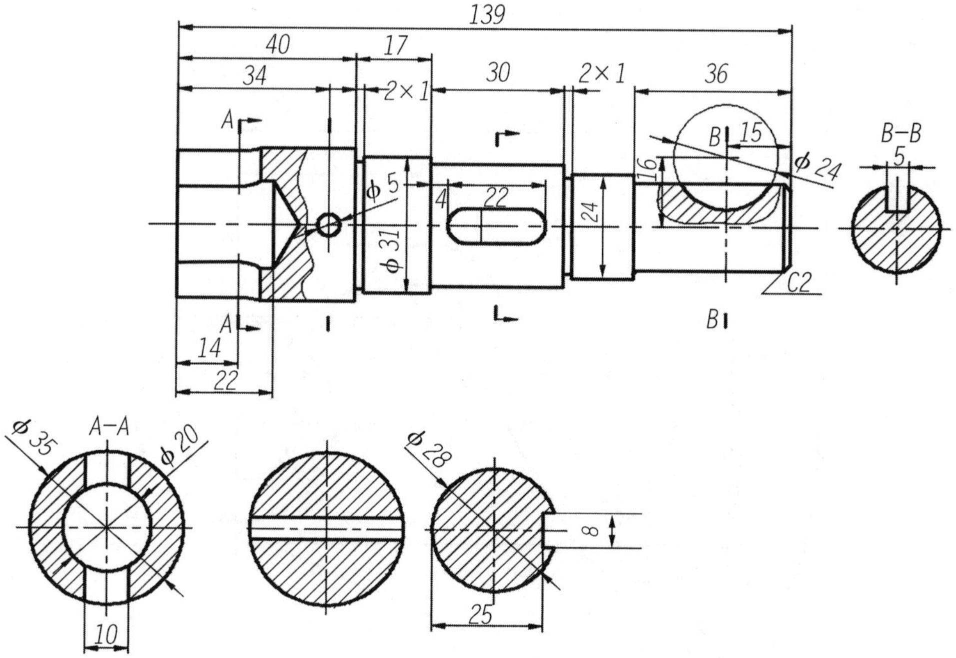
139
40
17
34
2×1
30
2×1
36
A
B
15
φ24
B-B
5
16
φ5
4
22
24
φ31
C2
A
B
14
22
A-A
φ35
φ20
10
φ28
8
25

5.

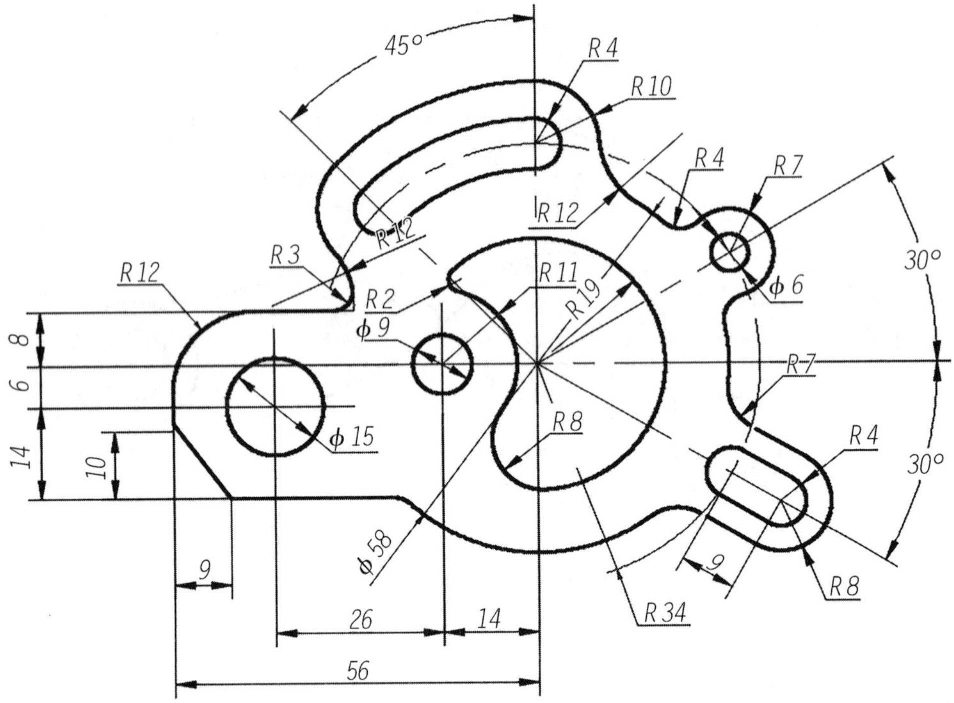
45°
R4
R10
R4
R7
R12
R12
R3
R12
R2
R11
φ9
R19
φ6
30°
R7
φ15
R8
R4
30°
8
6
14
10
φ58
9
R8
9
R34
26
14
56

6.

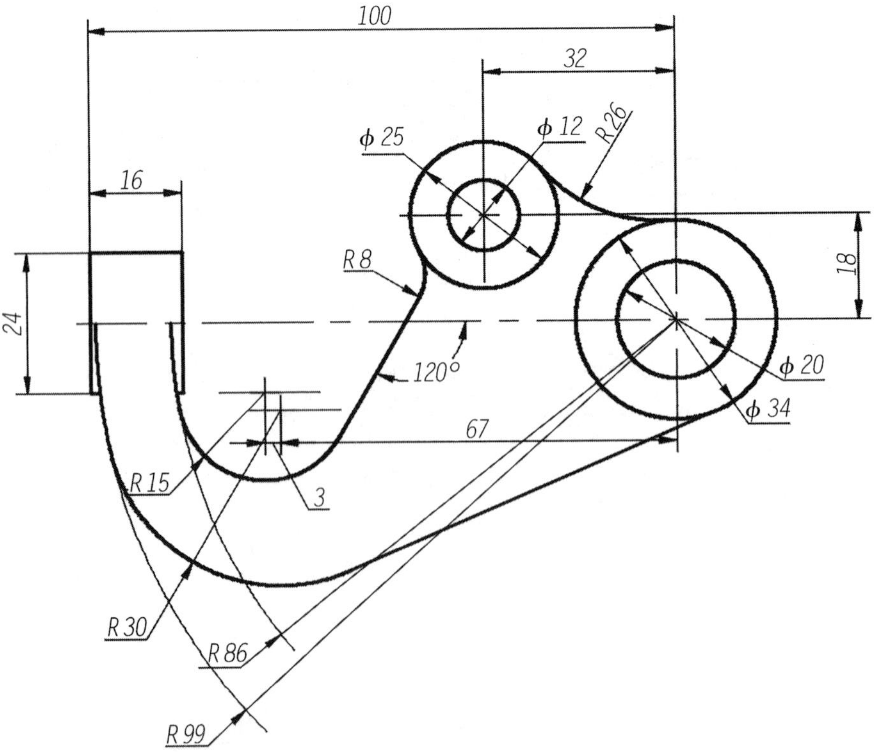
100
32
φ25
φ12
R26
16
R8
18
24
120°
φ20
φ34
67
R15
3
R30
R86
R99

7.

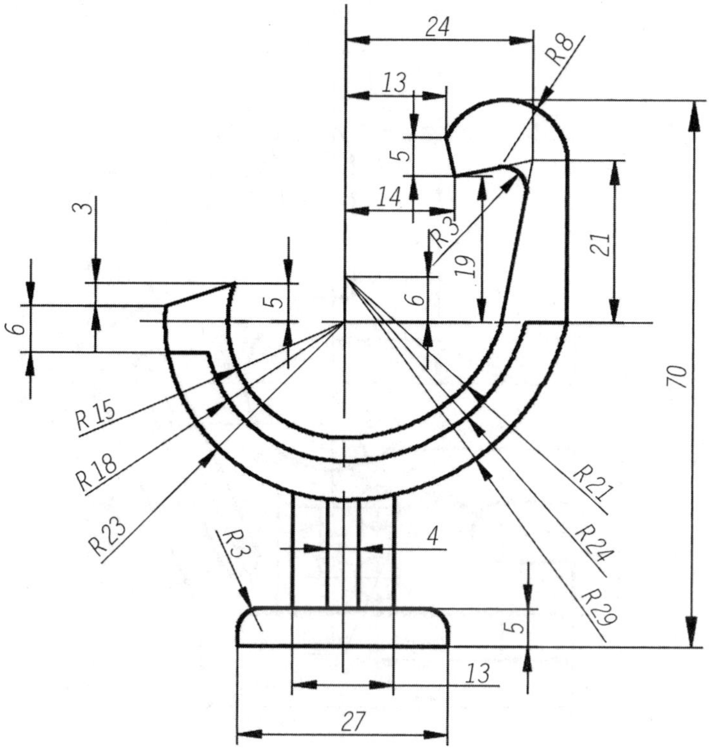
24
R8
13
5
14
R3
19
21
3
5
6
6
70
R15
R18
R23
R21
R24
R29
4
R3
5
13
27

8.

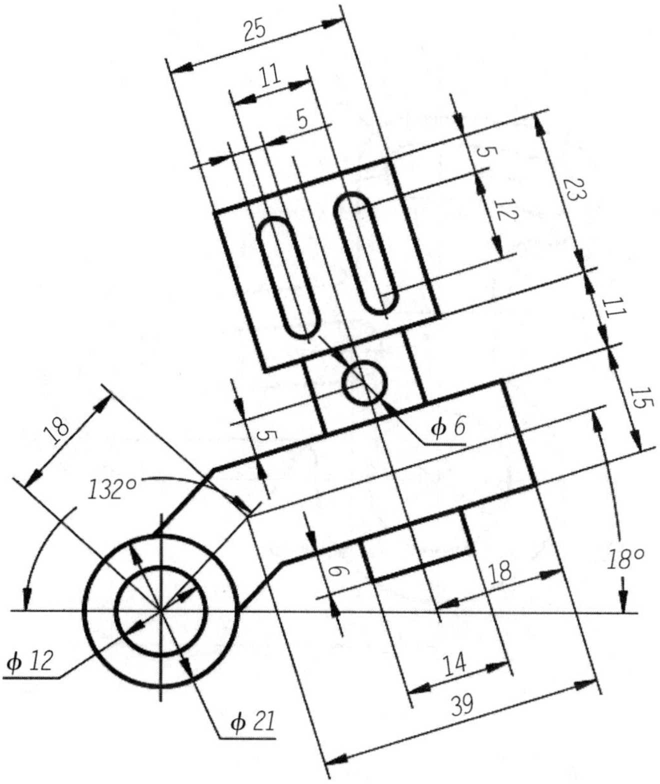
25
11
5
5
23
12
11
15
ϕ6
18
5
132°
18°
9
18
ϕ12
14
39
ϕ21

9.

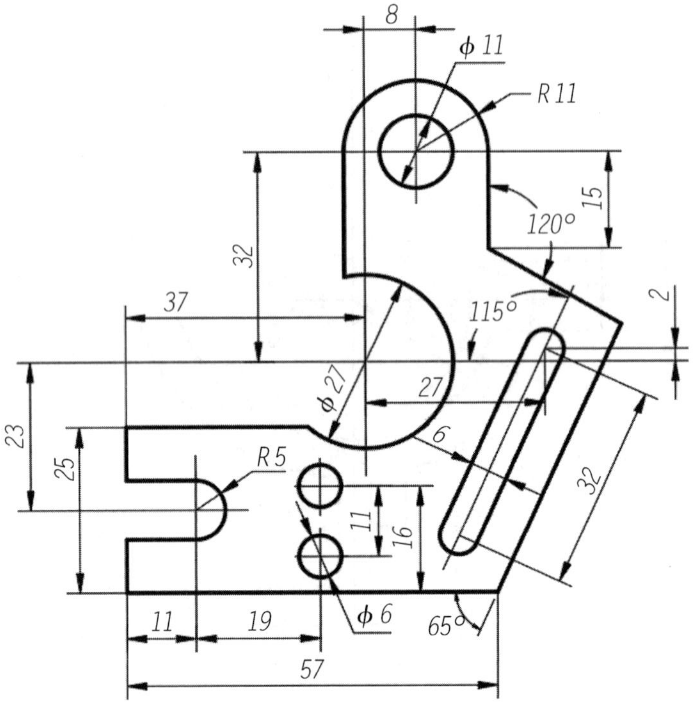
8
ϕ 11
R11
15
120°
32
37
115°
2
ϕ 27
27
23
25
6
R5
32
11
16
ϕ 6
65°
11
19
57

10.

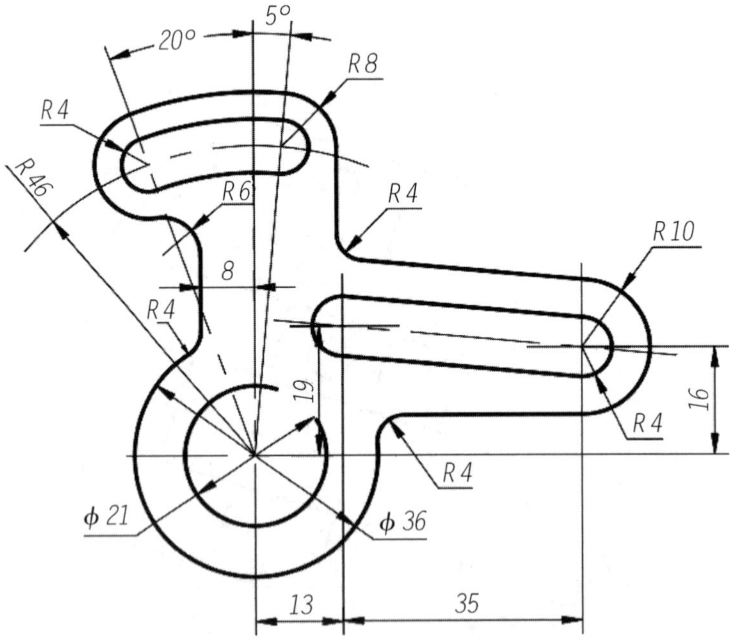
5°
20°
R8
R4
R46
R6
R4
R10
8
R4
19
16
R4
R4
ϕ 21
ϕ 36
13
35

11.

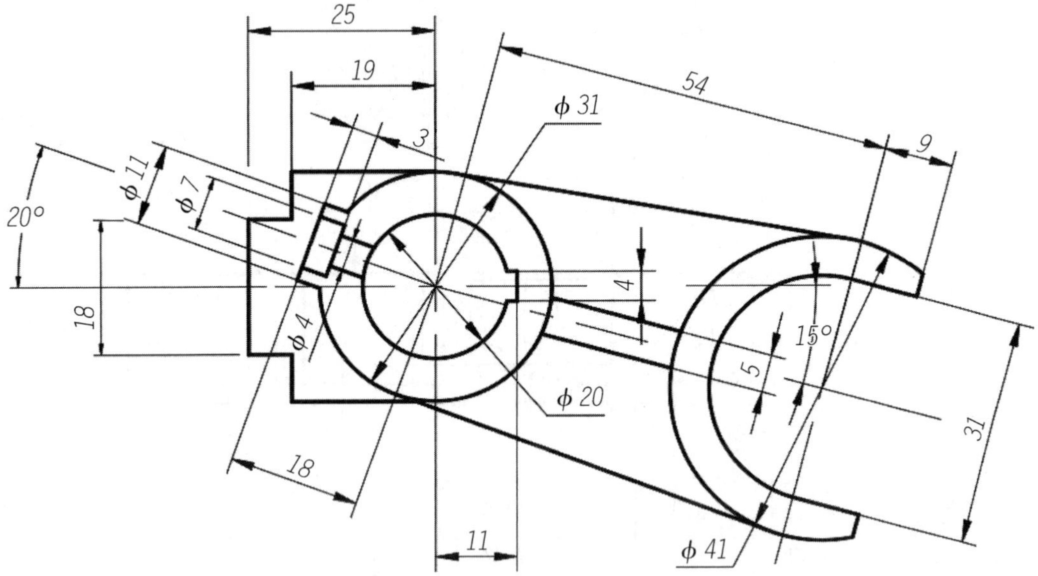
25
19
54
ϕ 31
3
9
20°
ϕ 11
ϕ 7
4
18
ϕ 4
15°
5
ϕ 20
31
18
11
ϕ 41

12.

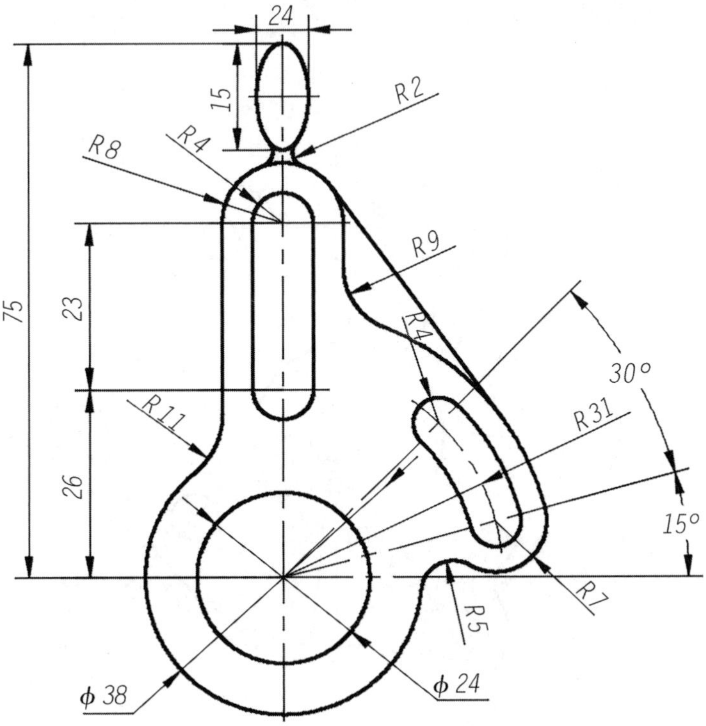
24
15
R2
R8
R4
75
23
R9
R4
30°
R31
R11
26
15°
R7
R5
ϕ 38
ϕ 24

13.

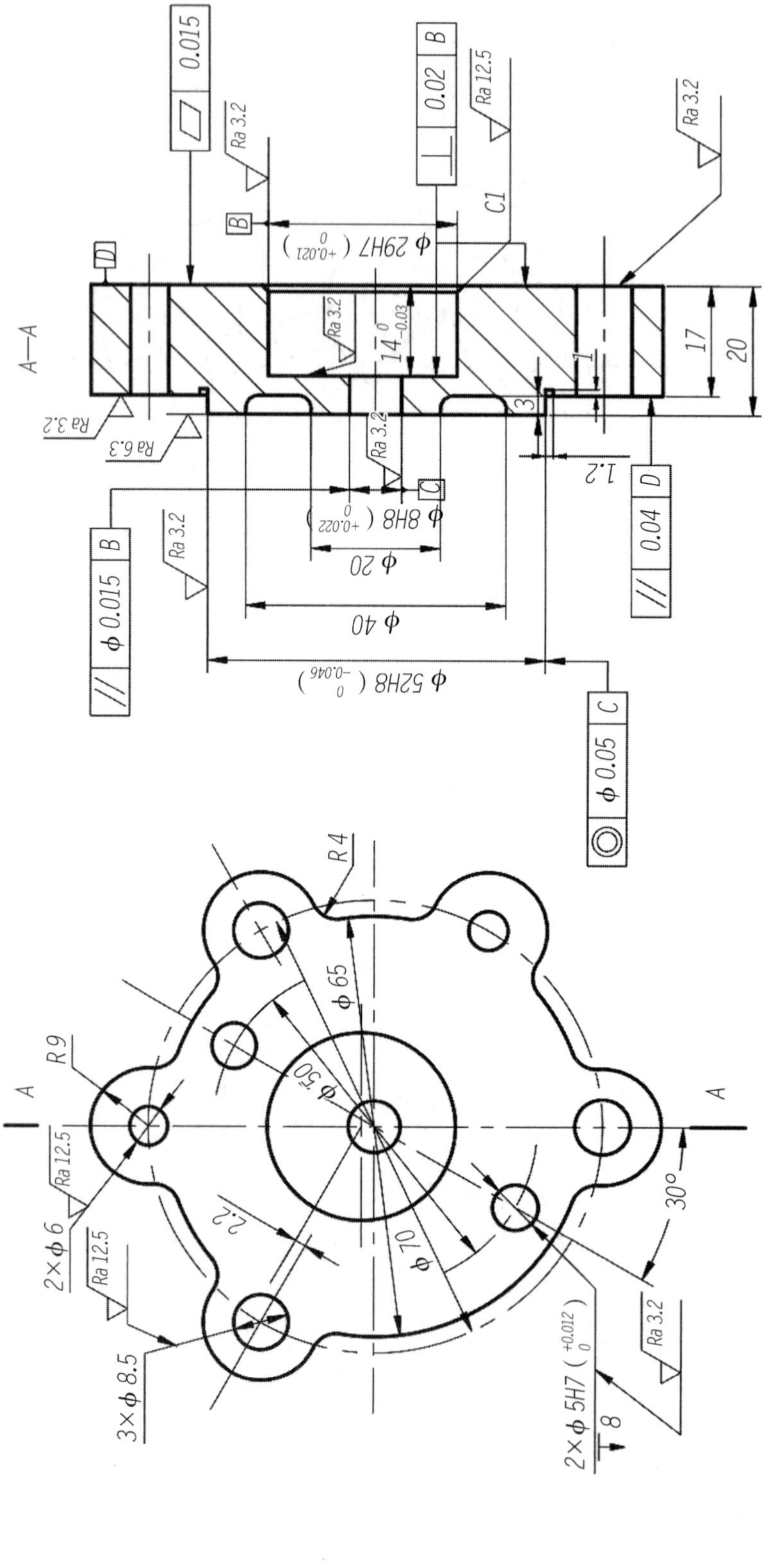
A—A
0.015
Ra 3.2
0.02 B
Ra 12.5
C1
φ29H7 ($^{+0.021}_{0}$)
$14^{0}_{-0.03}$
17
20
Ra 6.3
Ra 3.2
φ8H8 ($^{+0.022}_{0}$)
φ20
φ40
φ52H8 ($^{0}_{-0.046}$)
φ0.015 B
0.04 D
1.2
3
1
φ0.05 C
R4
φ65
φ50
R9
A
A
Ra 12.5
2×φ6
Ra 12.5
3×φ8.5
2.2
φ70
30°
2×φ5H7 ($^{+0.012}_{0}$)
▽8
Ra 3.2

14.

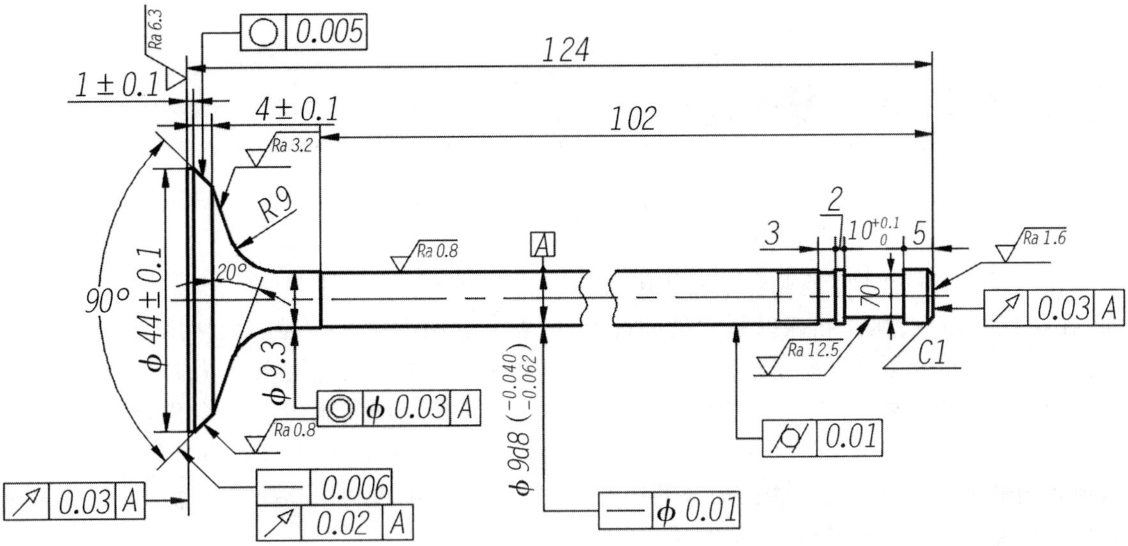
Ra 6.3
0.005
124
1 ± 0.1
4 ± 0.1
102
Ra 3.2
R9
2
3
10 +0.1 0
5
Ra 1.6
Ra 0.8
A
20°
90°
φ 44 ± 0.1
70
0.03 A
φ 9.3
Ra 12.5
C1
φ 0.03 A
φ 9d8 (−0.040 −0.062)
Ra 0.8
0.01
0.03 A
0.006
0.02 A
φ 0.01

第9章　块

在图样绘制过程中，经常会重复使用由若干图形对象组合成的一个图形单元或集合。例如，在机械图样中，螺栓和螺母是常见的标准件，在装配图中可能需要多次使用；在绘制建筑立面图图样时，经常需要重复绘制一些门、窗图例；电子线路图中经常用到电阻、电容等元件等。通过利用卡伦特CAD系统所提供的块功能，可以将这些频繁使用的对象组合为块对象，并为其指定一个便于识别的名称进行保存。在后续的绘图过程中，只需将块对象作为一个整体插入图形中。还可以对这些已插入的块对象进行统一的编辑和修改操作。这一功能极大地简化了重复性绘图工作的流程，提高了工作效率。

本章主要讲述以下内容：

◎ 块的概念与类型

◎ 块的创建与插入

◎ 块的编辑与修改

9.1　块的概念与类型

9.1.1　块的概念

块通常指的是将多个图元组合为单一的图形对象，相当于将它们进行编组处理，其显著特点是能够帮助用户高效且精确地组织并生成图形，且后续还可以对合成图形进行灵活的修改。块在绘图应用中具有以下特点：

(1) 可重复使用　一旦创建了一个块，就可以在同一图纸或不同图纸中多次插入，无须重复绘制相同的图形元素。

(2) 一致性　保证了在不同位置插入的块具有相同的外观和属性，提高了图形的一致性。

(3) 易于修改　如果需要对块进行修改，只需修改块定义，所有已插入的块图形都会自动更新。

(4) 节省存储空间　块是作为一个对象存储的，相对于每个图形元素单独存储而言，可以节省存储空间。

9.1.2　块的类型

1. 符号图块

符号图块包括各种标准符号和标注符号，如工程图样中的箭头、尺寸标注；建筑设计中的指北针、标高符号;电气工程图中的电子元件等(图 9-1)。这些符号是工程设计和图样表达的基础元素,广泛应用于各类工程图样中。

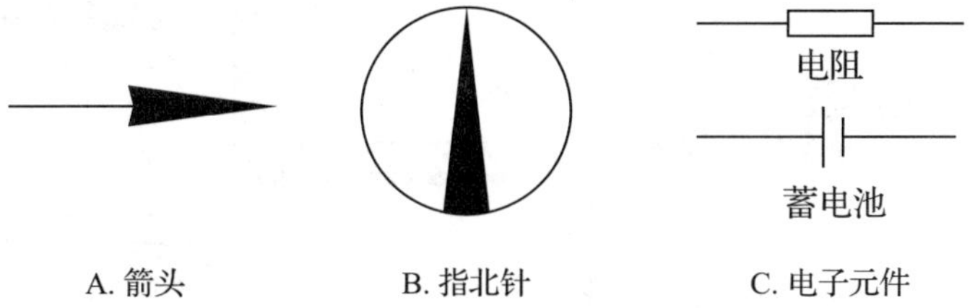

图 9-1 符号图块

2. 几何图形图块

几何图形图块包括常见的几何形状,如矩形、圆形、多边形等(图 9-2)。这些图形在绘图中经常使用,在卡伦特 CAD 系统中往往将这类图形默认为以图块形式存在,通过组合和变换这些基本图形,可以创建复杂的图形和图案,用于绘制各类专业图样。

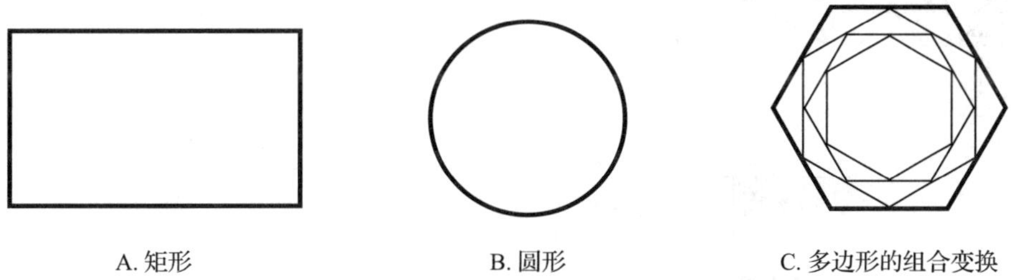

图 9-2 几何图形图块

3. 标准件图块

如图 9-3 所示,在机械设计中,常用的标准件如轴承、螺栓等,通常会被制作成图块。这些图块可以方便设计师在绘图时快速插入和重复使用,提高工作效率。此外,一些常用的建筑构件和装饰元素也可以制作成图块,便于在建筑设计过程中调用。

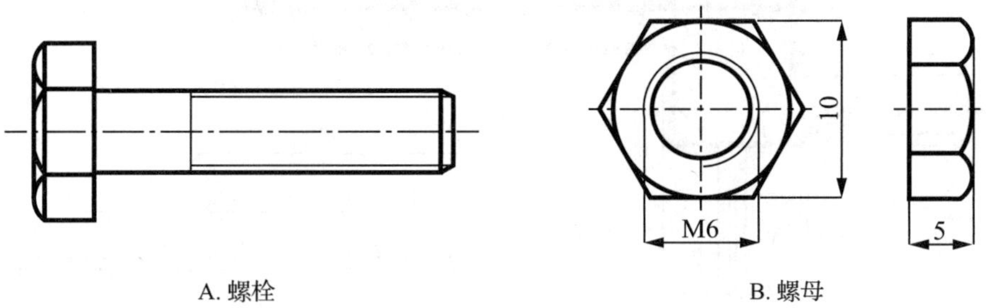

图 9-3 标准件图块

4. 详图图块

详图图块是指一些节点细部的放大图,如土建工程图中的墙身、楼梯、节点等,如图 9-4 所示。这些详图对于理解图纸的整体结构和细部构造至关重要。但由于详图细节较多,绘制起来较为烦琐,将其制作成图块,可以在绘图过程中方便调用和修改,提高绘图效率。

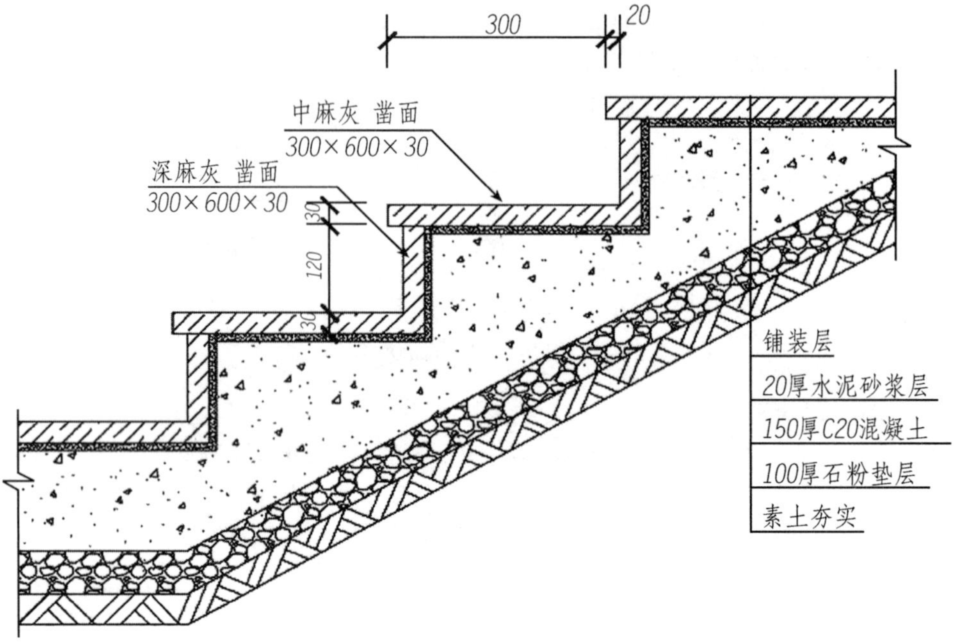

A. 踏步详图

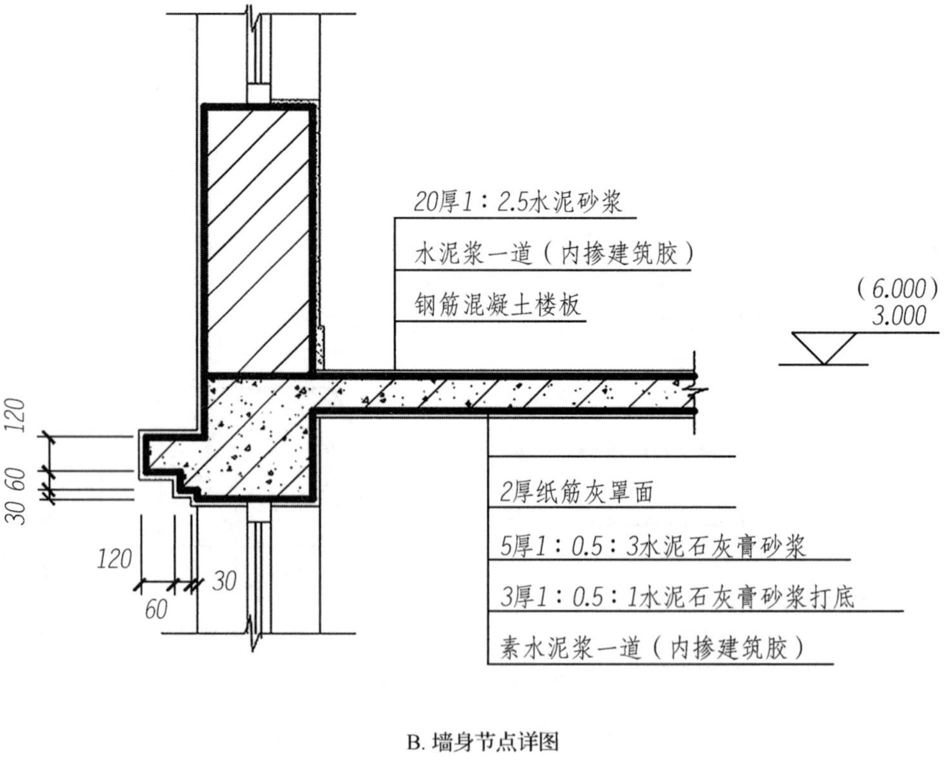

B. 墙身节点详图

图 9-4 详图图块

9.2 块的创建与插入

在卡伦特 CAD 中，部分使用频率高的工具被放置在【常用】工具栏里，如图 9-5A 所示，如块的插入、块的创建等。其余所有相关工具均放在【插入】工具栏中，如图 9-5B 所示。

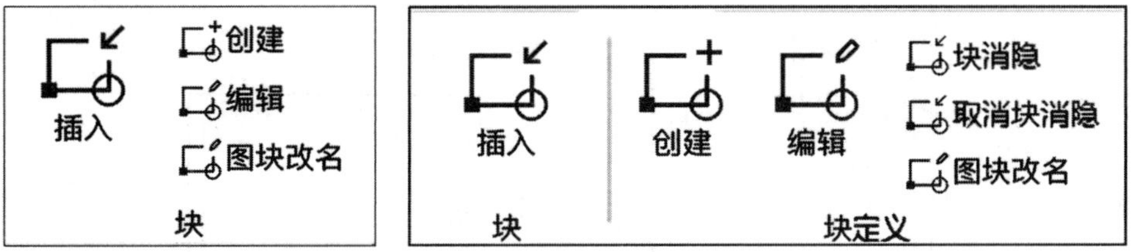

A.【常用】工具栏中的“块”命令　　B.【插入】工具栏中的“块”命令

图 9-5 “块”命令的调用

9.2.1 创建块

在创建块之前，需要先绘制出组成块的图形对象。绘制好图形对象后，使用块命令完成图块的创建。创建“块”命令有如下几种方式：

- 功能区：【默认】选项卡→【块】面板→【创建】创建。
- 菜单栏：在菜单栏中选择【插入】→【块定义】→【创建】创建。
- 命令行：输入“BLOCK”或“B”命令并按 Enter 键。

【块定义】对话框如图 9-6 所示，创建时应注意基点拾取、选择对象等操作。

此操作示范，请参阅数字资源 9-1。

数字资源 9-1

图 9-6 【块定义】对话框

下面以建筑立面图中的门和窗(图 9-7)为例说明块的创建过程。

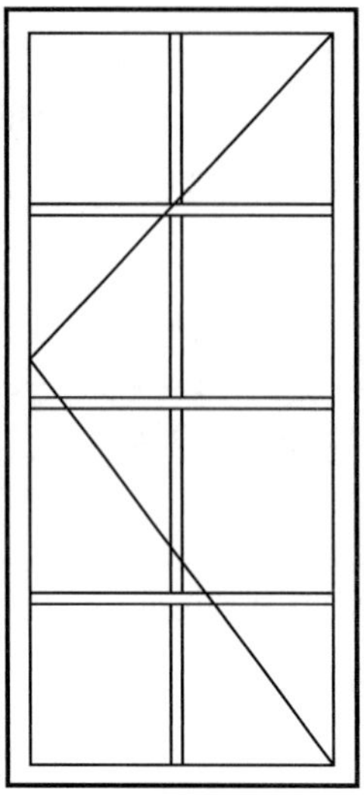

A.门

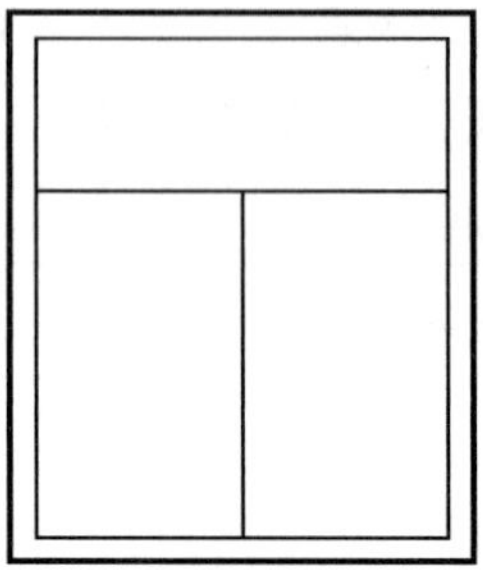

B.窗

图 9-7　建筑立面图中的门和窗

门和窗是建筑立面图绘制过程中较常用的图例,使用频率较高。如果将门和窗分别创建为块"M-1"和"C-1",将极大地方便设计工作,提高工作效率。创建过程如下:

(1)单击【插入】标签|【创建块】按钮,或直接输入"BLOCK"(或"B")命令并按 Enter 键,此时卡伦特 CAD 会弹出【块定义】对话框,在"块名称"框中输入"M-1"作为块名,如图 9-8 所示。

图 9-8　【块定义】对话框

(2) 单击“基点”选项区域的【拾取点】按钮，提示拾取一个坐标点作为该块的基点（块的插入点），单击鼠标左键拾取门的左下角点，此时可打开对象捕捉功能以确保准确地拾取到左下角端点，如图 9-9 所示。拾取基点后返回到【块定义】对话框。

(3) 单击“对象”选项区域的【选择对象】按钮，卡伦特 CAD 会提示选取组成块的图形对象，这时使用窗口选择模式选取预先绘制好的门图形对象，如图 9-10 所示。选择对象后按 Enter 键回到【块定义】对话框，此时的对话框如图 9-11 所示。

(4) 单击【确定】按钮，完成块的定义，此时单击定义好的块或者将光标移到块图形上，就会发现原本零散的图形对象变成了一个整体。

(5) 重复上述创建块的过程，可将窗创建成为块“C-1”，基点可继续拾取左下角点，如图 9-12 所示。

通过上述操作，在当前图形中创建了两个块，分别是“M-1”和“C-1”。按照上述操作步骤，可继续在图形中再创建“图框”和“标题栏”等图块，如图 9-13 所示。

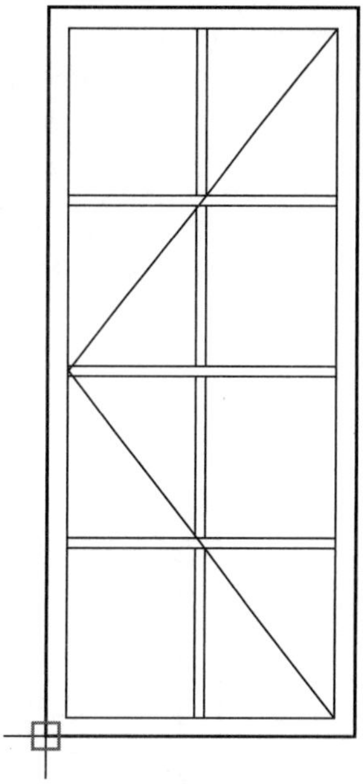

图 9-9　门基点的拾取

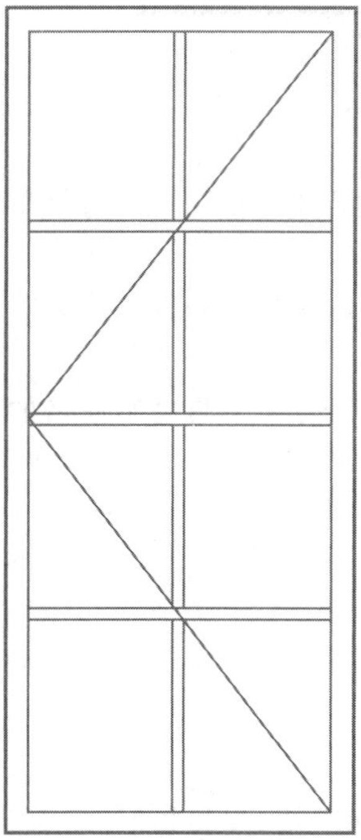

图 9-10　选取门图形对象

图 9-11　创建后的【块定义】对话框

综上所述，块的定义包括 3 个基本要素：块名称、基点、对象，这 3 个要素缺一不可。下面对【块定义】对话框中各选项做一个说明。

(1)【块名称】文本框　在此输入定义的块名称。

(2)“基点”选项区域　在此指定块的插入基点坐标，默认值为(0,0)。定义块时的基点实

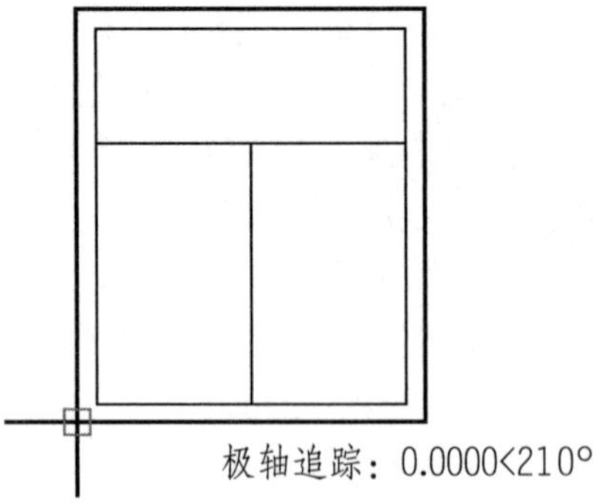

图 9-12　窗拾取基点

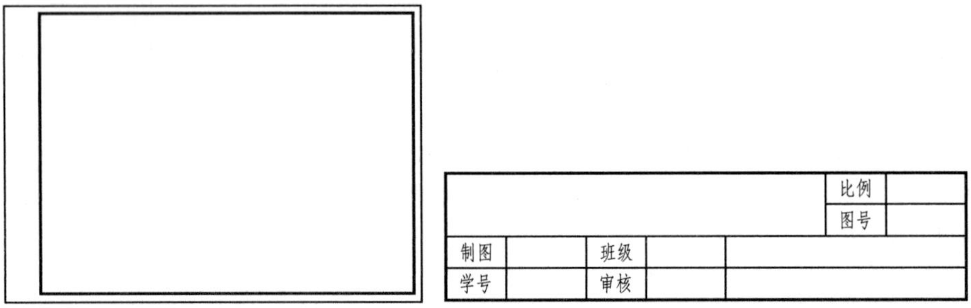

A. 块 -“图框”　　　　B. 块 -“标题栏”

图 9-13　块 -“图框”和块 -“标题栏”

际上是插入块时的位置基准点，可以在 *X*、*Y* 两个坐标文本框中直接键入坐标值。也可直接单击【拾取点】按钮，选取块图形中的一个特征点作为基点坐标。

（3）“对象”选项区域　在此指定创建块中要包含的对象，以及创建块之后是保留或删除选定的对象，还是将它们转换成块。

另外，块的定义支持嵌套，即已经是块的图形对象还可以被包含到另一个与之不同名的块定义中，详见本章 9.3.3 节。

9.2.2　插入块

插入块有如下几种方式：

- 功能区：【默认】选项卡→【块】面板→【插入】。
- 菜单栏：【插入】标签 | 【块】面板 | 【插入】按钮。
- 命令行：INSERT（或 I）↙。

例如，在建筑立面图上插入本章 9.2.1 节创建的“窗”块，步骤如下：

（1）先在要插入块的图形中确定好插入点的准确位置。

（2）单击【插入】标签 | 【块】面板 | 【插入】下拉按钮，如果文件中已有定义好的块，会出现块的图形列表，如图 9-14 所示。

数字资源 9-2

此操作示范，请参阅数字资源 9-2。

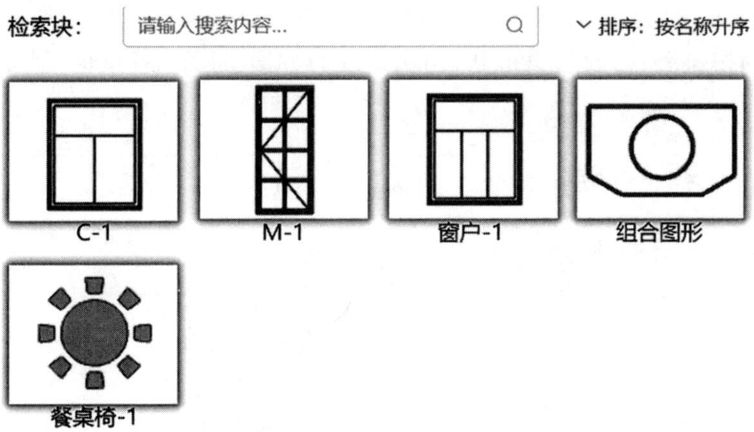

图 9-14 【插入】对话框

(3)在图 9-14 列表中选择“C-1”,单击【确定】按钮,卡伦特 CAD 提示插入点,此时应提前确定好准确的插入位置,完成图块的插入,如图 9-15 所示。

(4)重复上述过程,或应用复制或阵列命令,完成剩余窗的绘制,结果如图 9-16 所示。

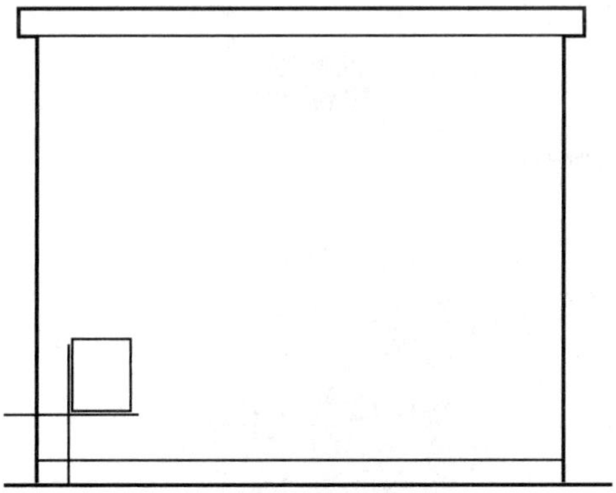

图 9-15 拾取插入点

图 9-16 完成插入块后的建筑立面图

9.3 块的编辑与修改

块作为一个整体存在于图形中,可以通过“块编辑”等命令,对组成块的图元对象进行编辑修改,以满足多样化的绘图需要。

9.3.1 块编辑

块编辑器是一个独立的环境,可用于为当前图形创建和更改块定义。此外,还可以通过块编辑器向块中添加动态行为等,以满足绘图的需要。命令的激活方式如下:

- 功能区:【默认】选项卡→【块】面板→【编辑】编辑。
- 菜单栏:【插入】标签 |【块定义】面板 |【编辑】按钮 编辑。
- 命令行:REFEDIT↙。

以“餐桌椅”块为例,可通过块编辑更改餐桌形状。输入命令后,选择块,即出现如图 9-17

所示对话框。

单击【确定】按钮后，修改餐桌形状，由圆形变为方形，最终“餐桌椅”块的图形变化如图 9-18 所示。

图 9-17　块编辑对话框

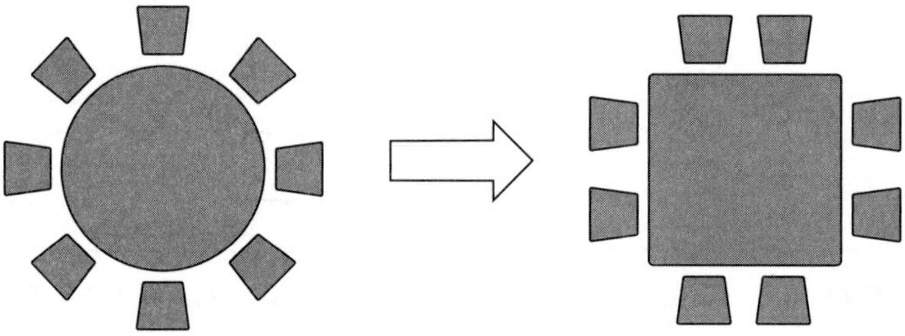

图 9-18　“餐桌椅 -1”块编辑后的形状改变

9.3.2　块消隐

在卡伦特 CAD 绘图过程中，块消隐可通过对图块重叠区域的“遮挡”，以实现更真实、易于理解的图形视觉效果。块消隐使用的对象必须为块，常规的图元对象无法直接使用。因此，进行块消隐前首先应将目标图元建立为块对象。

下面以“圆形”块和“六边形”块为例，说明块消隐命令的应用及效果。

- 菜单栏：【插入】标签 |【块定义】面板 |【块消隐】按钮 块消隐。
- 命令行：KXY ↙。

输入命令后，选择“六边形”块，则“六边形”块有了“遮挡”属性，“圆形”块与“六边形”块相交重叠的区域将呈现隐藏效果，如图 9-19 所示。

当不需要消隐时，则可通过“取消块消隐”恢复原有效果。

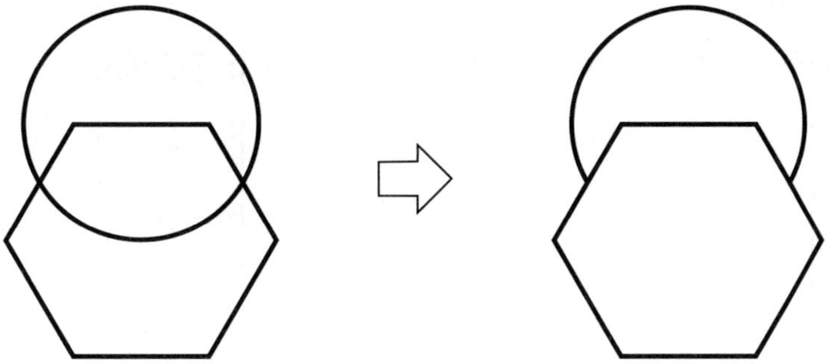

A. 消隐前　　　　B. 消隐后

图 9-19　块“消隐”前后情况对比

- 菜单栏:【插入】标签 |【块定义】面板 |【取消块消隐】按钮 取消块消隐。
- 命令行:QKXY ↙。

输入命令后,拾取已消隐的块,即恢复为未消隐前的状态,如图 9-20 所示。

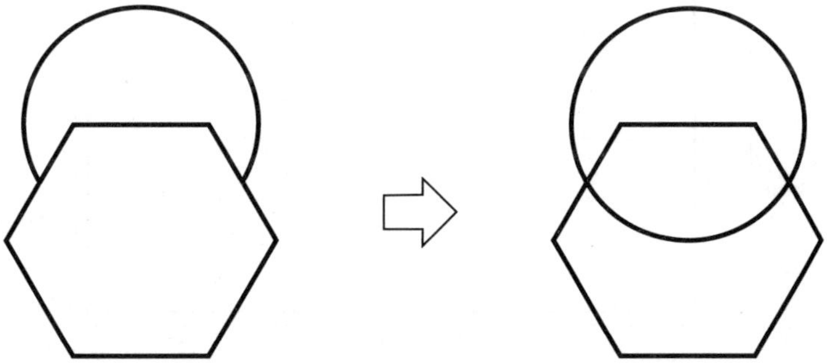

A. 取消消隐前　　　　B. 取消消隐后

图 9-20　块取消“消隐”前后情况对比

9.3.3　块嵌套

块嵌套是指在创建新的块时,将已经创建的块及其他图形或块作为一个整体对象构建的新块。如 9-21 所示,建筑立面图中门“M-1”是已存在的块,在此基础上创建新的嵌套块 - “门及标高”,该块包含了“M-1”及标高符号。也可以将标高符号创建为块,块和块组合成新的块。图 9-22 所示为由“图框”和“标题栏”两个图块组成的嵌套块。

9.3.4　块分解

块分解是将块由一个整体分解为组成块的一个个单独的图元对象,命令的激活方式如下:

- 命令行:EXPLODE ↙。

激活命令后,在命令提示下选择需要分解的块,然后按 Enter 键后,块就被分解成零散的图线了,此时可对这些图线进行编辑,以满足绘图需要。例如,对“螺栓”块进行分解,分解前后如图 9-23 所示。

此操作示范,请参阅数字资源 9-3。

数字资源 9-3

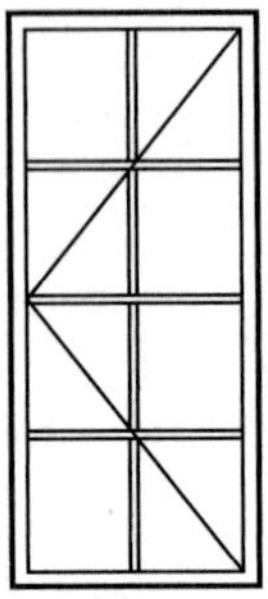

A. 块 -“ 门 ”

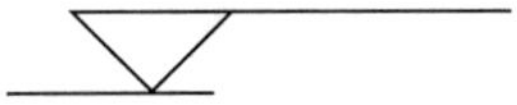

B. 块 -“ 标高 ”

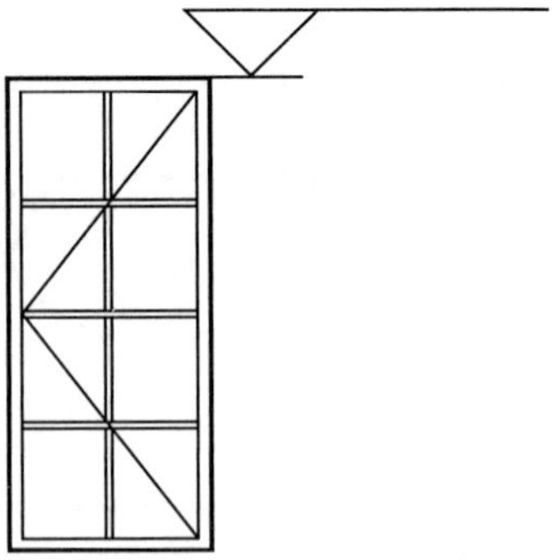

C. 嵌套块 -“ 门及标高 ”

图 9-21　嵌套块示例一

A. 块 -“ 图框 ”

<table>
<tr><td colspan="5" rowspan="2"></td><td>比例</td><td></td></tr>
<tr><td>图号</td><td></td></tr>
<tr><td>制图</td><td></td><td>班级</td><td></td><td colspan="3"></td></tr>
<tr><td>学号</td><td></td><td>审核</td><td></td><td colspan="3"></td></tr>
</table>

B. 块 -“ 标题栏 ”

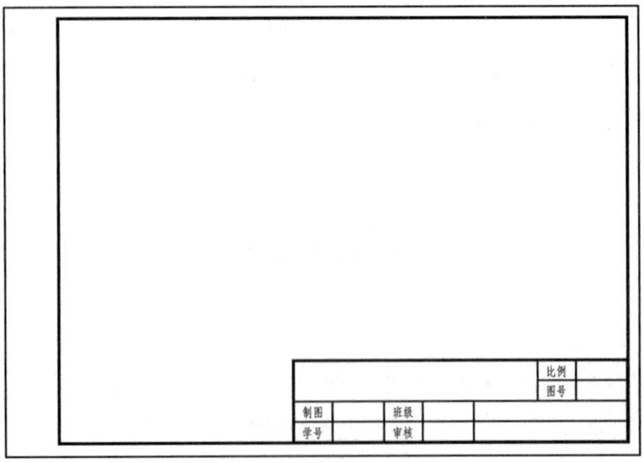

C. 嵌套块 -“ 图框及标题栏 ”

图 9-22　嵌套块示例二

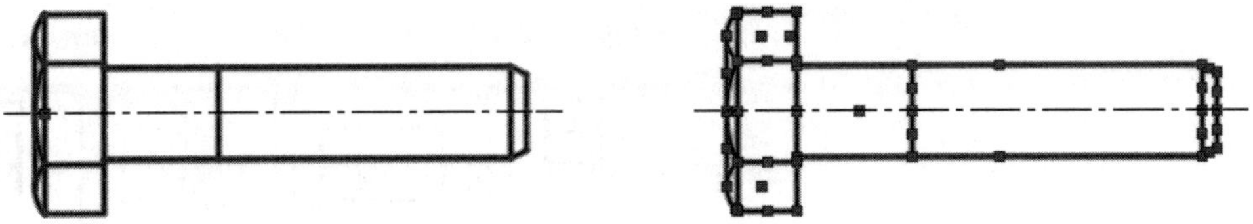

A. 分解前　　B. 分解后

图 9-23　分解块“螺栓”

需要注意的是，一次分解只能分解一级的块，如果是嵌套块，还需要将嵌套进去的块进一步分解才能成为零散的图元对象。图 9-24 为块“门及标高”进行分解命令后，“M-1”部分仍以块的形态存在，再次对“M-1”分解后，才可将块“门及标高”分解为单独的图元。

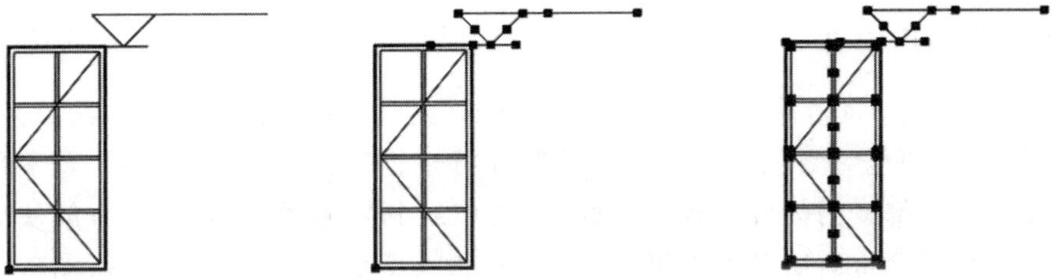

A. 分解前　　B. 第 1 次分解后　　C. 第 2 次分解后

图 9-24　嵌套块的分解

若块是由“门”块和“标高符号”块组成的嵌套块，则彻底分解需要执行 3 次分解命令，如图 9-25 所示。

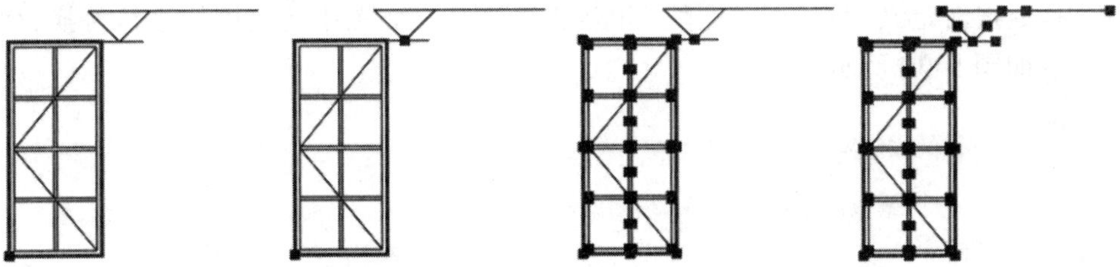

A. 分解前　　B. 第 1 次分解后　　C. 第 2 次分解后　　D. 第 3 次分解后

图 9-25　嵌套块 -“门及标高”分解过程

9.3.5　图块改名

对选取的图块进行改名，可单独改一个图块，也可同时修改部分或所有同名图块。

- 菜单栏：【插入】标签 |【块定义】面板 |【图块改名】按钮 图块改名。
- 命令行：TKGM ↙。

输入命令后，拾取要改名的块，即出现以下对话窗口，如图 9-26 所示。改名后插入对话框中块名称随之更新，如图 9-27 所示。

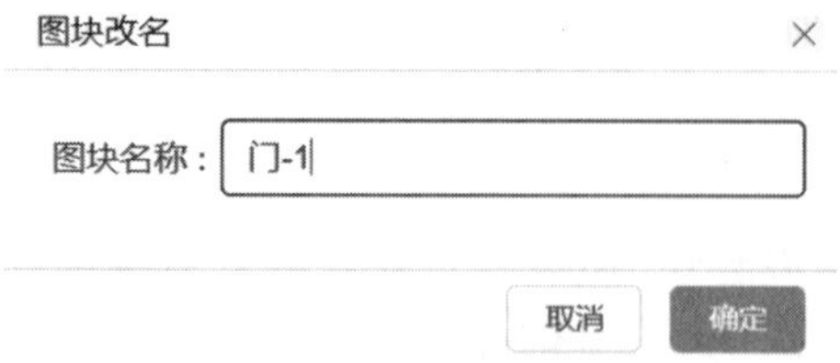

图 9-26　图块改名对话框

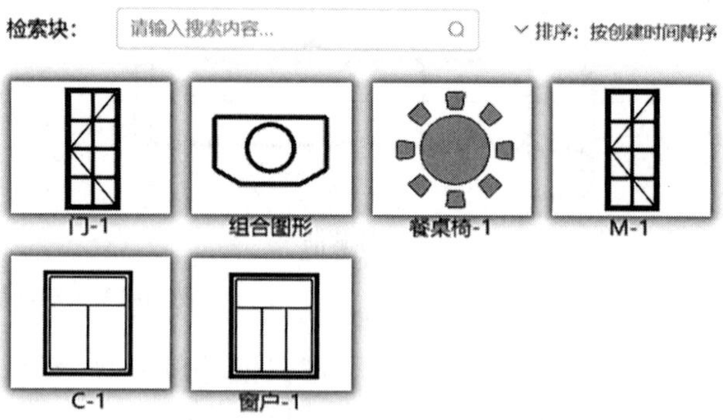

图 9-27　块名更新

9.3.6　块的重定义

重定义块通常用于批量修改图形中的块。例如，当某个块在图形中被多次插入，且插入位置、图层各不相同，甚至对颜色、线型、线宽等其他特性也进行了大量调整后，若发现该块的图形不符合要求，需全部变为另外的样式。此时，可将绘制好的图块（可以是分解块后经过简单修改的，也可以是完全重新绘制的图形）以相应的插入点重新定义。完成后，图形中全部同名块将会被修改为新的样式。

块的重定义在实际应用中非常普遍，其操作过程与创建块类似，只是在填写块名称时，可以从“块名称”下拉列表中选择已有块。接下来，通过一个实例来说明如何进行块的重定义。

若窗的设计发生改变，需对已有“窗户 -1”图块进行重新定义，如图 9-28 所示。重新定义图块前需将原图块进行分解“EXPLODE”，然后绘制好新的设计方案，如图 9-29 所示，用“BLOCK”命令重新定义“窗户 -1”图块，并确认将建筑立面图中的窗图块进行替换，生成新的建筑立面图，如图 9-30 所示。

图 9-28 【块定义】对话框

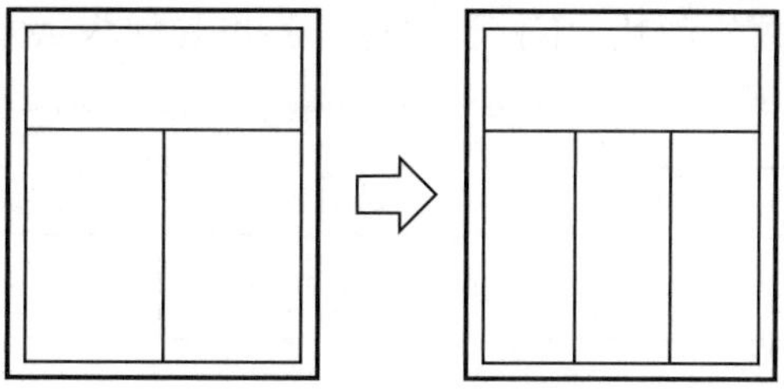

A B

图 9-29 块“窗户 -1”的重新定义

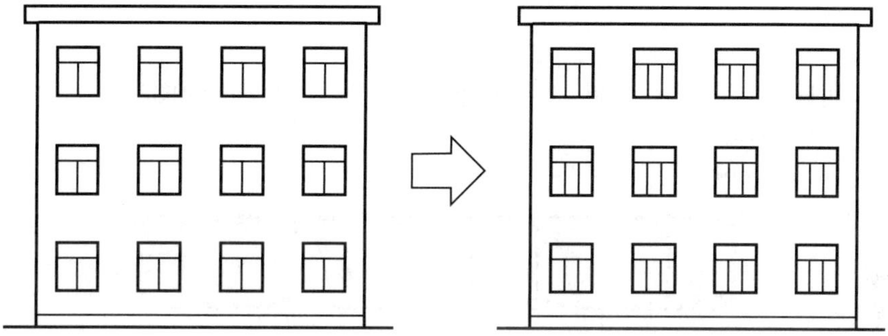

A B

图 9-30 建筑立面图修改中图块的应用

本章练习

第 9 章练习文件

1. 简述块的概念及类型。
2. 说明块消隐和块删除的区别。
3. 说明嵌套块的含义。
4. 在创建图块时,在块定义中必须确定的要素是(　　)。
   A. 块名、基点、属性　　B. 块名、基点、对象
   C. 基点、对象、属性　　D. 块名、基点、对象、属性
5. 创建图块时“基点”应选在(　　)。
   A. 随意什么位置点　　B. 插入时较容易确定其位置的特征点
   C. 一定是图块的中心点　　D. 图块中文字定位点
6. 用卡伦特 CAD 绘制装配图时,可将零件图做成块,再将一个个块“拼”成装配图(　　)。
   A. 正确　　B. 错误
7. 根据国家制图标准要求,分别绘制并创建“标高”“粗糙度”及“可调电阻”3 个符号图块。

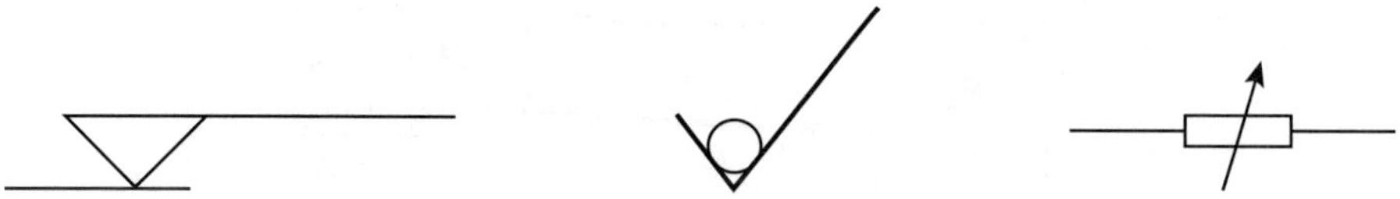

A. 标高符号　　B. 粗糙度符号　　C. 可调电阻符号

8．绘制并创建以下标题栏图块(不标注尺寸),并将其插入A3图幅中。

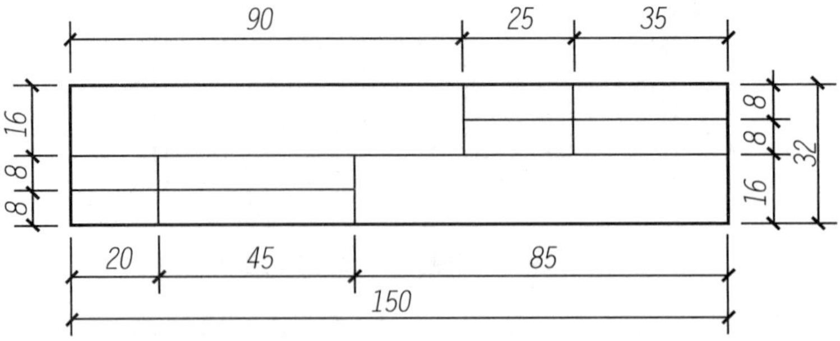

9．完成下列螺母三视图的绘制,并将其创建为可以反复使用的图块。

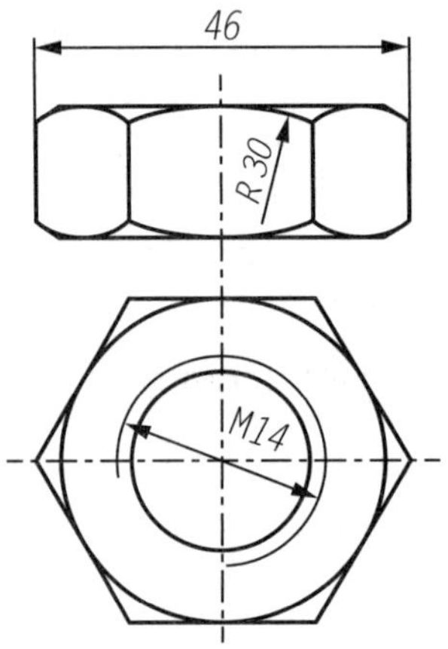

10．绘制下列蹲便器图例,并将其创建为图块;然后按尺寸完成公厕平面图墙体的绘制,并将蹲便器图块插入到平面图中的准确位置(全图不标注尺寸)。

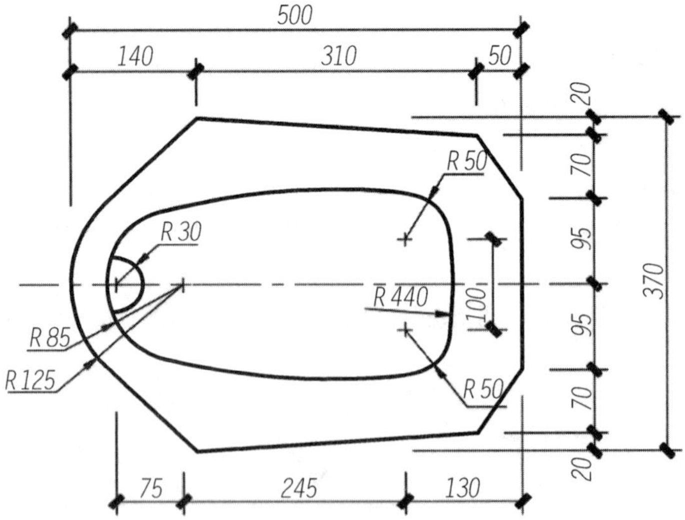

A．蹲便器图例

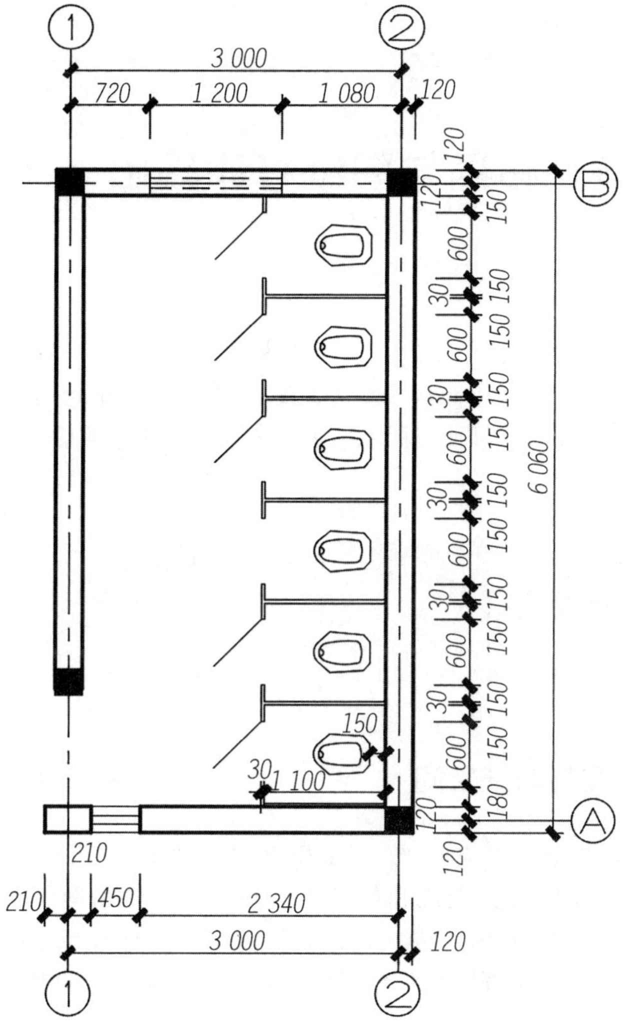
1
2
3 000
720
1 200
1 080
120
B
A
6 060
150
600
30
180
1 100
210
450
2 340

B. 公厕平面图

第 10 章　布局与图纸打印输出

设计绘图后需要进行图纸打印输出。卡伦特 CAD 中有两种不同的工作环境，称为模型空间和图纸空间，分别用【模型】和【布局】选项卡表示，选项卡位于绘图区域底部左边位置。可在模型空间中进行打印出图，也可使用图纸空间——布局方法打印输出。

本章主要介绍以下内容：

◎ 模型空间与图纸空间
◎ 打印样式表
◎ 模型空间打印图纸
◎ 布局图纸打印
◎ 图纸空间布局

10.1　模型空间与图纸空间

在卡伦特 CAD 有两个工作空间，分别是模型空间和图纸空间。通常在模型空间 1∶1 进行设计绘图；为了与设计人员交流和产品生产加工需要输出图纸，需在图纸空间进行排版，即规划视图的位置与大小，将不同比例的视图安排在一张图纸上并标注尺寸，给图纸加上图框、标题栏、文字注释等内容，然后打印输出。在一个文件中可以有多个布局，但模型空间只有一个。

1. 模型空间

模型空间中的“模型”是指在卡伦特 CAD 中用绘制与编辑命令生成的物体对象，而模型空间是建立模型时所处的卡伦特 CAD 环境，可以按照物体的实际尺寸绘制、编辑二维或三维图形，也可以进行三维实体造型，还可以全方位地显示图形对象，是三维环境。因此首先是在模型空间工作。

当启动卡伦特 CAD 后，默认处于模型空间，绘图窗口下面的【模型】选项卡是激活的；而图纸空间是未被激活的。

2. 图纸空间

图纸空间的“图纸”与真实的图纸相对应，图纸空间是设置、管理视图的环境。在图纸空间可按模型对象不同方位显示视图，按合适的比例在“图纸”上表示出来，还可以定义图纸的大小、生成图框和标题栏。模型空间中的三维对象在图纸空间中是用二维平面上的投影表示，因此是二维环境。

3．布局

所谓布局，相当于图纸空间环境。一个布局就是一张图纸，并提供预置的打印页面设置。在布局中，可创建和定位视口，并生成图框、标题栏等。利用布局可在图纸空间方便快捷地创建多个视口来显示不同的视图；而且每个视图都可以有不同的显示缩放比例。

布局可以用多张图纸多方向地反映同一个实体或图形对象。例如，将在模型空间绘制的装配图拆成多张零件图；或将某一工程的总图拆成多张不同专业图纸。

4．模型空间与图纸空间的切换

在实际工作中，常需要在图纸空间与模型空间之间作相互切换。切换方法很简单，单击绘图区域下方的布局及模型选项卡即可，如图 10-1 所示。

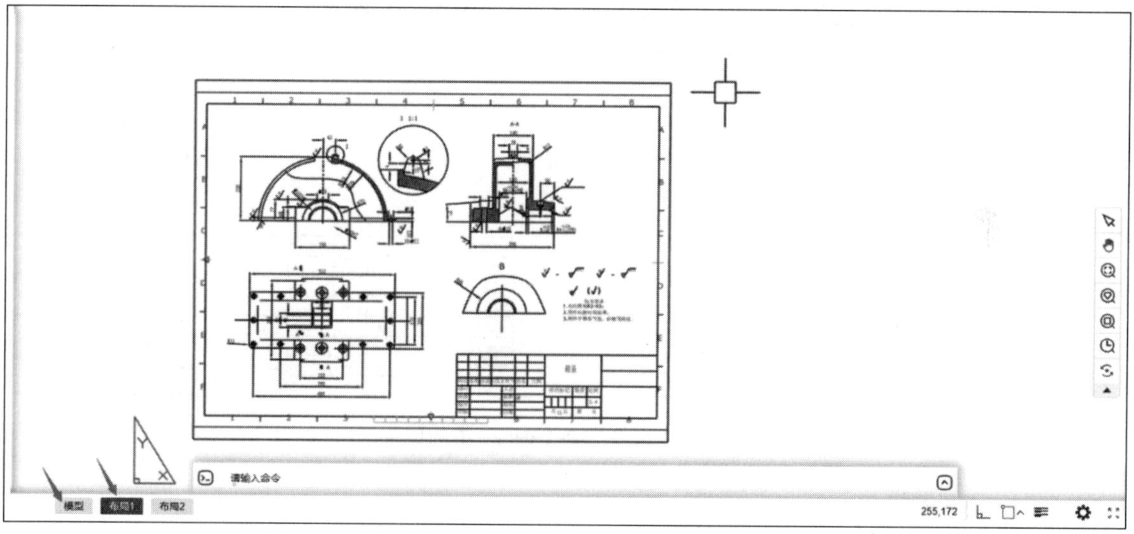

图 10-1　图纸空间与模型空间

10.2　模型空间打印图纸

如果仅仅是创建具有一个视图的二维图形，则可以在模型空间中完整创建图形并对图形进行注释，并且直接在模型空间中进行打印，而不使用布局选项卡。打开一个已经在模型空间中绘制好的图形，如图 10-2 所示。

激活“打印”命令的方法如下：

- 功能区：按钮🖨。
- 快捷键：Ctrl+P。
- 命令行：PLOT↙（Enter 键）。

数字资源 10-1

在模型空间中打印的步骤如下：

此操作示范，请参阅数字资源 10-1。

（1）确保打开了文件“10-1.dwg”，激活“打印”命令，弹出【打印 - 模型】对话框，如图 10-3 所示。

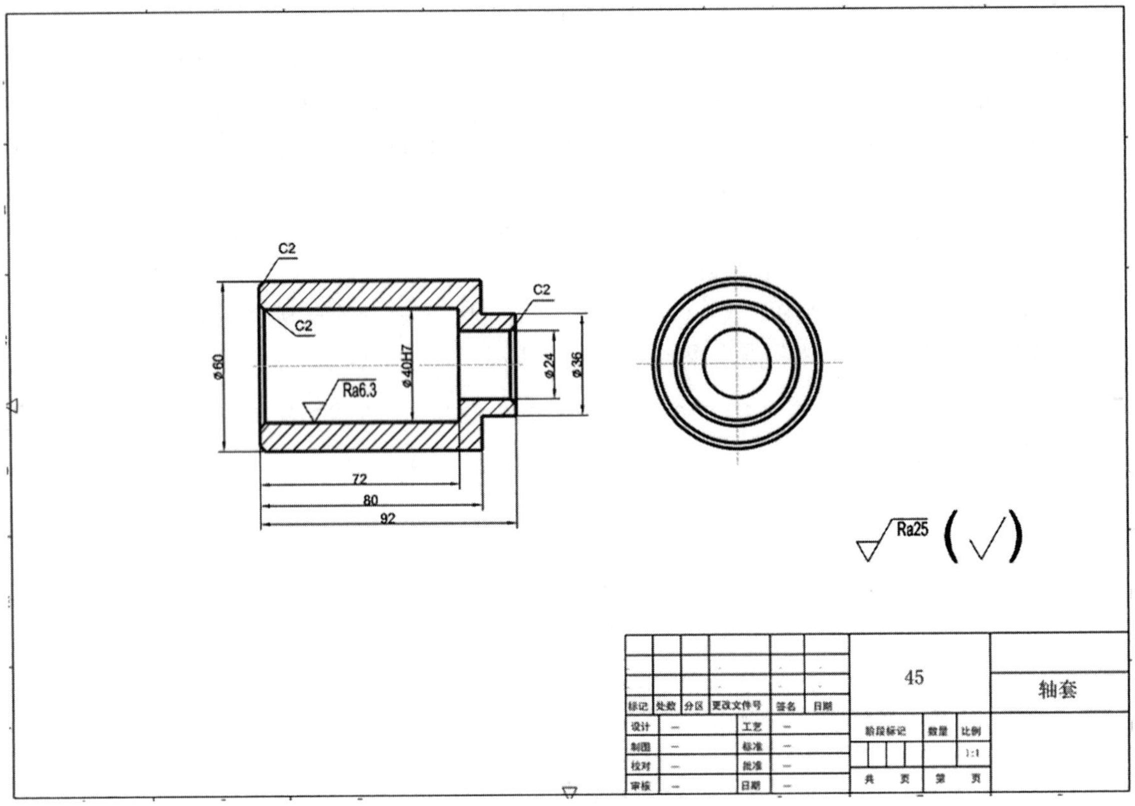

图 10-2　文件“10-1.dwg”中的图形

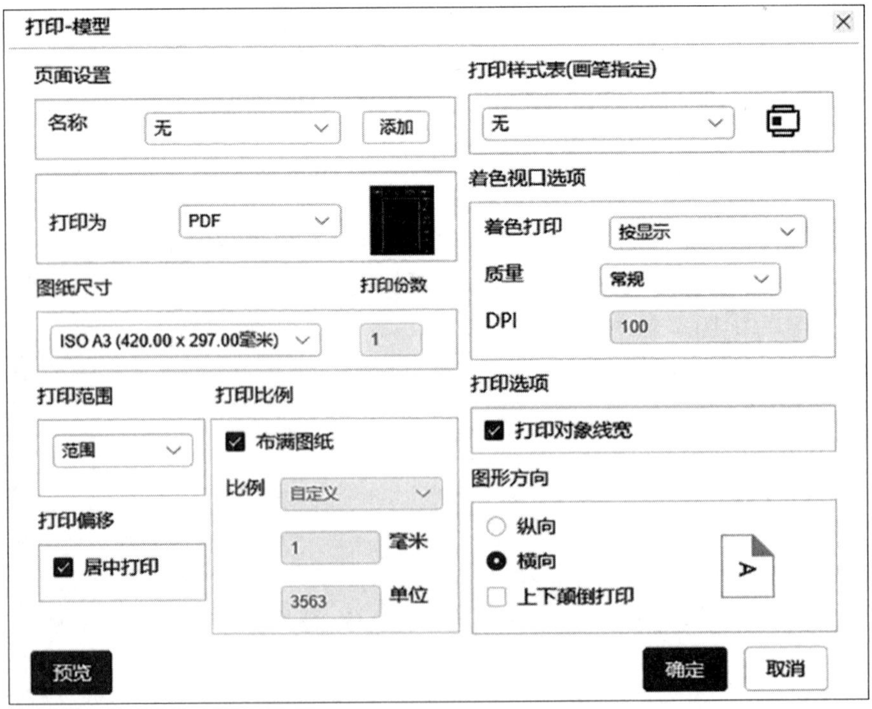

图 10-3　【打印 - 模型】对话框

(2)在“打印为”选项区域的下拉列表中选择打印,可输出打印文件,如果计算机上真正安装了一台打印机,则可以选择打印机;如果没有安装打印机,则选择 PDF。

(3)在“图纸尺寸”选项区域的下拉列表中选择纸张的尺寸,这些纸张尺寸都是根据打印机的硬件信息列出的。如果在第(2)步选择了“PDF”,则在此选择“ISO full bleed A3(420.00×297.00 毫米)”,这是一个全尺寸的 A3 图纸。

(4)在“打印范围”选项区域的下拉列表中选择“窗口”,如图 10-4 所示。此选项将会切换到绘图窗口供用户选择要打印的窗口范围,确保激活了“对象捕捉”中的“端点”,选择图形的左上角点和右下角点,将整个图纸包含在打印区域中,勾选“居中打印”。

图 10-4　打印范围的选择

(5)去掉“打印比例”选项区域的“布满图纸”复选框的选择,在“比例”下拉列表中选择“1∶1”,这个选项保证打印出的图纸是规范的 1∶1 工程图,而不是随意的出图比例。当然,如果仅仅是检查图纸,可以使用“布满图纸”选项以最大化地打印出图形来。

(6)在“打印样式表”选项区域的下拉列表中选择“monochrome.ctb”,此打印样式表可以将所有颜色的图线都打印成黑色,确保打印出规范的黑白工程图纸,而非彩色或灰度的图纸。最后的打印设置如图 10-5 所示。

提示

此时如果单击“页面设置”选项区域的【添加】按钮,将弹出【添加页面设置】对话框,输入一个名字,就可以将这些设置保存到一个命名页面设置文件中,以后打印的时候可以在“页面设置”选项区域的“名称”下拉列表中选择调用,这样就不需要每次打印时都进行设置了。

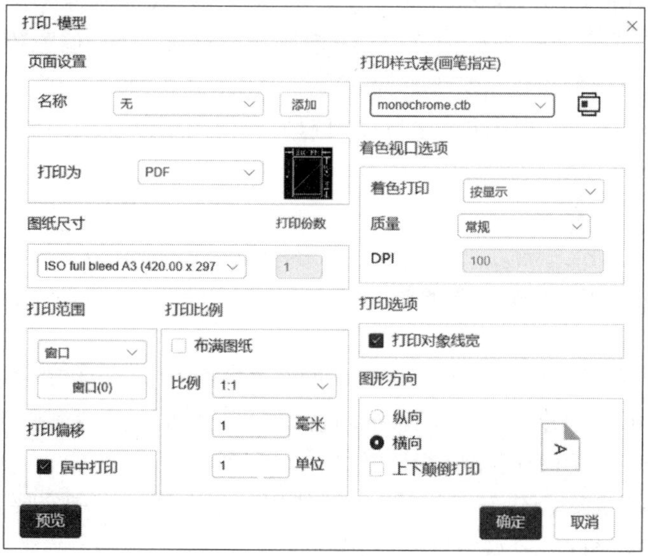

图 10-5　模型空间打印设置

(7) 单击【预览】按钮,可以看到即将打印出来图纸的样子,在预览图形的右键菜单中选择“打印”选项或者在【打印 - 模型】对话框中单击【确定】按钮开始打印。由于选择 PDF,此时会弹出【浏览打印文件】对话框提示将电子打印文件“另存为”,选择合适的目录后单击【保存】按钮,如图 10-6 所示。保存后即可得到图形的 PDF 文档。

图 10-6 打印为 PDF

通过上面的步骤,可以大致归纳出模型空间中打印是比较简单的,但是却有很多局限,具体如下:

- 仅适用于二维图形。
- 不支持多比例视图和依赖视图的图层设置。
- 如果进行非 1∶1 的出图,线型比例、缩放标注、注释文字和标题栏都需要进行缩放。

使用此方法,通常以实际比例 1∶1 绘制图形,并用适当的比例创建文字、标注和其他注释,以便在打印图形时正确显示大小。对于非 1∶1 出图,一般的机械零件图并没有太多影响,如果绘制大型装配图常常会遇到标注文字、线型比例等诸多问题,例如模型空间中绘制 1∶1 的图形想要以 1∶5 的比例出图,线型比例、文字和标注需要放大 5 倍,才能在模型空间中按照 1∶5 的比例打印标准的工程图纸,这类型问题如果使用图纸空间出图便迎刃而解。

10.3 图纸空间布局

图纸空间在卡伦特 CAD 的表现形式是布局,通过布局输出图形,首先要创建布局,然后在布局中打印出图。

布局视口是显示模型空间的视图。在布局的图纸空间中创建、缩放并放置它们。

在每个布局上,可以创建一个或多个布局视口。每个布局视口类似于一个按某一比例和所指定方向来显示模型视图的闭路电视监视器。

当使用“MVIEW”命令创建新布局视口时,使用以下方法之一指定要显示的视图:

单击矩形区域的对角点,模型空间的范围将自动显示。

选择“对象”选项,然后选择一个要将其转换为布局视口的闭合对象,如圆或闭合 L 形多段线。此外，卡伦特 CAD 将显示图纸空间的坐标系图标，双击【视口】，可通过图纸操作模型空间的图形，卡伦特 CAD 将这种视口称为“浮动视口”。

10.3.1　创建布局视口

在卡伦特 CAD 中，布局中的浮动视口可以是任意形状的，个数也不受限制，可以根据需要在一个布局中创建新的多个视口，每个视口显示图形的不同方位，以更清楚、全面地描述模型空间图形的形状与大小。

创建视口的方式有多种。在一个布局中视口可以是均等的矩形，平铺在图纸上；也可以根据需要有特定的形状，并放到指定位置，创建视口首先要切换到布局，命令激活方式如下：

- 功能区：【布局】标签 |【视口】面板按钮，如图 10-7 所示。
- 命令行：MVIEW ↙。

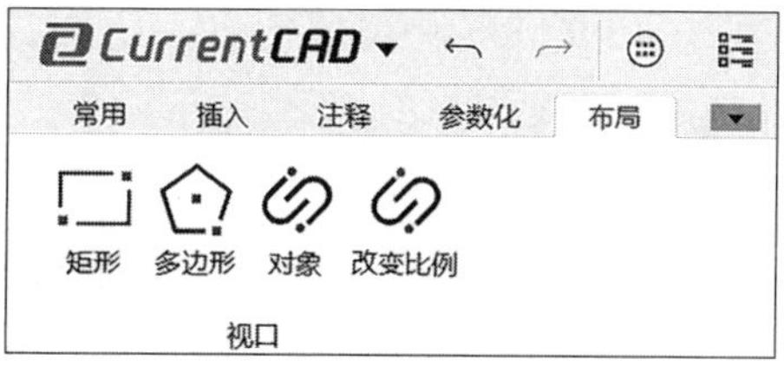

图 10-7　【视口】工具栏

【视口】面板中有【矩形】【多边形】【对象】按钮，如图 10-7 所示。接下来举例说明如何添加矩形视口、多边形视口和将对象转换为视口。

1. 添加矩形视口

打开本书配套素材中练习文件“10-1.dwg”的“零件图”布局，步骤如下：

此操作示范，请参阅数字资源 10-2。

(1) 设置“视口”为当前层。

(2) 单击【布局】选项卡，进入图纸空间。

(3) 单击【布局】标签 |【布局视口】面板 |【矩形】按钮，在布局原有视口下方拉出一个矩形区域，操作结果如图 10-8 所示。

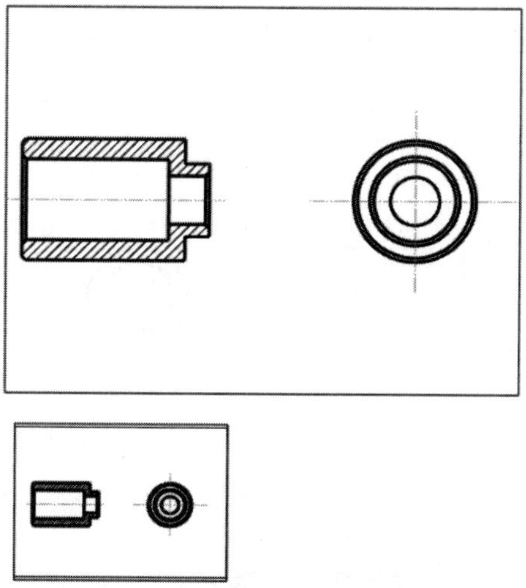

数字资源 10-2

图 10-8　新创建的单个视口

2. 创建多边形视口

继续刚才的操作，创建一个多边形的视口，【布局】标签 |【视口】面板 |【多边形】按钮，

命令窗口的提示与响应：

命令：MVIEW

指定起点：(在原有视口右上方依次绘制一个多边形)

指定下一个点或[圆弧(A) 半宽(H) 长度(L) 放弃(U) 宽度(W)]：

指定下一个点或[圆弧(A) 闭合(C) 半宽(H) 长度(L) 放弃(U) 宽度(W)]：

正在重生成模型

操作结果如图 10-9 所示。

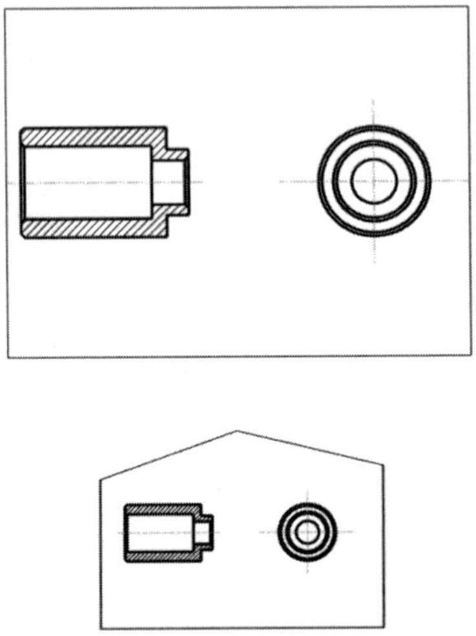

图 10-9　新创建的多边形视口

3. 将图形对象转换为视口

可将封闭的图形对象转换为视口，继续刚才的操作，创建一个圆形视口，步骤如下：

(1)激活“圆(CIRCLE)”命令，在原有视口右下方画一个圆。

(2)单击【布局】标签 |【布局视口】面板 |【对象】按钮，即可以将一个封闭的图形对象转换为视口，结果如图 10-10 所示。

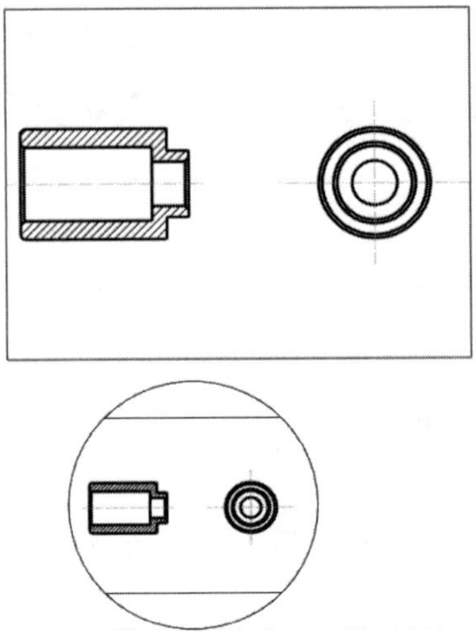

图 10-10　将圆对象转换为视口

为了在布局输出时只打印视图而不打印视口边框，可以将所在的层设置为“不打印”。这样在布局中能够看到视口的边框，但是打印时边框不会出现。

10.3.2　调整视口的显示比例

新创建的视口默认的显示比例都是将模型空间中全部图形最大化地显示在视口中，对于规范的工程图纸，需要使用规范的出图比例，使用【布局】标签下的【改变比例】可以调整当前视口的比例，也可以选定视口后使用【特性】选项板来调整。

调整此布局中两个视口的比例为 1∶1 和 2∶1，步骤如下：

此操作示范，请参阅数字资源 10-3。

（1）单击【改变比例】，选择要改变的对象视口。

（2）在命令窗口中输入新的比例，视口的比例即可改变。

（3）在没有视口的图纸区域双击，或者单击状态栏上的【模型】按钮，使之由视口模型空间切换回图纸空间，结果如图 10-11 所示。

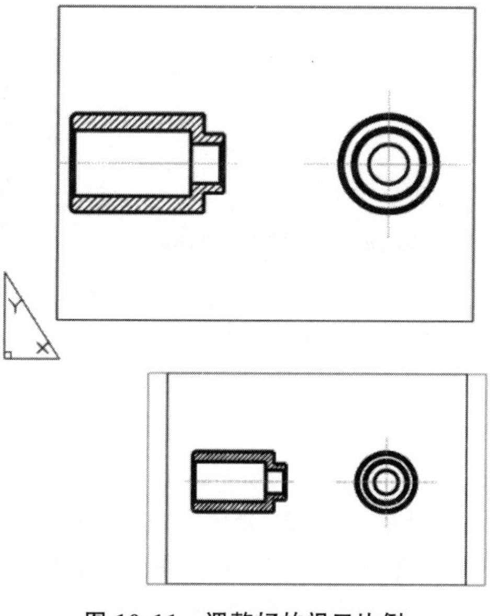

数字资源 10-3

图 10-11　调整好的视口比例

提示

当视口与模型空间图形的比例关系确定后，通常可以使用“实时平移”命令调整视口中图形显示的内容，但不要使用“实时缩放”命令，那样会改变视口与模型空间图形的比例关系。

10.3.3　视口编辑与调整

创建好的浮动视口可以通过移动、复制等命令进行调整，还可以通过编辑视口的夹点调整视口的大小形状。如果双击进入视口的模型空间，可以直接对模型空间中的对象进行修改，修改将反映在所有显示修改对象的视口中。

10.3.4 锁定布局视口

为防止意外平移和缩放，每个布局视口都具有“显示锁定”特性，可启用或禁用该特性。可以通过【特性】选项板（当布局视口处于选定状态时）以及状态栏上的按钮（当一个或多个布局视口处于选定状态时）访问此特性，如图 10-12 所示。

视口显示锁定只是锁定视口内显示的图形，并不影响对浮动视口内图形本身的编辑与修改。

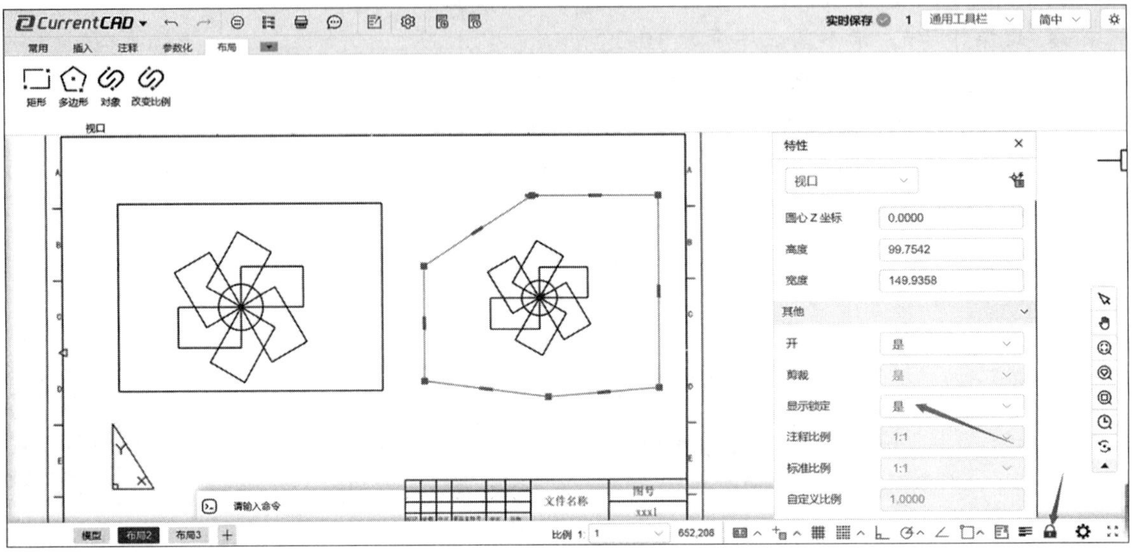

图 10-12 布局视口锁定

10.4 打印样式表

打印样式表是通过确定打印特性(如线宽、颜色和填充样式)来控制对象或布局的打印方式。一个图形只能使用一种打印样式表，卡伦特 CAD 采用颜色相关打印样式表。对于颜色相关打印样式表，对象的颜色决定打印方式。这些打印样式表文件的扩展名为 .ctb。要控制对象的打印颜色，必须修改对象的颜色。

通过使用颜色相关打印样式来控制对象的打印方式，可以确保所有颜色相同的对象以相同的方式打印。

- 当图形使用颜色相关打印样式表时，用户不能为某个对象或图层指定打印样式。要为单个对象指定打印样式特性，必须修改对象或图层的颜色。例如，图形中所有被指定为红色的对象均以相同打印方式打印。
- 可以为布局指定颜色相关打印样式表。可以使用多个预定义的颜色相关打印样式表、编辑现有的打印样式表或创建用户自己的打印样式表，其扩展名为 .ctb。
- 使用颜色相关打印样式表的方法是：在【打印】对话框【打印样式（画笔指定）】下拉列表中，选择自定义的颜色相关打印样式表，应用到要打印的图形上，如图 10-13 所示。

提示

使用 monochrome.ctb 颜色相关打印样式表可以实现纯粹黑白工程图的打印。

另外，可以设置专门的打印样式表的文件格式(.ctb)，用于打印样式的应用。

1. 新建样式

在标准库 - 打印样式表页面，单击【新建样式】功能按钮，会弹出【打印样式表编辑器】弹窗，如图 10-14 所示，单击【保存】按钮后退出弹窗，会先添加一条样式文件，再次单击样式文件可以再次对样式文件进行编辑。

2. 上传文件

单击【上传文件】功能按钮会跳转到选择上传本地文件的弹窗(仅支持 .ctb 和 .stb 格式的导入)。

3. 全选 / 多选框

单击【全选】可以全选所有文件，同时会从底部弹出针对所选文件的操作按钮，可以进行全部删除和取消全选的快捷操作。单击勾选【多选框】可以选择指定的一个文件或几个文件进行快捷操作，如图 10-15 所示。

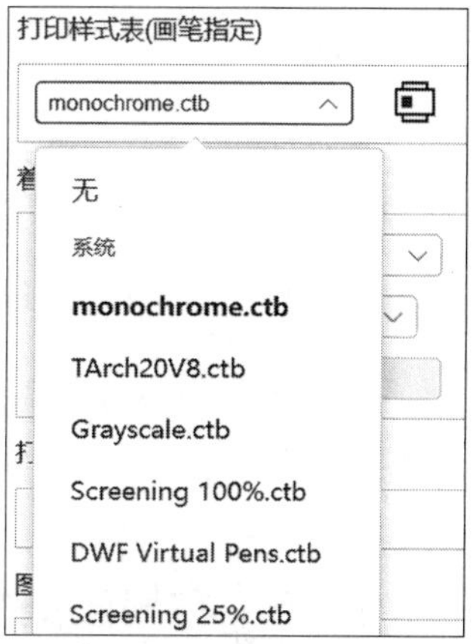

图 10-13　选择打印样式表

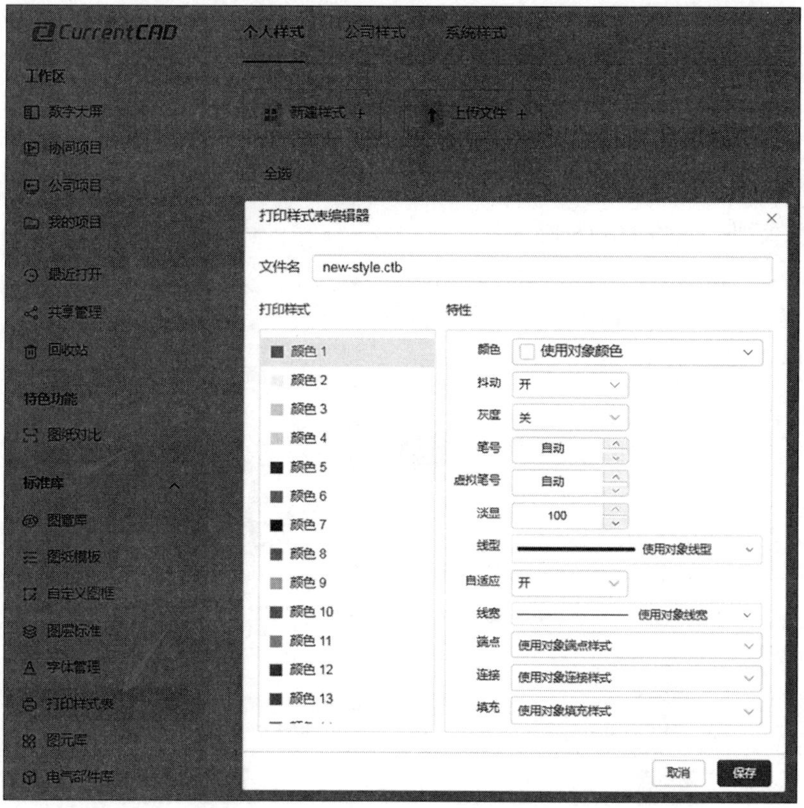

图 10-14　打印样式设置

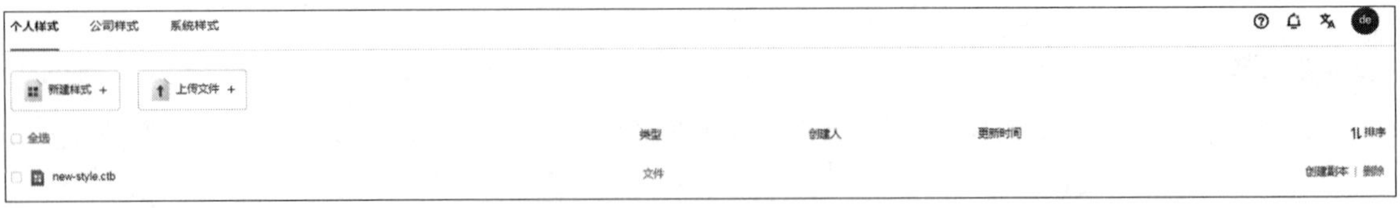

图 10-15　打印样式文件操作

4. 删除

单击【删除】可以删除当前选择的文件。

5. 排序

单击【排序】可以选择不同的排序方式，方便快速查看并找到文件。

6. 公司样式

公司样式和个人样式的区别在于公司样式只有拥有管理员权限才可以进行新建、编辑、导入功能。

10.5　布局图纸打印

同样是打印出图，在布局中要比在模型空间中方便，因为布局实际上可以看作一个打印的排版，在创建布局的时候，很多打印设置（如页面设置、图纸尺寸、打印方向、出图比例等）都已经预先设置了，在打印的时候就无须再进行设置。

以本书配套素材中练习文件“10-1.dwg”为例，介绍在布局中进行打印输出的过程，步骤如下：

数字资源 10-4

此操作示范，请参阅数字资源 10-4。

(1) 切换到布局。

(2) 激活“PLOT”命令或者按 Ctrl+P 快捷键后，绘图窗口出现【打印】对话框，如图 10-16 所示。

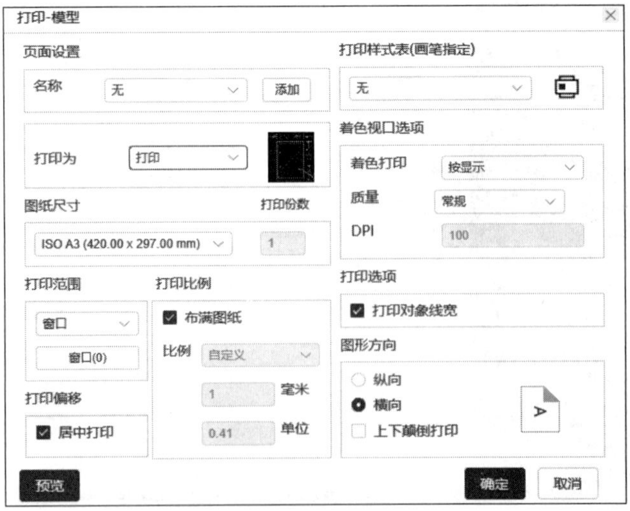

图 10-16　【打印 - 模型】对话框

10.5.1　打印设置

对【打印】对话框中的内容进行进一步的说明。

1. 页面设置

“页面设置”选项区域保存了打印时的具体设置，可以将设置好的打印方式保存在页面设置文件中，供打印时调用，在模型空间中打印时，没有一个与之关联的页面设置文件，而每一个布局都有自己专门的页面设置文件。

在此对话框中做好设置后，单击【添加】按钮，给出名字，就可以将当前的打印设置保存到命名页面设置中。

2. 打印为

打印可选择输出连接打印设备或者输出 PDF 保存，如图 10-17 所示。

图 10-17　“打印为”选项区域

3. 图纸尺寸

在【图纸尺寸】下拉列表中，确认图纸的尺寸；

如果选定了某种打印，卡伦特 CAD 会将此打印机驱动里的图纸信息自动调入【图纸尺寸】下拉列表中供用户选择。

4. 打印范围

在“打印范围”选项区域中确定打印范围。默认设置为“范围”。说明如下：

- 范围：当前绘图窗口显示的内容。
- 窗口：用开窗的方式在绘图窗口指定打印范围。
- 连续打印：连续打印输出多张图纸。

5. 打印偏移

在“打印偏移”选项区域内输入 X、Y 偏移量，以确定打印区域相对于图纸原点的偏移距离；若要选中【居中打印】复选框，则卡伦特 CAD 可以自动计算偏移值，并将图形居中打印。

6. 打印比例

在“打印比例”选项区域的【比例】下拉列表中选择标准缩放比例，或在下面的编辑框中输入自定义值。

提示

这里的“比例”是指打印布局时的输出比例，与“布局”中的比例含义不同。通常选择 1 : 1，即按布局的实际尺寸打印输出。

通常，线宽用于指定对象图线的宽度，并按其宽度进行打印，与打印比例无关。

7. 打印样式表

在【打印样式表】下拉列表中选择所需要的打印样式表。

8. 着色窗口选项

“着色窗口选项”选项区域，可从【质量】下拉列表中选择打印精度。

图 10-18　图纸打印

9. 打印选项

“打印选项”选项区域，选择或清除【打印对象线宽】复选框，以控制是否按线宽打印图线的宽度。

10. 图形方向

在“图形方向”选项区域确定图形在图纸上的方向，横向、纵向以及是否反向打印。

10.5.2 打印出图

将页面设置、图纸尺寸、打印范围、打印比例都按照布局里的设定设置好，布局就像是一个打印的排版。打印样式表如果没有设置，可将打印样式表设置为“monochrome.ctb”，打印设置修改就会保存到布局设置。

单击【预览】按钮，就会展示打印图纸，单击【确定】按钮，此时会弹出提示——正在准备下载，下载完成后跳转到打印界面，可选择打印机等设置，单击【打印】按钮即可完成打印，如图 10-18 所示。

第 11 章　共享卡伦特 CAD 数据与协同设计

在大型工程项目或复杂产品的设计领域，往往需要众多来自不同专业领域的设计人员携手合作。以建筑工程项目为例，设计阶段不仅涵盖建筑外观与结构设计，还需细致考量给排水、电气布局、暖通等后续工程所涉及的每一个环节与因素。因此，参与设计的团队不仅有建筑设计师，还包括结构工程师、给排水工程师、电气工程师、暖通工程师等多领域专家，他们必须紧密协作，才能确保各自专业设计的精准与高效。在这一协同作业的过程中，成员间的即时交流与工作进度协调至关重要，同时，还需敏锐捕捉并解决设计流程中可能出现的矛盾与冲突，这便是协同设计的核心价值所在。而统一 CAD 设计标准，实现图形数据的实时共享，则是协同设计顺利推进的基础。

卡伦特 CAD 作为一个云原生智能 CAD 协同设计平台，通过云计算、协同技术以及人工智能、数据安全等技术，打造了企业级 CAD 标准（包括图纸模板、字体管理、图框、图层标准、图元库）、项目管理（包括项目管理、图纸授权、图纸分享）、协同设计（包括外部参照、协同设计、协同沟通）等大量功能，为复杂设计项目的协同设计提供了全面的解决方案。在设计初期，管理人员通过卡伦特 CAD 的图纸模板、专业图形符号库、字体管理、图框定义、图层标准及图元库等功能，为设计团队制定统一的标准与规范，确保企业内、项目内 CAD 图纸的一致性、专业性和易用性。进入设计实施阶段，卡伦特 CAD 更是凭借其强大的功能，如项目管理、图纸授权、图纸分享、外部参照、协同设计、协同批注、图纸对比等，实现设计项目图形数据的统一管理、无缝共享和高效协同。这些功能不仅促进了设计团队成员间的即时沟通与协作，还在确保图纸安全的前提下，极大地提升了设计效率与质量，确保了设计过程中的每一个细节都能得到精准把控。

总之，卡伦特 CAD 作为协同设计的有力工具，为大型工程项目或复杂产品的设计提供了全面、高效、安全的解决方案，推动了设计领域的创新与发展。本章的全部功能都面向企业版开放，教育版仅包含图纸模板、字体管理、自定义图框、图纸分享功能、外部参照等功能。

本章主要介绍以下内容：

◎ 设置 CAD 标准与规范　　◎ 协同设计

◎ 项目管理

11.1　设置 CAD 标准与规范

在设计过程中，为了确保企业内 CAD 图纸的一致性、专业性和易用性，企业通常会制定一套自己的"标准规范"，其中包括"打印样式表、图框、字体和图层标准"等内容，除了确保图纸的规范性外，还能够提升整体设计质量和工作效率。卡伦特CAD提供了“打印样式表、图纸模板、自定义图框、字体管理、图元库、图层标准”等模块的自定义设置功能，管理员设置统一的标准和规范，成员在系统内直接引用，从而帮助成员节省重复设置标准和规范的时间，提高设计效率。

用户可以通过主界面左下角的标准库区域，进入设置界面，如图11-1所示。

图11-1　主界面的标准库区域

11.1.1　图纸模板

多数情况下，手工绘图所用的都是印有图框和标题栏的标准图纸，也就是将图纸界限、图框、标题栏等每张图纸上必须具备的内容事先做好，这样既使图纸规格统一，又节省了绘图者的时间。卡伦特CAD的图纸模板就是用于实现上述描述的功能。

11.1.1.1　图纸模板的作用

将一些初始设置和预定义参数的图形都保存在图纸模板中，每次在新绘制图纸的时候都在图纸模板的基础上进行。这就是在卡伦特CAD中新建图纸时，总是让使用者选择图纸规范模板的原因，如图11-2所示。

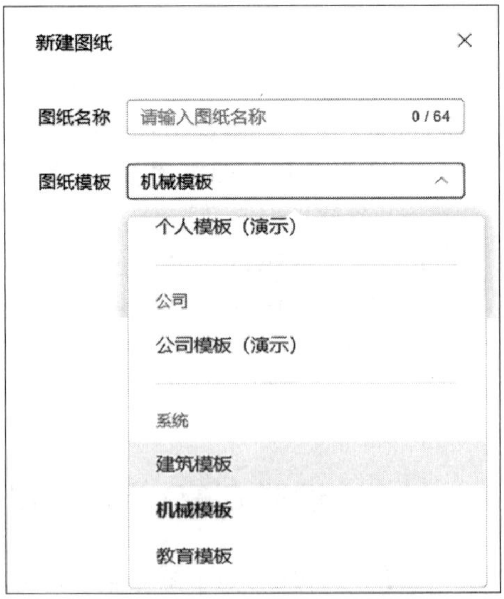

图11-2　新建图纸选择模板

卡伦特CAD自带的系统图纸模板有3个，分别是建筑模板、机械模板以及教育模板。若卡伦特CAD系统自带的这3个图纸模板不符合使用需求，可以创建符合自己要求的图纸模板。

11.1.1.2　图纸模板的内容

图纸模板主要包含有以下的内容：

- 绘图数据的记数格式和精度。
- 显示 / 隐藏线宽。
- 预设图层中的线型、线宽、颜色。
- 预设文字样式、标注样式及多重引线样式。
- 绘制好图框、标题栏和公司标志(徽标)。
- 惯用的其他约定。

11.1.1.3　图纸模板的创建与使用

卡伦特 CAD 提供了一些图纸模板，但在实际工作中，不同的设计可能需要不同的样板，而不同的设计部门对绘图的要求也不尽相同，对样板文件中的设置也会有所不同，这就需要用户自行来创建图纸模板，在图纸模板功能区创建的任何图形都可以作为图纸模板，创建方法如下。

数字资源 11-1

此操作示范，请参阅数字资源 11-1。

1. 创建图纸模板的一般步骤

(1) 这里以创建【个人模板】为例，首先单击系统首页左侧功能栏“标准库”分区的【图纸模板】菜单项按钮，进入管理界面后单击上方的【个人模板】按钮，接着再单击下方的【创建图纸】按钮，按钮位及单击顺序如图 11-3 所示，接着在弹出的新建图纸模板弹窗中输入新建图纸模板的名称，还可以选择系统中已有的图纸模板，在其基础上进行修改，如图 11-4 所示，需注意的是【个人模板】只有自己能使用，【公司模板】整个公司都可以使用，但只有管理员才可创建或上传。

(2) 打开上一步新建的图纸模板，在命令行键入“UNITS”后按 Enter 键，在打开的【图形单位】对话框中调节长度和角度的类型或精度设置以及插入内容时的缩放单位，如图 11-5 所示。

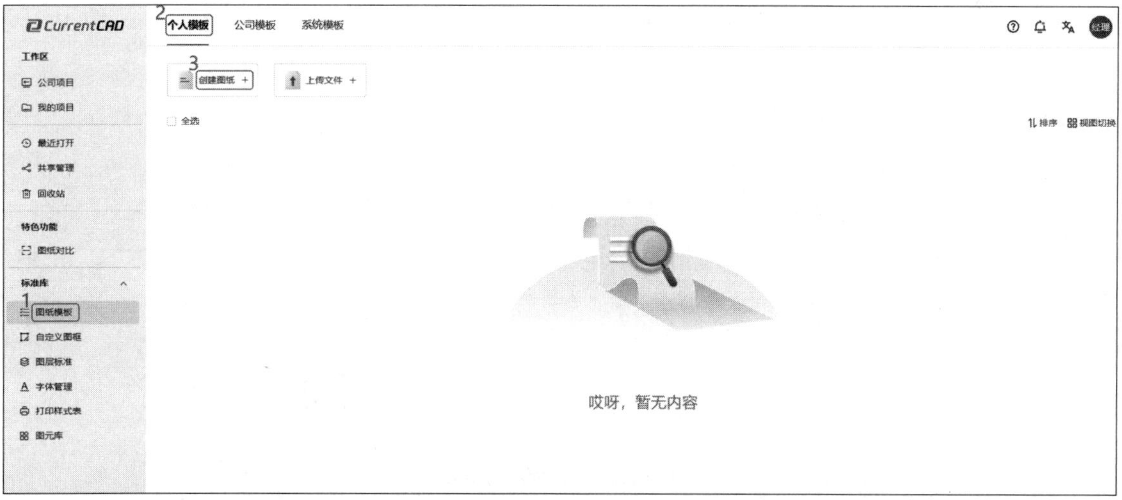

图 11-3　新建图纸模板规范按钮位置

图 11-4　新建图纸模板弹窗

图 11-5　修改图形单位

(3)单击【常用】|【图层】|【图层管理】按钮，如图 11-6 所示，打开【图层管理器】。

在打开的图层管理器中，按照所需要求新建图层，并设置每个图层的颜色、线型、线宽，如图 11-7 所示。

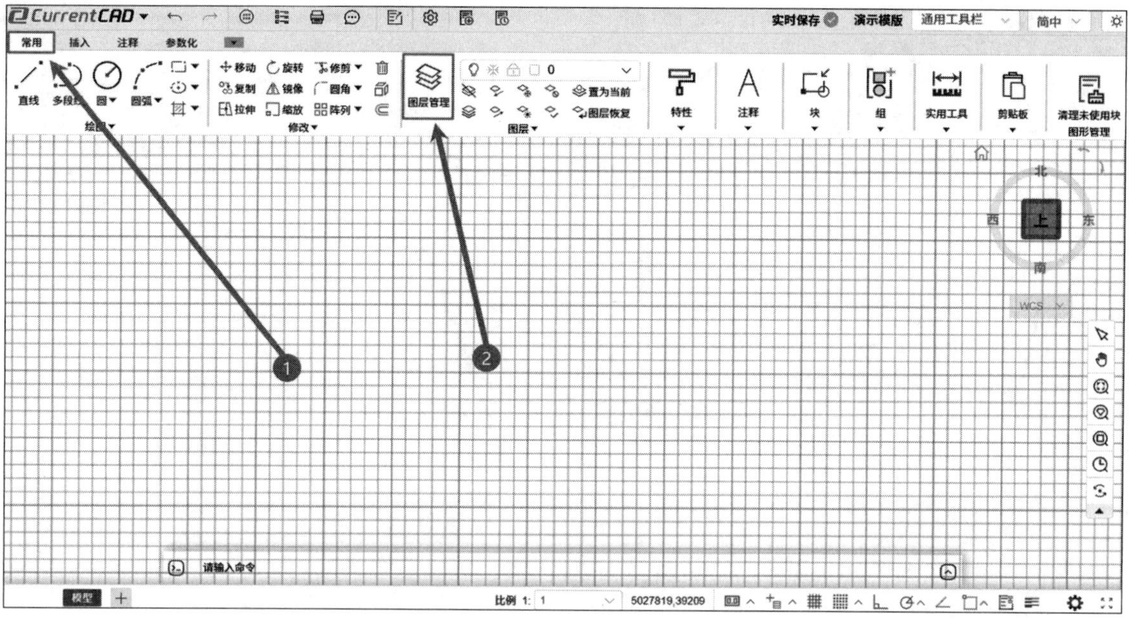

图 11-6　图层管理入口

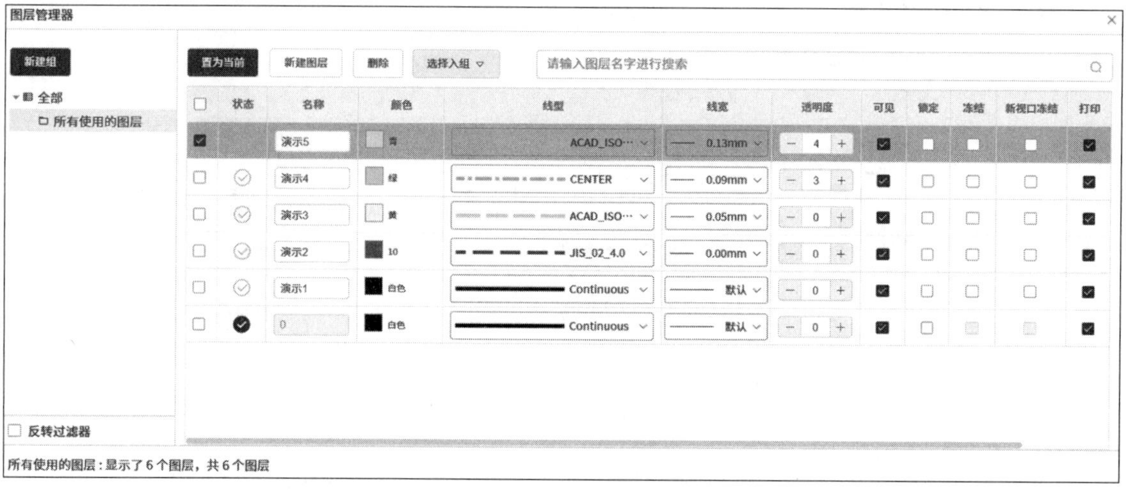

图 11-7　设置图层属性

(4)单击【常用】|【注释】面板上的A按钮，如图 11-8 所示。

在打开的【文字样式】对话框中设置文字样式，这里以新建“工程字”文字样式为例，在“字体”选项区域的【字体名】下拉列表中选取“gbeitc”，此时【字体名】下拉列表会变更为“SHX 字体”，确保选取了“使用大字体”复选框，在【大字体】下拉列表中选取“gbcbig.shx”，如图 11-9 所示。

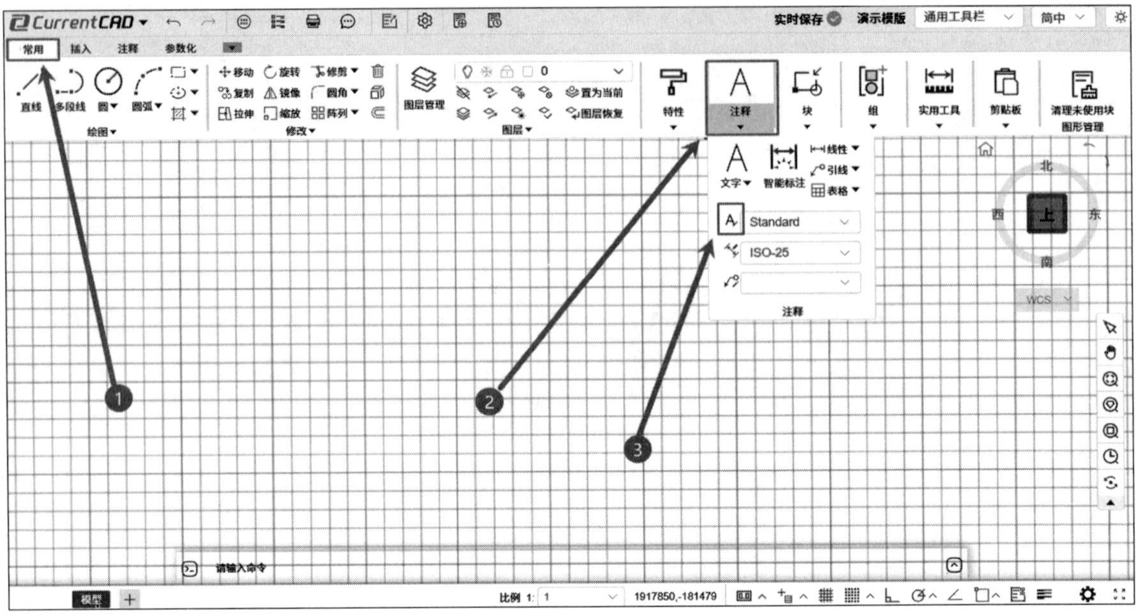

图 11-8　文字样式按钮位置

图 11-9　文字样式界面框

(5)单击【常用】|【注释】面板的按钮”(在A的下方),弹出【标注样式管理器】对话框,如图 11-10 所示。在标注样式管理器中,以建立一个基于 ISO-25 标注样式的“GB-35”标

注样式为例，首先单击标注样式管理器右侧的【新建】，然后修改样式名和选择基础样式，如图 11-11 所示。接着单击右下角的【确定】即可进入标注样式的修改界面，如图 11-12 所示，最后修改其中的内容，使之成为符合国家标准的尺寸标注样式。根据需要还可以设置多个标注样式。

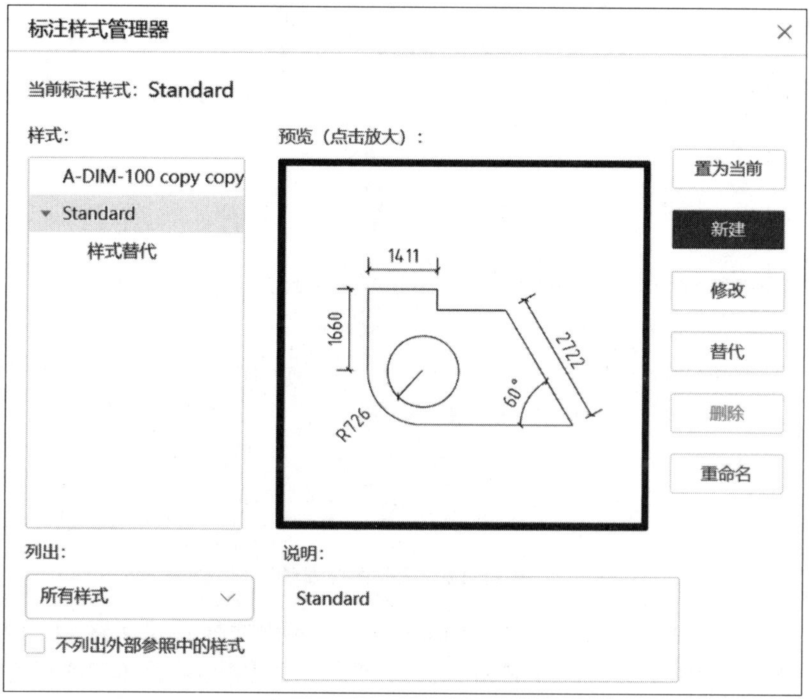

图 11-10 【标注样式管理器】对话框

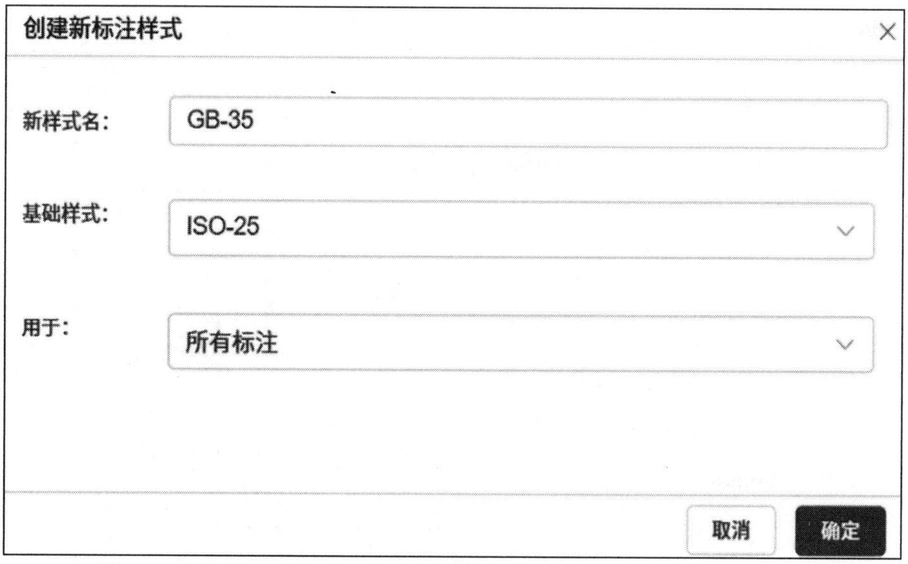

图 11-11 【创建新标注样式】页面

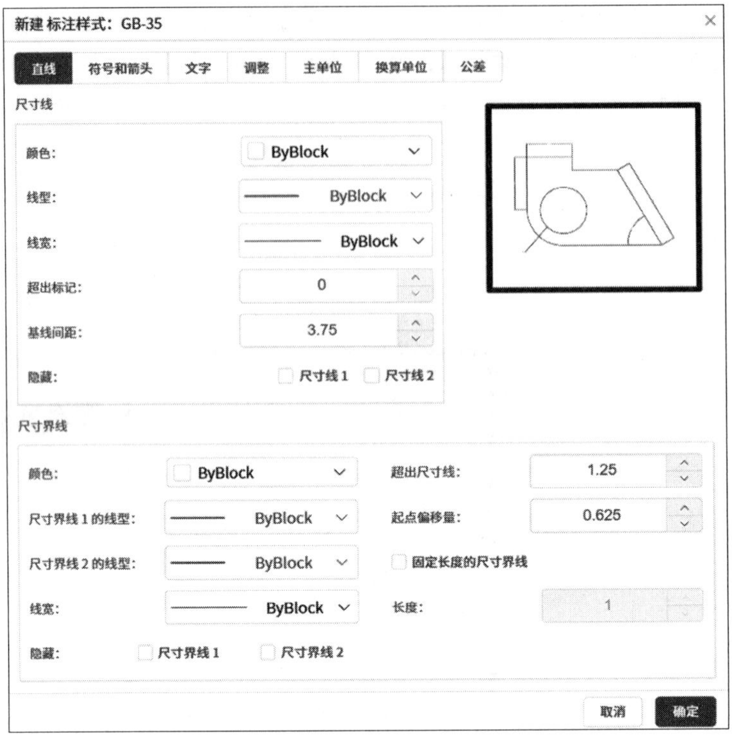

图 11-12　设置图层属性

(6)单击【常用】|【注释】面板的按钮”，打开【多重引线样式管理器】对话框，如图 11-13 所示，此对话框列表中有一个名为“Standard”的多重引线样式。单击多重引线样式管理器右侧的【新建】，修改样式名和选择基础样式，如图 11-14 所示。接着单击右下角的【确定】即可进入标注样式的修改界面，此界面有 3 个选项卡，如图 11-15 所示，最后修改其中的内容，使之成为符

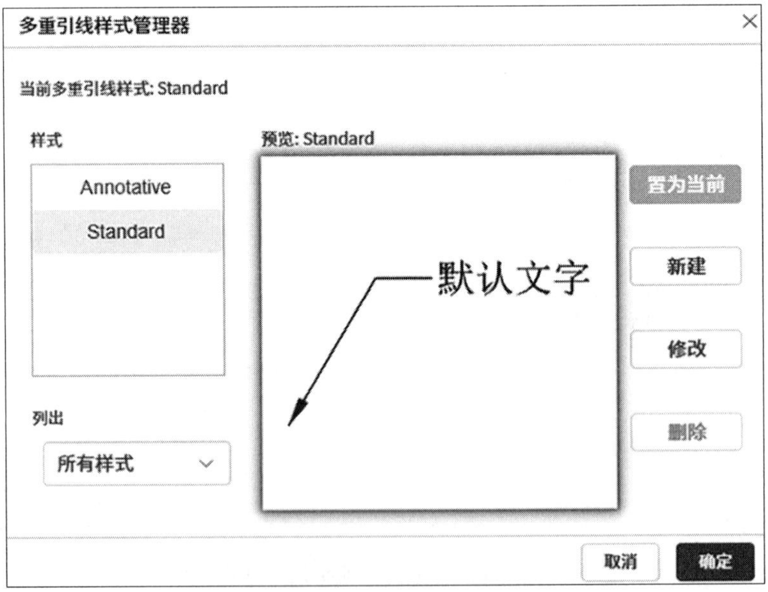

图 11-13　【多重引线样式管理器】对话框

合自己需求的多重引线样式。根据需要还可以设置多个多重引线样式。

(7)无须保存,直接退出即可完成自定义图纸模板的创建。

图 11-14 【创建新多重引线样式】界面

图 11-15 【修改多重引线样式】界面

2. 将现有图形文件存为图纸模板

如果一张已经绘制好的图所包含的设置恰好适用于新的项目,就可以将图上的对象删除,然后直接上传为图纸模板。这里以上传个人模板为例,首先单击界面左侧的【图纸模板】,然后单击上方的【个人模板】,接着单击【上传文件】,按钮位置如图 11-16 所示,最后在弹出的上传文件界面选择想要上传的图纸即可,如图 11-17 所示。

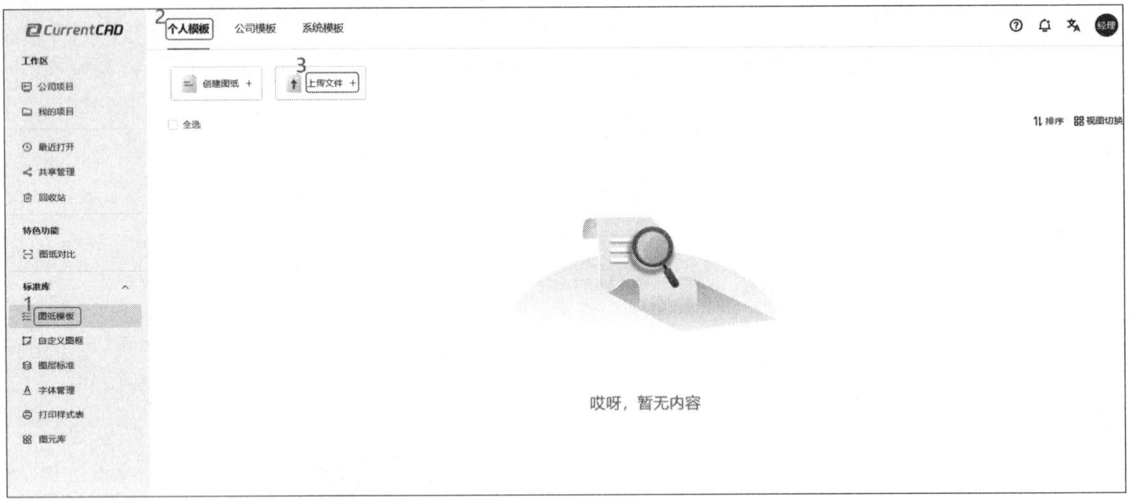

图 11-16　上传图纸模板规范按钮位置

图 11-17　图纸模板上传

11.1.2　打印样式表

打印样式表定义了图形对象在打印时的颜色、线型、线宽等属性，用户可以在【打印样式表编辑器】中修改上述属性，通过设置打印样式表，用户可以快速调整图纸的打印效果，确保图纸内的线条和元素在纸质或电子文档中保持清晰可见的效果。

卡伦特的打印样式表分为个人样式、公司样式以及系统样式 3 种：个人样式是每个用户单独可见的，用户可以在个人样式中上传平时会用到的打印样式；公司样式是组织架构下的用户均可见且可以使用的，只有组织管理员可以在公司样式中进行上传；系统样式是卡伦特 CAD 系统中默认配置的打印样式，所有人都可以直接使用，如图 11-18 所示。在默认情况下，个人样式以及公司样式是没有进行配置的，需要用户手动上传之后才可使用。

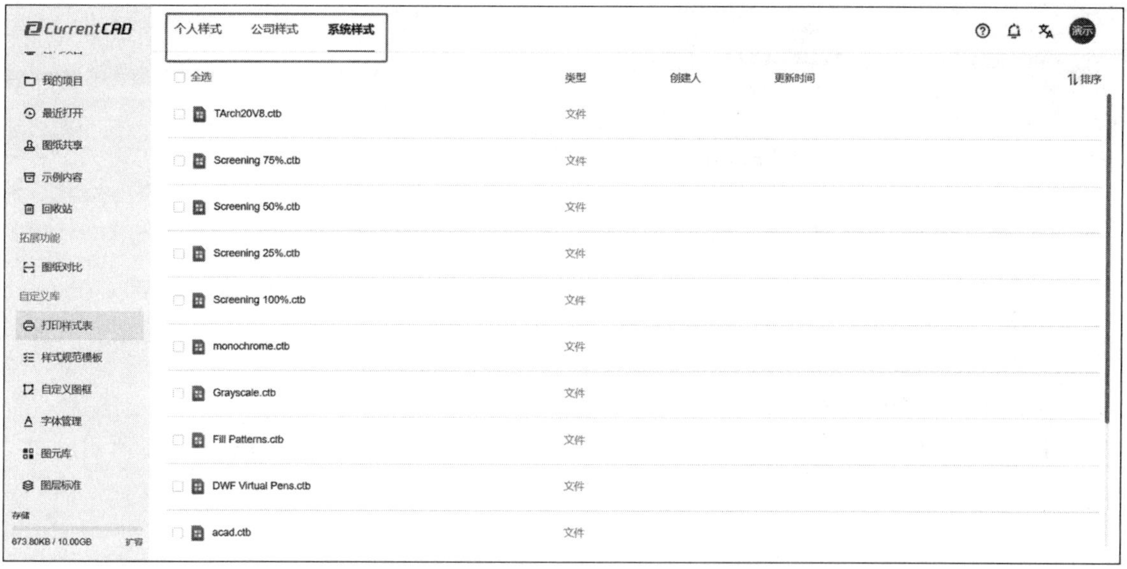

图 11-18　卡伦特系统中的打印样式表

1. 打印样式表的创建

下面以新建个人样式作为示例进行介绍。

● 在系统主界面(图 11-1),单击【打印样式表】|【个人样式】|【新建样式】,弹出【打印样式表编辑器】对话框,如图 11-19 所示。在【打印样式表编辑器】对话框中输入文件名、选择打印样式,设置特性后,单击【保存】,即完成打印样式表的新建。也可以通过在个人样式主页面,如图 11-20 所示,单击【上传文件】,上传已有的打印样式文件(仅支持 . ctb 格式文件)作为个人样式表使用。

图 11-19　【打印样式表编辑器】对话框

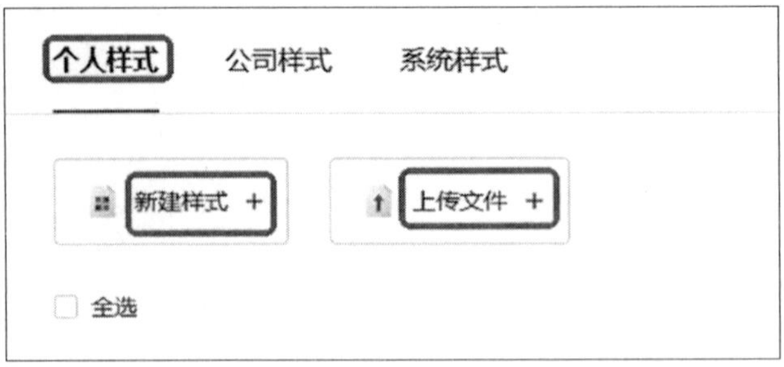

图 11-20　个人样式主页面

2. 打印样式表的使用

用户在进行打印时，可以在【打印 - 模型】的弹窗中选择打印样式，如图 11-21 所示。

图 11-21　【打印 - 模型】中的打印样式表

11.1.3　自定义图框

图框是图纸上用于标识项目信息的重要区域，通常位于图纸的底部或角落。它包含项目名称、编号、日期、比例尺、制图人、审核人等关键信息。标准化的图框不仅使图纸看起来更加专业，还能方便查阅和管理。企业可以根据自身需求定制图框模板，确保所有图纸具有一致的图框格式，如图 11-22 所示。

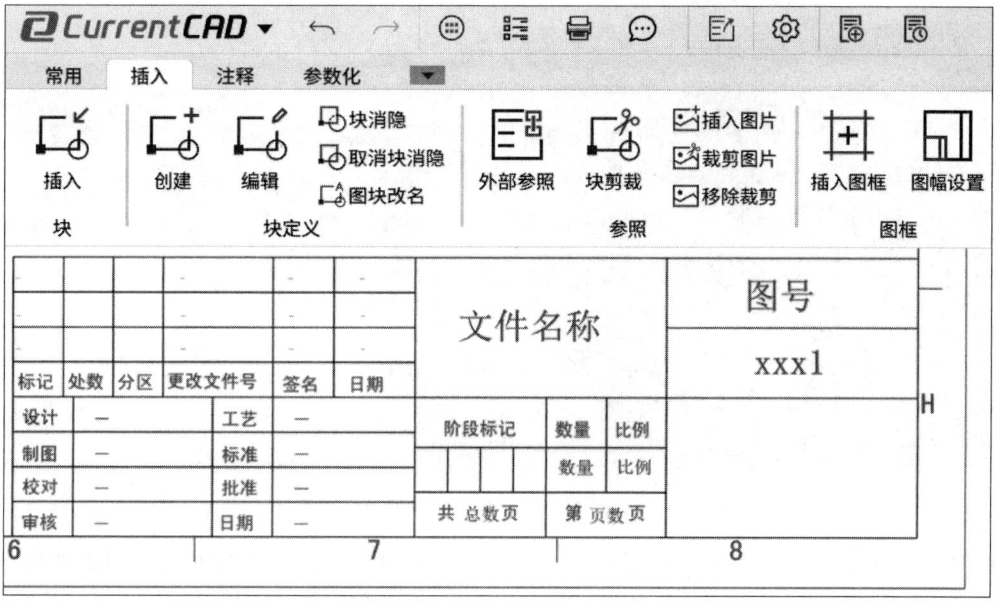

图 11-22　图框中包含的信息

卡伦特 CAD 系统中将图框分为了个人图框、公司图框以及系统图框 3 种:个人图框是用户可以自行上传的图框,仅对用户自己可见;公司图框是公司管理员可以上传的图框,对公司下的用户可见;系统图框是卡伦特系统中已经配置好的图框,包含了 A0、A1、A2、A3、A4 5 种,其中 A0~A3 尺寸的图框均为横版,A4 为竖版,如图 11-23 所示。

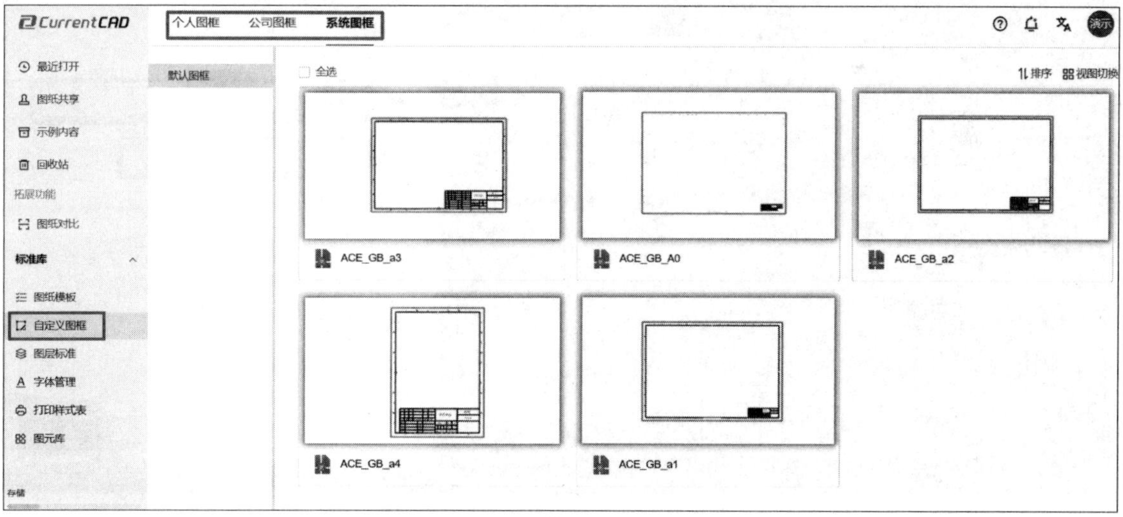

图 11-23　卡伦特系统中的图框分类

1. 图框的创建

下面以新建个人图框作为示例进行介绍。

● 在系统主界面(图 11-1),单击【自定义图框】|【个人图框】,进入个人图框主页面,单击【创建文件夹】,在弹出的【新建文件夹】面板中输入文件夹名称,单击【确定】,如图 11-24 所示。

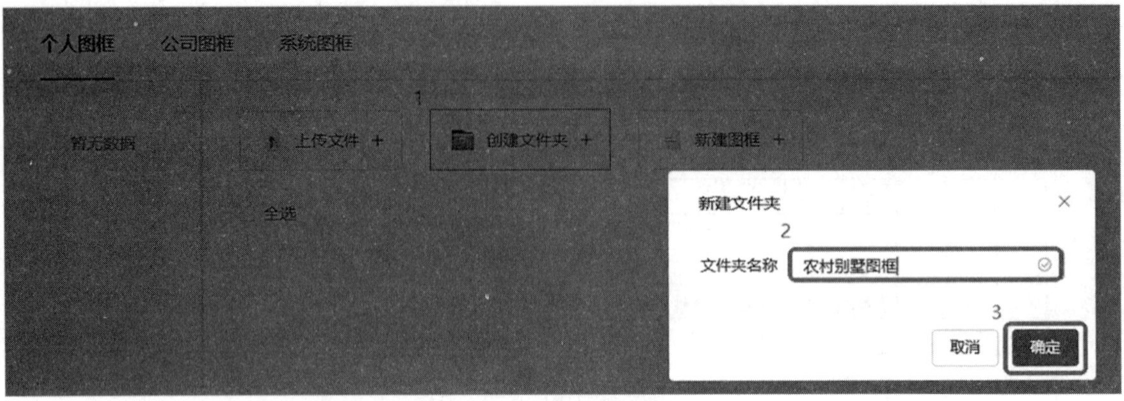

图 11-24　个人图框文件夹创建

• 在个人图框主页面，选择并单击刚才创建的文件夹“农村别墅图框”，单击【新建图框】，在弹出的【新建图框】面板中输入名称，选择大小，单击【创建】，如图 11-25 所示，即完成个人图框创建。也可以通过单击个人图框主页面的【上传文件】，上传已有图框作为个人图框。

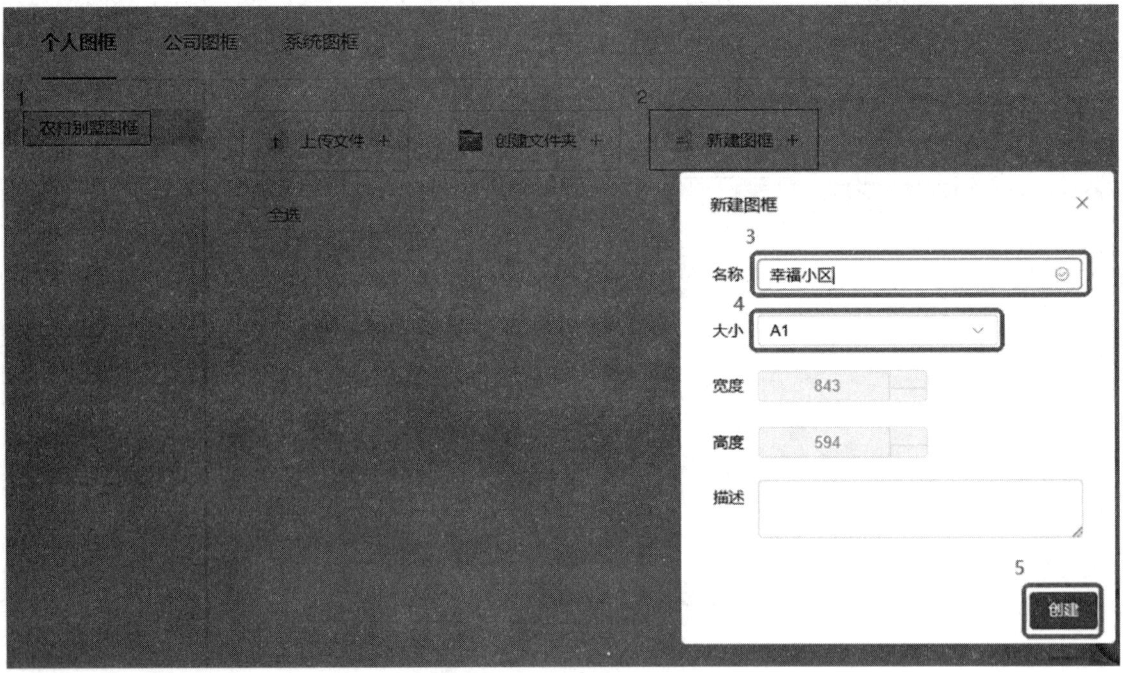

图 11-25　个人图框创建

2. 图框的使用

用户在进行绘图时，可以在图纸中选择【插入】，单击【插入图框】，再单击“图框样式”右边的小标志，就可以进入图框库，选择已经上传的图框，插入图纸中，如图 11-26 所示。

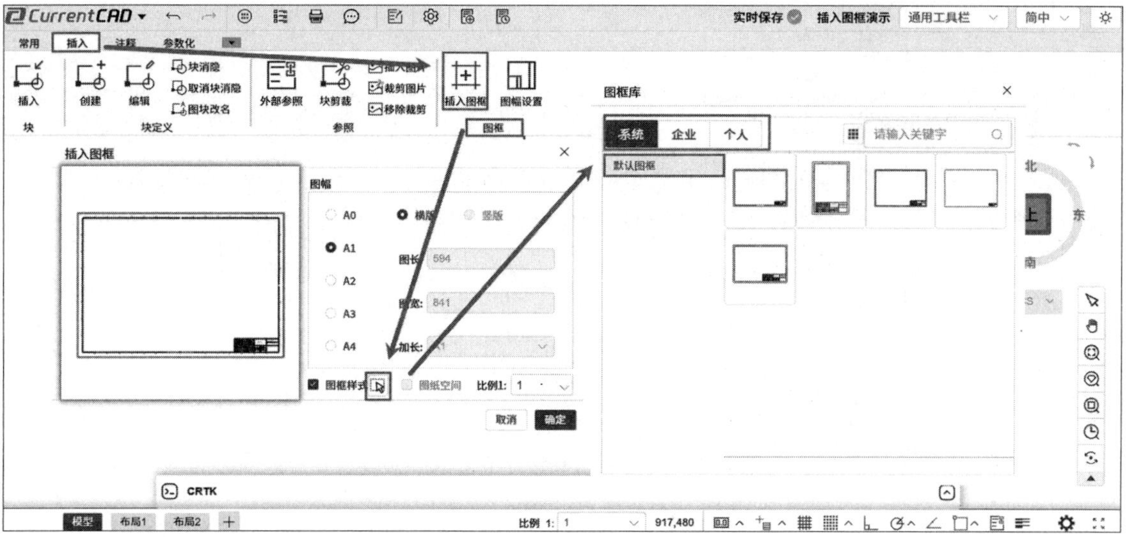

图 11-26　在图纸中插入图框

11.1.4　字体管理

为了保证图纸的一致性，企业通常会制定一套标准字体库，规定在所有项目中使用的字体类型和大小。标准化字体不仅可以提高图纸的可读性，还能避免因字体缺失而导致的显示问题。卡伦特将字体分为了个人字库与公司字库两类：个人字库允许用户自行上传字体并且使用，公司字库则是对组织内的人可见。个人字库与公司字库默认均为空字库。

1. 字体的上传

下面以新建个人字库作为示例进行介绍。

• 在系统主界面（图 11-1），单击【字体管理】|【个人字库】，进入个人字库主页面，如图 11-27 所示。单击【点击上传】，弹出的字体上传到面板，如图 11-28 所示，选择【个人字库】，单击面板中下方任一位置，选择本地的字体上传，即完成字体上传。

图 11-27　个人字库主页面

图 11-28 上传个人字库页面

2. 字体的使用

用户在绘图过程中,可以直接引用字库中已有的字体,在文本框的文字编辑器中,选择字体,单击旁边的弹窗箭头,即可选择所有已经上传到字库中的字体,如图 11-29 所示。

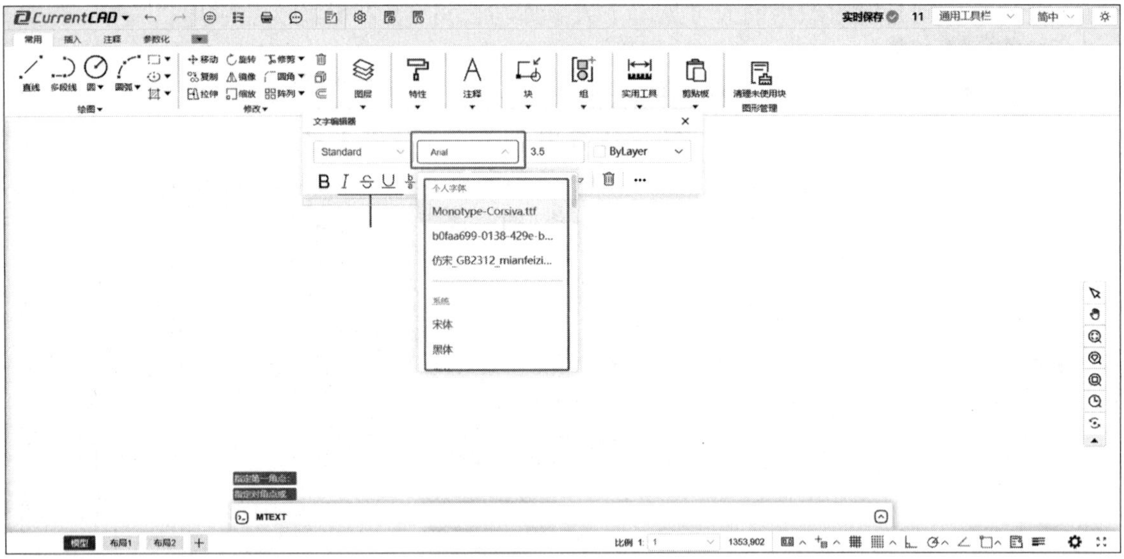

图 11-29 绘图过程中的字体选择

11.1.5 图层标准

图层是卡伦特 CAD 设计中的基本组织单位,用于分类和管理不同类型的图形对象。通过建立统一的图层标准,可以确保所有设计师在同一项目中使用相同的图层命名、颜色、线型和线宽,从而简化协作和维护工作。卡伦特 CAD 软件中的图层标准管理包含的内容如图 11-30 所示。

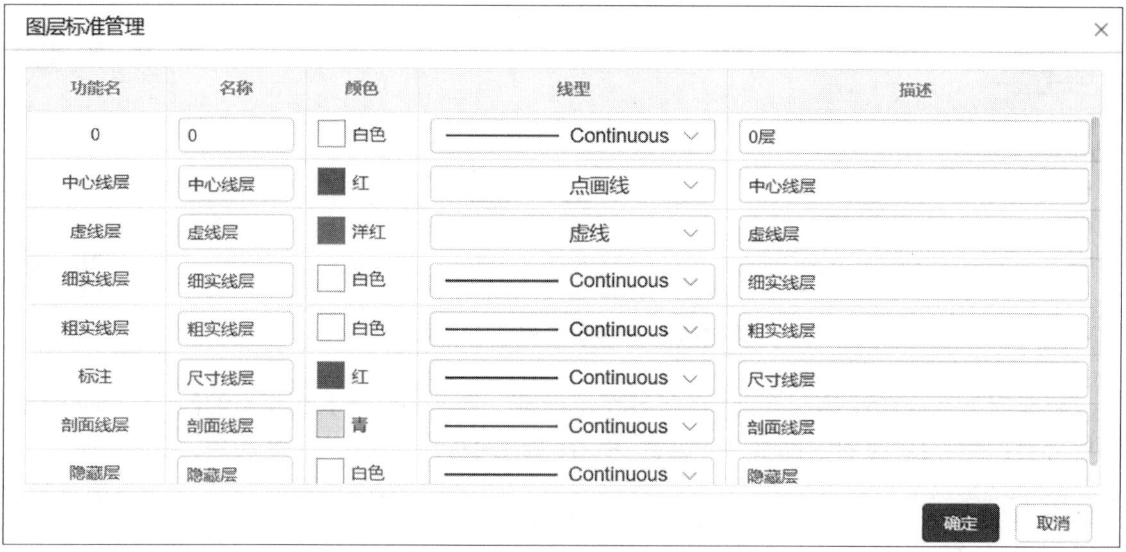

图 11-30　【图层标准管理】页面

1. 图层标准的创建

下面以新建个人机械图层标准作为示例进行介绍。

● 在系统主界面(图 11-1),单击【图层标准】|【个人图层标准】,进入【个人图层标准】主页面,中间是行业图层树,右边是操作及展示页面。中间选择【机械】行业,右边单击【新建图层标准】,弹出的面板中输入名字,如图 11-31 所示,单击【确定】按钮,完成新图层创建,如图 11-32 所示。

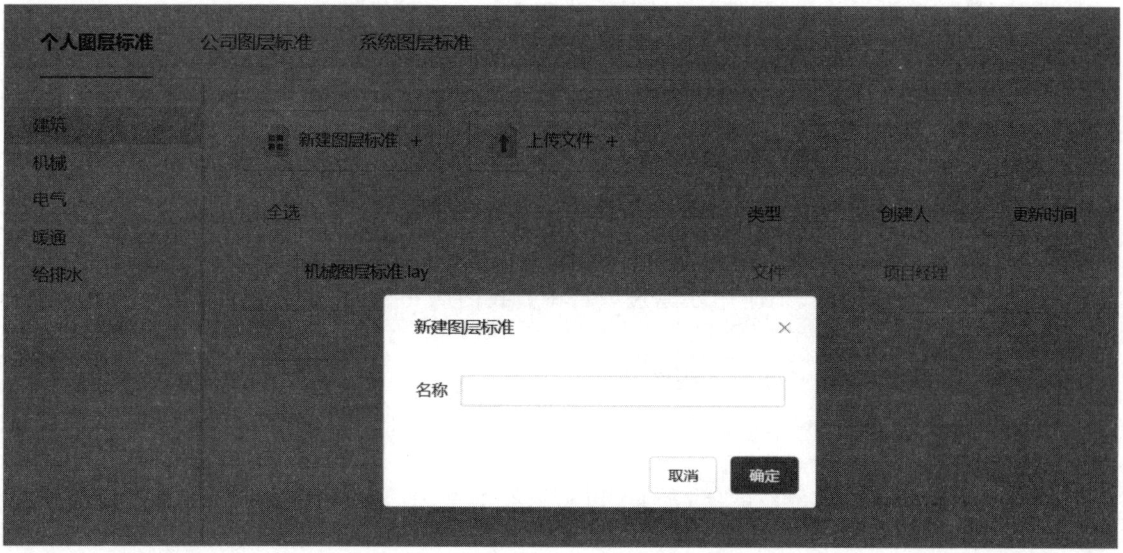

图 11-31　新建个人机械图层标准页面

图 11-32　新建的机械图层标准页面

- 选择图 11-32 中刚刚新建的“机械图层标准”，单击【编辑】，在弹出的【图层标准管理】面板上将【标注】功能的颜色修改为绿色，单击【确定】按钮，如图 11-33 所示，完成设置。

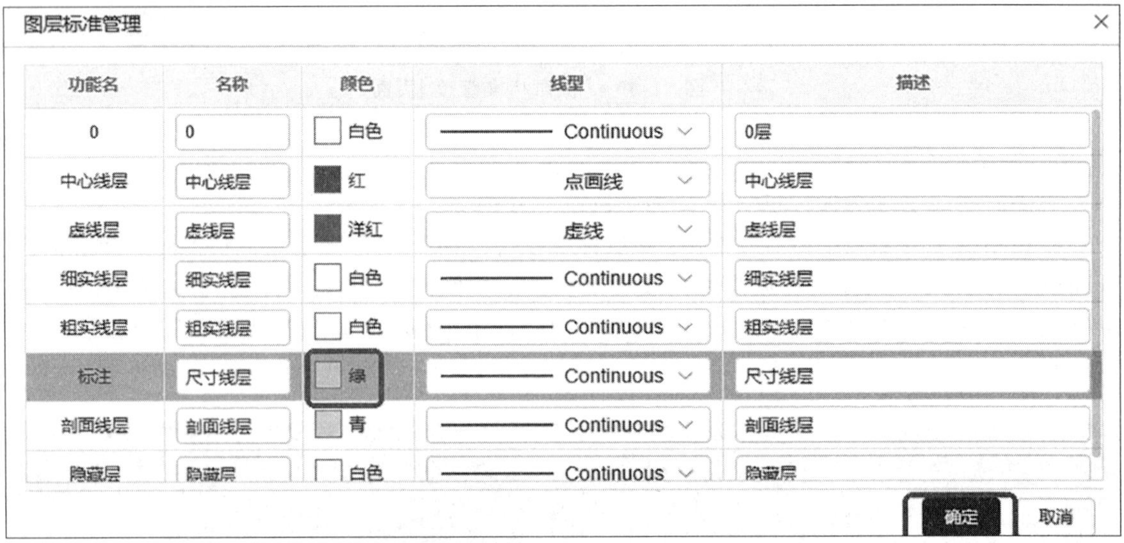

图 11-33　图层标准设置

2. 图层标准的使用

我们在前文中创建的是机械模板，机械模板在卡伦特 CAD 中只能应用在通用项目中（若创建的是建筑专业的模板，则应用在建筑项目中），我们以一个通用项目下的图纸作为示例介绍如何使用机械模板。

- 创建一个通用项目及新建一张图纸。
- 打开新建的图纸，输入机械模板的快捷键：MECHANICALLAYER 后按 Enter 键，如图 11-34 所示。
- 选择刚刚创建好的机械模板，单击【置为当前】，单击【确定】按钮，如图 11-35 所示。

图 11-34　调用机械模板

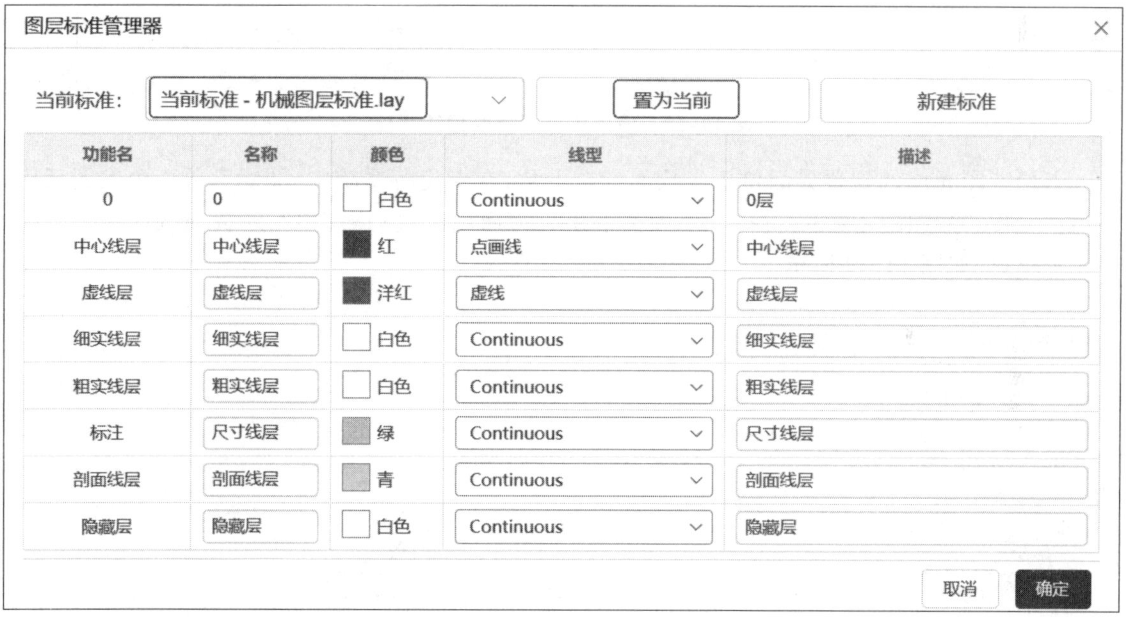

功能名	名称	颜色	线型	描述
0	0	白色	Continuous	0层
中心线层	中心线层	红	点画线	中心线层
虚线层	虚线层	洋红	虚线	虚线层
细实线层	细实线层	白色	Continuous	细实线层
粗实线层	粗实线层	白色	Continuous	粗实线层
标注	尺寸线层	绿	Continuous	尺寸线层
剖面线层	剖面线层	青	Continuous	剖面线层
隐藏层	隐藏层	白色	Continuous	隐藏层

图 11-35　机械模板使用设置

- 使用标注功能，此时绘制的标注就会使用指定的图层【尺寸线层】，不会使用图纸中置为当前的图层，如图 11-36 所示。

11.1.6　图元库

图元库是卡伦特 CAD 设计平台的重要组成部分，旨在为用户提供丰富、高质量的标准化图元资源，以简化设计过程、提高设计效率和确保设计的一致性。目前，该功能已经在卡伦特 CAD 建筑版和卡伦特 CAD 电气版中应用。

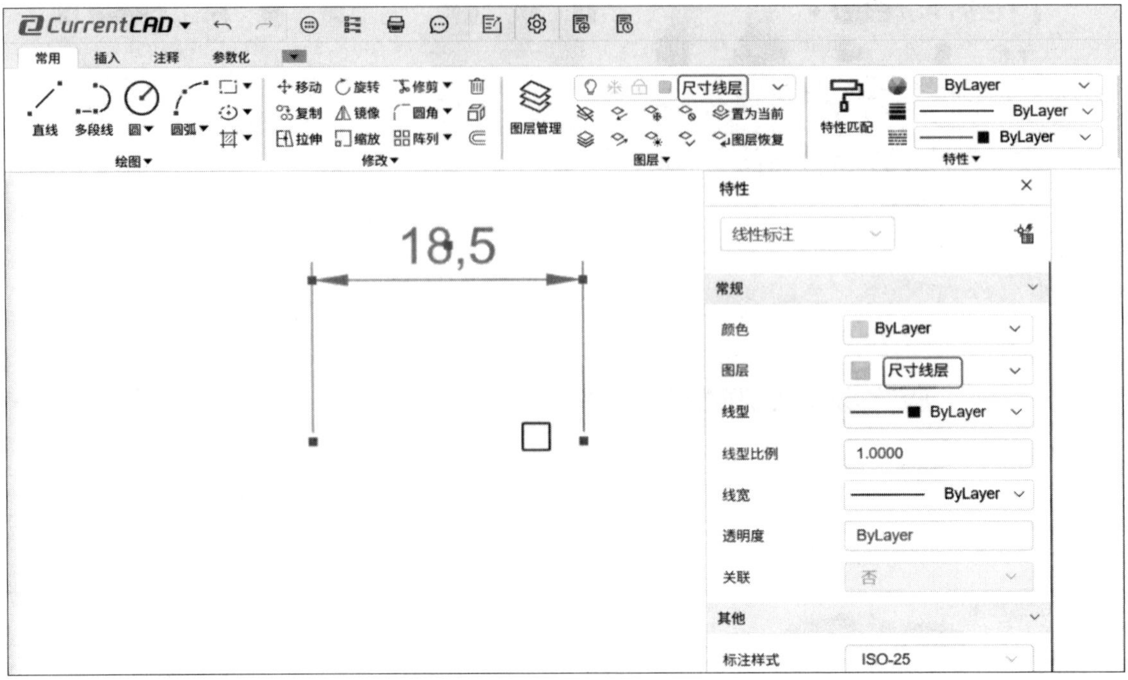

图 11-36　使用机械图层的标注功能

卡伦特图元库的配置界面位于主页面的左下角，在卡伦特系统中，图元库分为个人图元库、公司图元库、系统图元库3类，每一个大类下还分为通用电气（输配电）、建筑、暖通、电气、给排水5个小类，如图11-37所示。

图 11-37　卡伦特图元库

1. 图元库的创建

在卡伦特系统中,初始的个人图元库与公司图元库是没有内容的,个人图元库允许每位用户自行创建文件夹,将 .dwg 格式文件上传到图元库作为图元插入图纸中,用户也可以将个人图元库中的图元上传到公司图元库中,供组织中的其他用户使用。

下面以新建个人图元库作为示例进行介绍。

- 在系统主界面(图 11-1),单击【图元库】|【个人图元库】,进入【个人图元库】主页面,如图 11-38 所示,左边为行业分类树,右边是新建操作区。选择左边某个分类,比如选择【建筑】|【阳台】,在右边操作区可以通过【上传文件】功能,上传本地已准备好的阳台 .dwg 文件作为新图元导入系统,如图 11-39 所示。

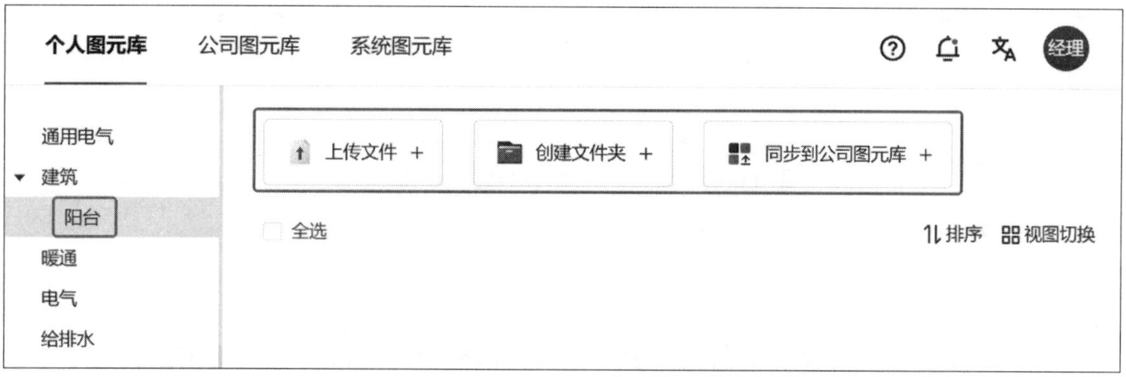

图 11-38　【个人图元库】主页面

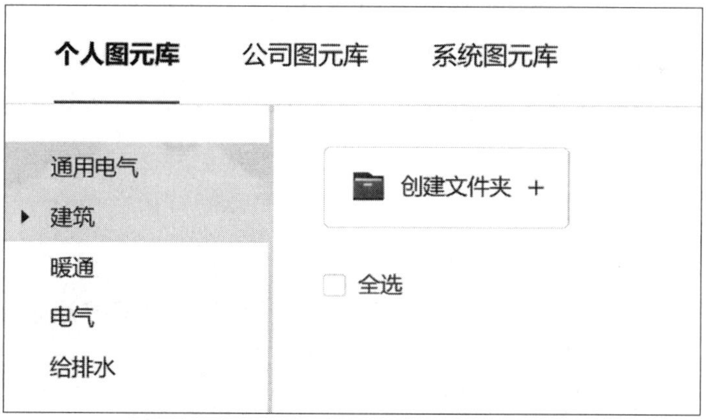

图 11-39　图元库的上传

2. 图元库的使用

以建筑图纸为例,具备卡伦特 CAD 建筑版权限的用户在绘图界面中,可以找到建筑工具栏的【图库图案】,建筑的【图库图案】功能会显示建筑分类下的图库内容,单击【图库图案】中的【通用图库】按钮,选择对应的分类下自己需要的图元,再在图纸中选择想要的位置,即可将指定图元插入指定的位置。用户也可以在弹窗中根据图元的名字直接进行搜索,方便快捷地找到指定的图元,如图 11-40 所示。

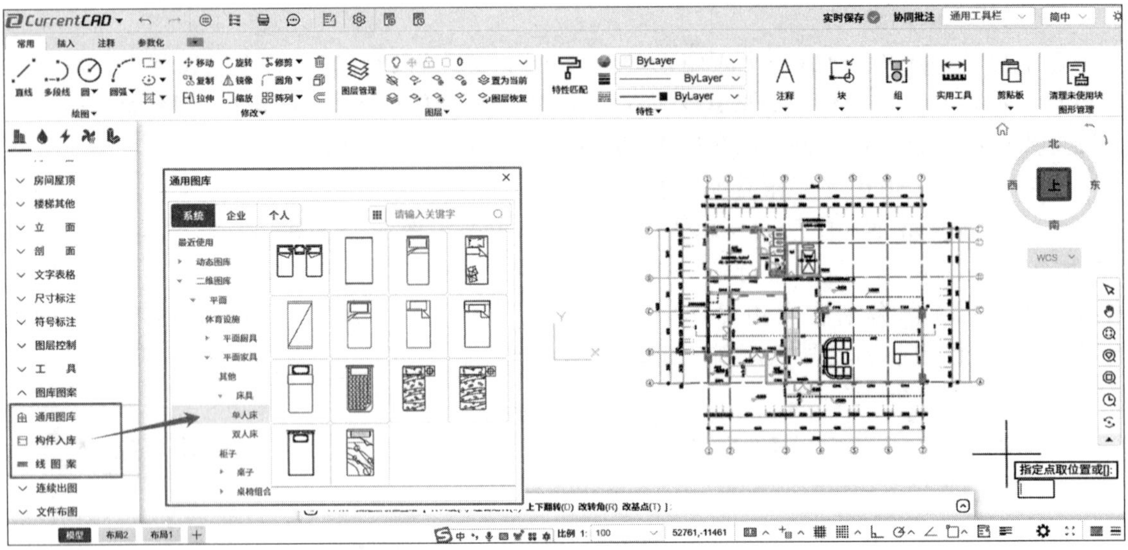

图 11-40 图元库在建筑绘图界面中的应用

11.2 项目管理

传统的 CAD 软件仅提供桌面端绘图功能，设计师完成设计后，往往将图纸保存于个人电脑或手动上传至远程存储设备。这种做法容易导致图纸版本不一致、检索不便、图纸泄露等问题，还会降低团队协作效率。相比之下，卡伦特 CAD 作为一个设计和管理一体化平台，通过其项目管理功能，实现了产品设计和工程项目的系统化管理。它提供精细的权限控制，确保图纸安全，同时支持图纸授权和分享。在项目实施过程中，项目组可以通过图纸授权、图纸分享或离线看图的方式将图纸发送给项目其他外部干系人，为团队协同设计提供了强有力的支持。

11.2.1 项目管理

卡伦特 CAD 提供了我的项目、公司项目两种项目类型。

(1) 我的项目　归属于用户自己的项目，其他被授权的成员只能通过系统的“图纸共享”对项目及图纸进行操作。新建图纸参见本书第 1 章 1.5 节。

(2) 公司项目　分为公司项目和项目组两种。

①公司项目：【公司项目】|【公司项目】|【创建通用项目】(也可以创建建筑、电气项目)，公司项目底下所有项目为全公司默认可见，如图 11-41 所示。

②项目组：【公司项目】|【项目组】|【创建项目组】|【成员】，项目组底下只有被授权的成员才可以对有权限的项目及图纸进行操作，如图 11-42 所示。

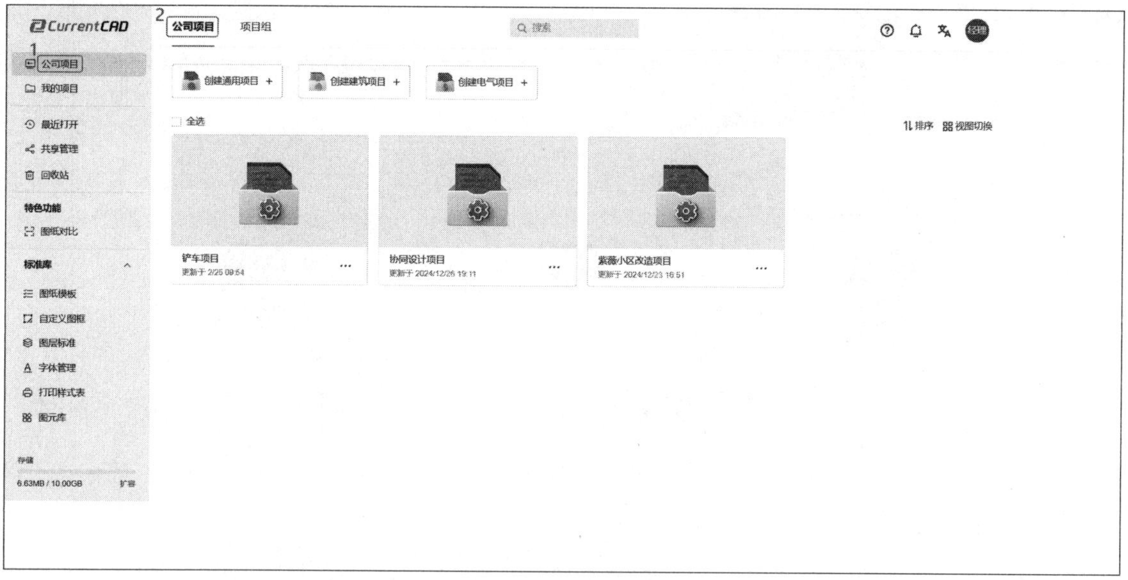

图 11-41　公司项目

图 11-42　项目组

11.2.2　图纸授权

卡伦特 CAD 提供“授权”功能，项目管理员通过授权管理，将项目或项目内的图纸授权给本单位内的其他用户进行操作。

(1) 选择被授权对象(可以是项目，也可以是文件)，单击右下角的【…】，单击弹出面板的【授权】选项，如图 11-43 所示。

图 11-43　授权入口

(2)弹出的【授权管理】面板,如图 11-44 所示,可以看到目前该对象已授权的所有成员及其权限。

图 11-44　【授权管理】页面

(3)单击授权管理页面的【添加 / 删除成员】按钮,进入授权管理操作页面,可以添加、修改或删除某个成员权限,如图 11-45 所示。

支持设置的权限包括如下:

①截止时间:设置成员对该项目 / 图纸的访问时效。

②角色:设置成员对该项目 / 图纸的控制权限,包括管理者(可编辑 / 上传 / 删除)、编辑者(可编辑 / 上传)、查看者(可查看 / 复制)、访客(仅可在线预览)。

图 11-45　授权编辑页面

③下载权限：包括下载（下载所有格式）、导出（导出只读格式）、无权下载。

(4)【我的项目】中项目或图纸，被分配权限的成员，在【共享管理】|【被授权】页面可以看到被授权的所有项目或图纸，如图 11-46 所示。

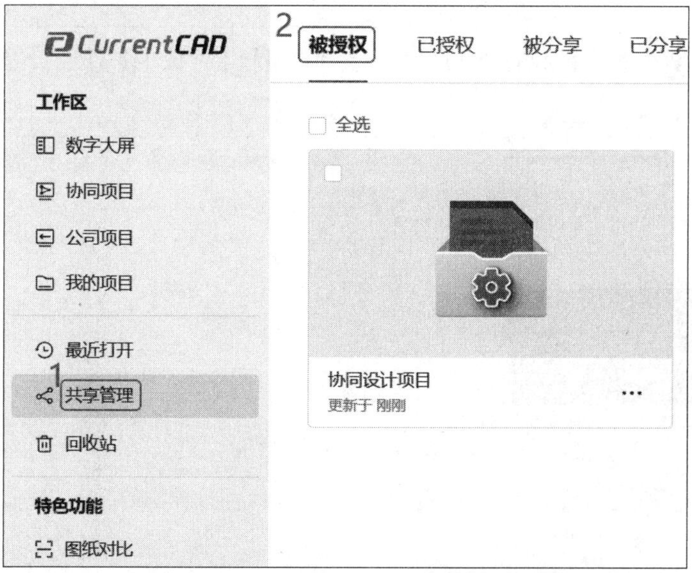

图 11-46　被授权的个人项目查看页面

(5)【公司项目】中项目或图纸，被分配权限的成员，在【公司项目】|【公司项目】页面可以看到被授权的所有项目或图纸，如图 11-47 所示。

图 11-47　被授权的公司项目查看页面

11.2.3　图纸分享

卡伦特 CAD 提供“对外分享文件”功能，将 CAD 图纸通过特定方式传输给非项目组的人员进行查看和协作标注，但不支持编辑。

> **提示**
>
> 需要当前网络环境下能访问到卡伦特 CAD 系统，才能打开对外分享文件。

(1) 选择被分享图纸，单击右下角的【…】，单击弹出面板的【对外分享文件】选项，如图 11-48 所示。

图 11-48　图纸分享入口

(2) 弹出的【对外分享文件】面板，如图 11-49 所示，可以进行有效期设置、生成分享信息，以及对分享文件进行管理，包括提前禁用分享。

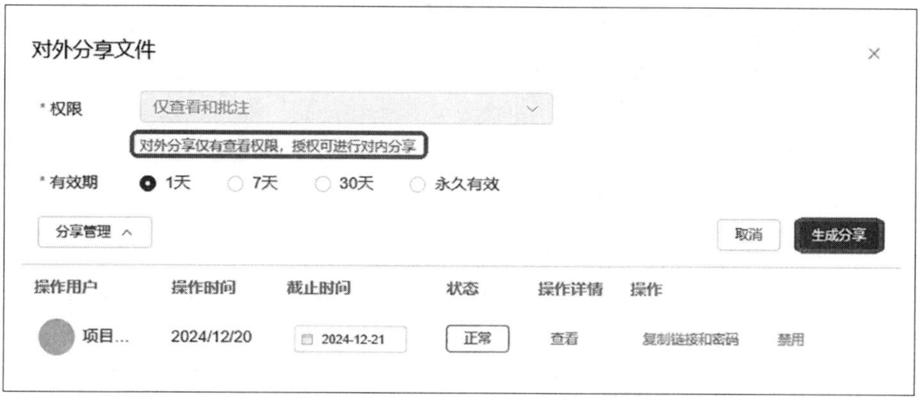

图 11-49 【对外分享文件】管理页面

(3) 单击【生成分享】，进入对外分享信息生成页面，通过复制分享文案、复制链接或保存二维码 3 种形式复制分享信息，将分享信息发送给待分享的人员即可访问到该文件，如图 11-50 所示。

图 11-50 分享信息生成及复制页面

(4) 使用复制的链接输入浏览器访问分享的图纸，展示的页面只有查看、标注和协同批注功能，如图 11-51 所示。

11.2.4　本地离线看图

"本地离线看图"功能允许将 CAD 图纸做好安全设置后导出成 .ccd 格式(.ccd 为厦门卡伦特科技有限公司的 CAD 图纸专有格式)，供用户在访问不到卡伦特 CAD 系统或者网络环境不好的情况下使用卡伦特 CAD 客户端进行本地查看。

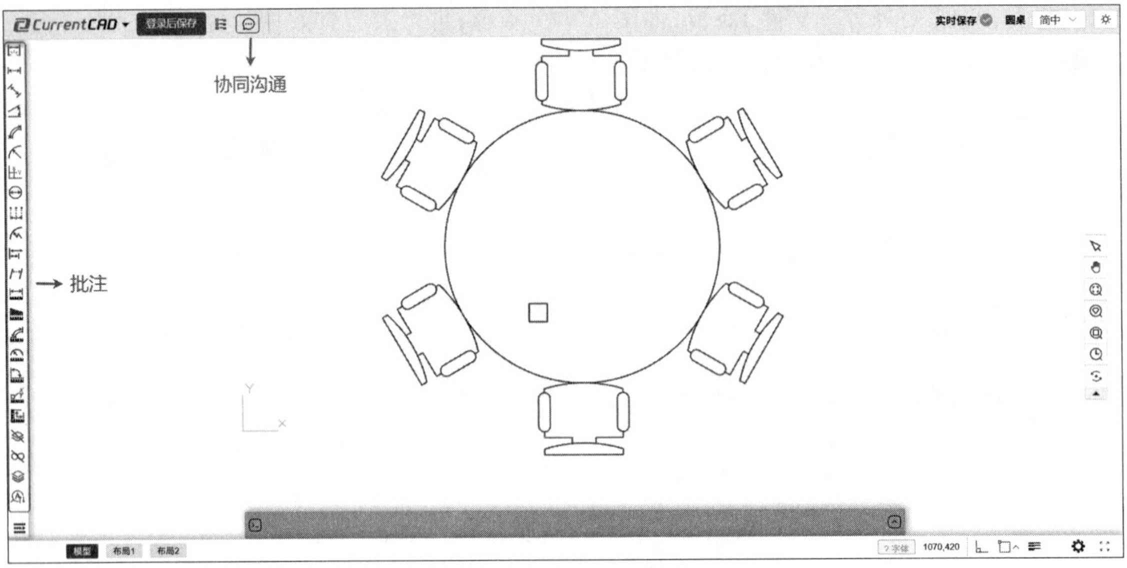

图 11-51　使用分享链接打开图纸页面

(1)选择图纸,单击右下角的【…】,单击弹出面板上的【本地离线看图】选项,如图 11-52 所示。

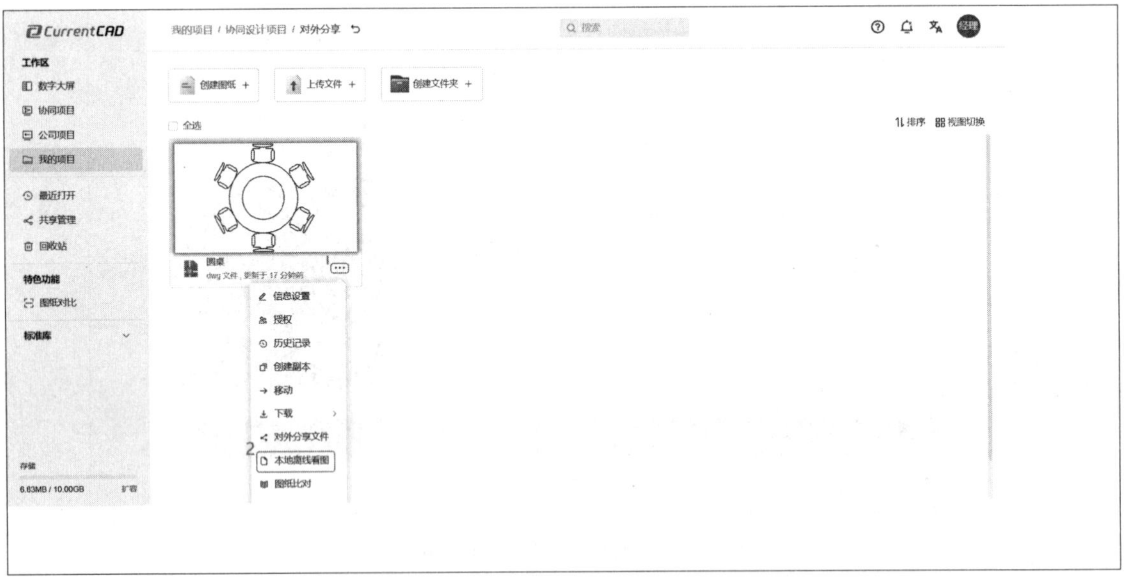

图 11-52　本地离线看图入口

(2)在【本地离线看图】管理页面,可以对即将导出离线查看的图纸设置有效期和访问密码,然后通过【导出文件】将该图纸导出 .ccd 文件保存到本地电脑。如果用户还未安装过卡伦特 CAD 客户端,通过单击【复制客户端链接和密码】进行客户端下载安装,如图 11-53 所示。

(3)打开本地已经安装的卡伦特 CAD 客户端,如图 11-54 所示,单击【本地离线看图】,导入本地电脑的 .ccd 格式图纸,输入密码,单击【确定】按钮,即可本地查看图纸,如图 11-55 所示。

图 11-53 【本地离线看图】管理页面

图 11-54　本地离线看图软件首页

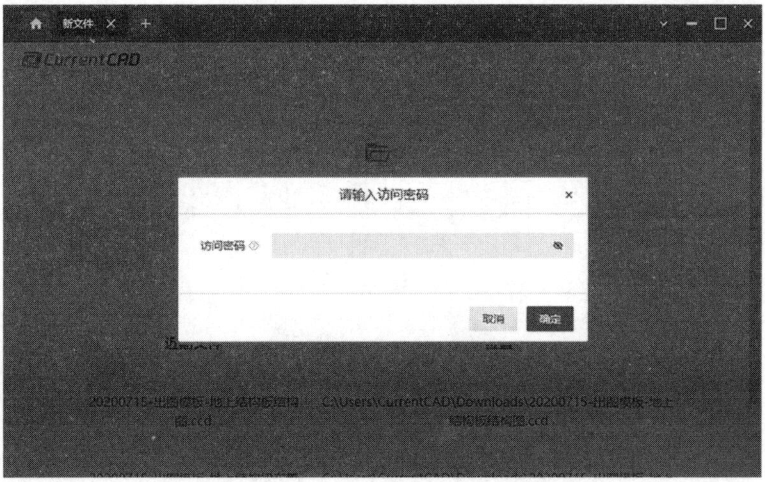

图 11-55　打开离线图纸输入密码页面

(4) 打开离线图纸，允许在图纸上进行查看和编辑，但无法进行图纸保存和下载，如图 11-56 所示。

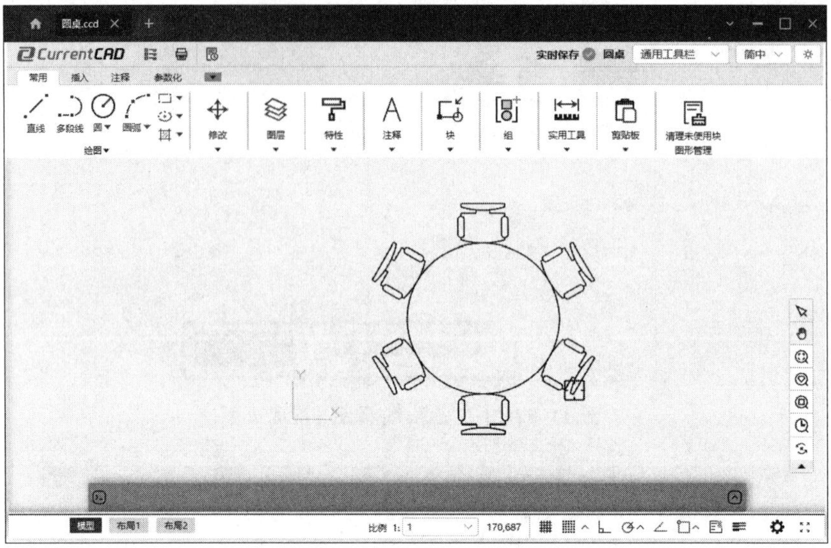

图 11-56　本地离线看图页面

11.2.5　图纸对比

卡伦特 CAD 的“图纸对比”功能，对两张不同版本或相似的 CAD 图纸进行对比，快速找出图纸之间的不同点，并用不同颜色进行标识，帮助设计师快速找出图纸的差异。在外部参照设计时，设计师可以通过该功能快速了解参照图纸变更的地方，及时对设计进行相应变更。

数字资源 11-2

此操作示范，请参阅数字资源 11-2。

(1) 系统主界面上，找到【特色功能】|【图纸对比】，如图 11-57 所示。

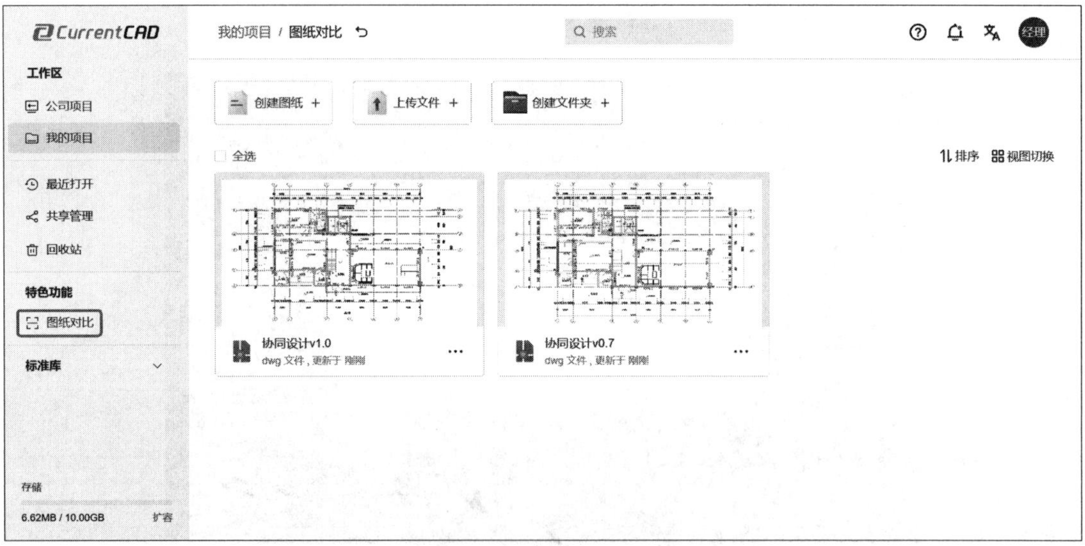

图 11-57　图纸对比入口

(2) 单击【图纸对比】,进入图纸对比主界面,左边是对比的两张图纸展示区域,右边是对比结果展示和操作区域,如图 11-58 所示。

①对比校正:将两张图纸的基准坐标调整为一致,确保比对结果的准确性。

②重新对比:能够重新选择比对的模式:整图对比 / 局部对比。

③对比结果:将图纸对比的结果输出成列表,单击列表中的不同处,视口会跳转到对应的图形上。

④批量忽略:忽略某个对比不同的结果。

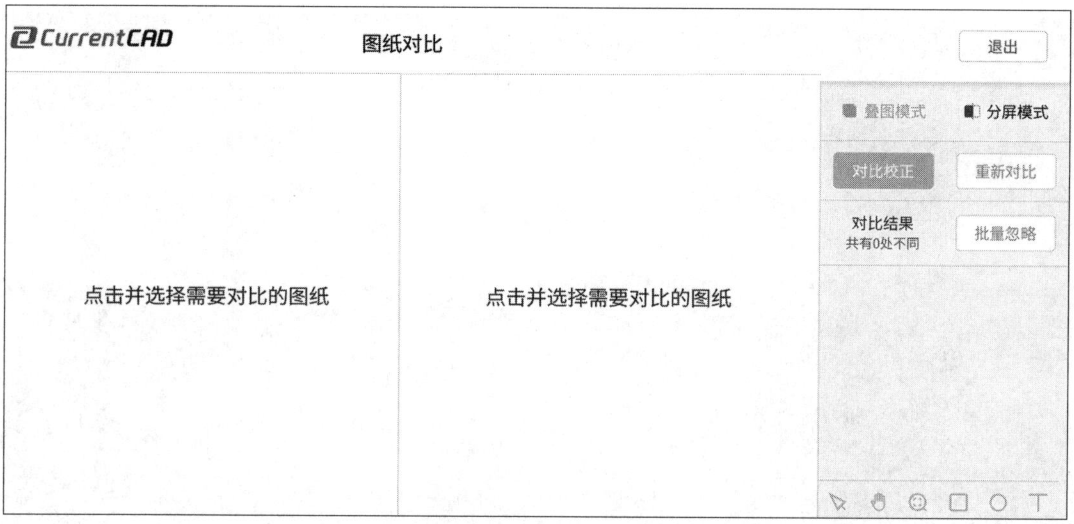

图 11-58 【图纸对比】主界面

(3) 分别单击【点击并选择需要对比的图纸】,弹出图纸选择面板,可以从【我的项目】和【公司项目】里面选择待对比的两张图纸,如图 11-59 所示。

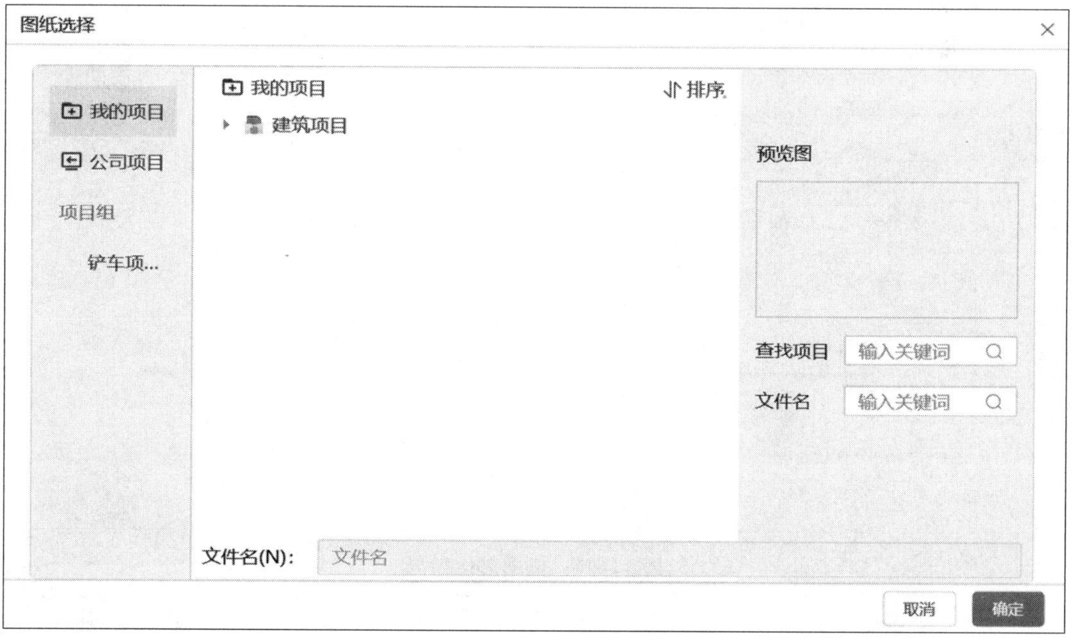

图 11-59 【图纸选择】页面

(4) 图纸选择好后，会弹出选择对比方式面板，提供【整图对比】和【局部对比】两种方式，如图 11-60 所示。

(5) 选择整图对比，会将对比结果以列表方式显示在右边的展示区域，在图纸展示区域，图纸差异点会以不同颜色显示，如图 11-61 所示。

(6) 单击对比结果的某个差异，左边图纸展示区域将会定位并展示到差异的区域，如图 11-62 所示。

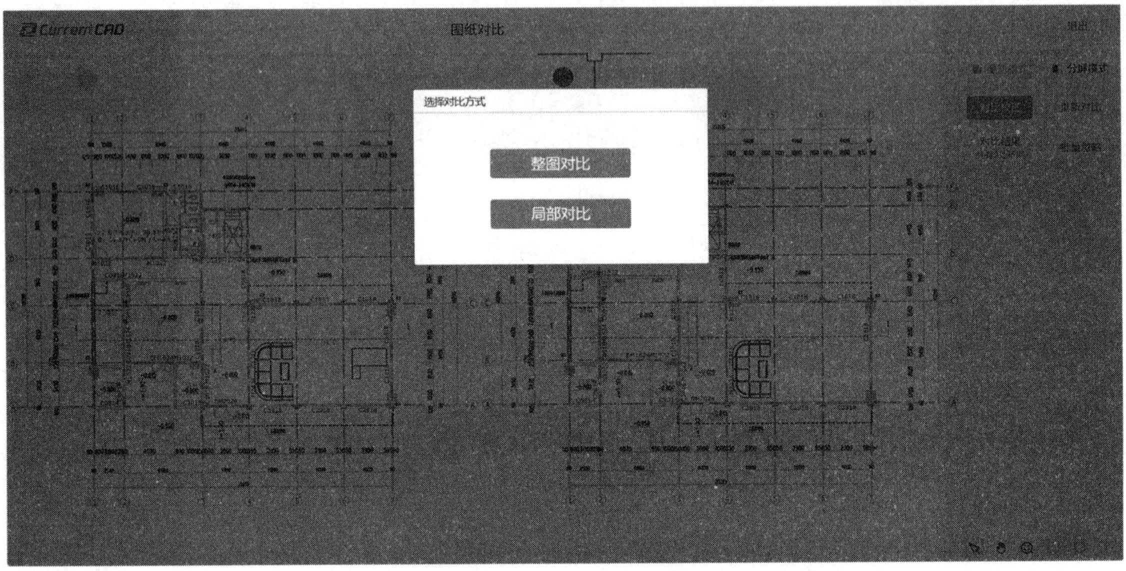

图 11-60　选择对比方式面板

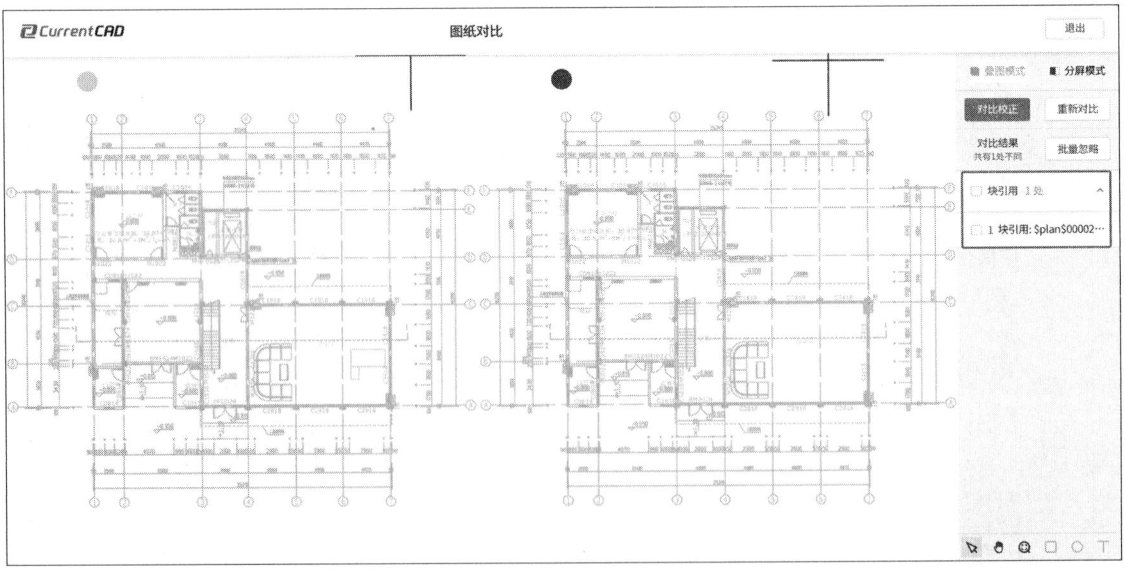

图 11-61　整图对比结果

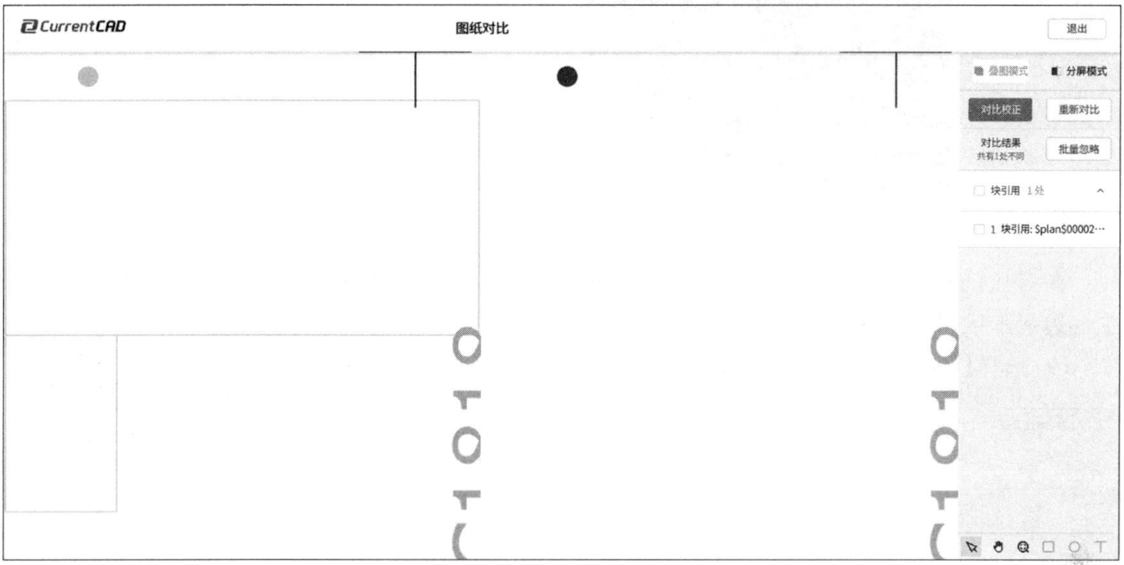

图 11-62　差异定位展示

(7) 选择对比结果，单击【批量忽视】，右边对比结果相关差异点将从列表中去掉，左边带颜色的差异点也将变成正常显示，如图 11-63 所示。

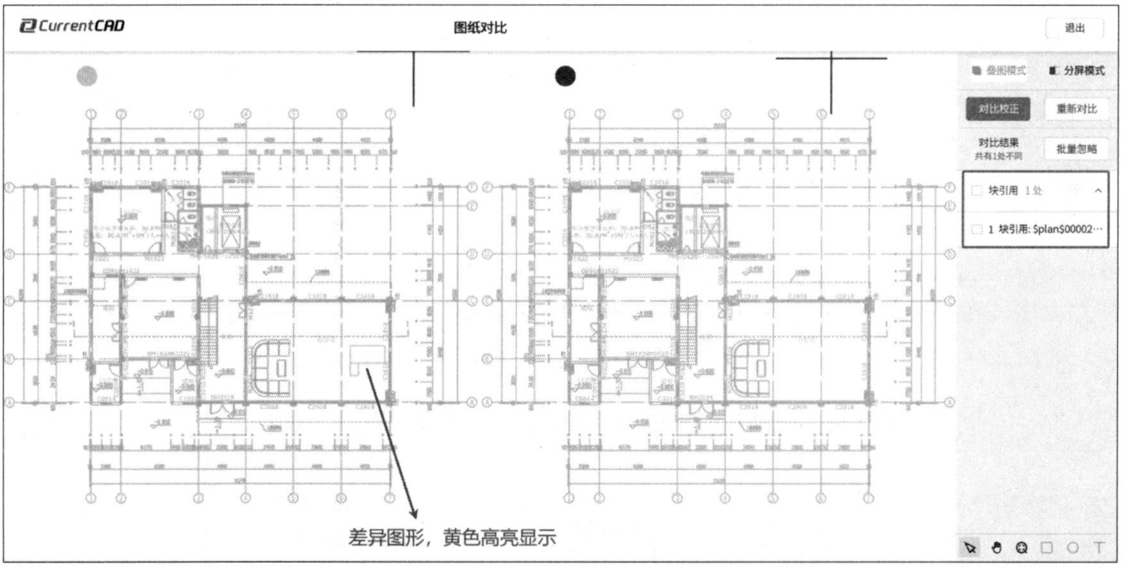

图 11-63　批量忽视展示

(8) 选择【对比校正】，如图 11-64 所示。为了保证对比结果，会在图纸展示区域弹出【校准操作帮助】面板，如图 11-65 所示。

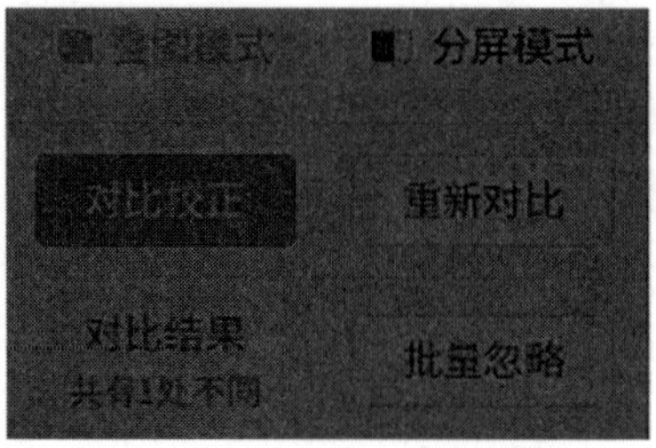

图 11-64 选择【对比校正】　　图 11-65 【校准操作帮助】面板

在对比的两张图纸上指定 2 个校准点后，按 Enter 键，图纸进行对比，并将对比结果显示在右边展示区域，如图 11-66 所示。

(9)选择【重新对比】|【局部对比】，会弹出操作说明面板，如图 11-67 所示。

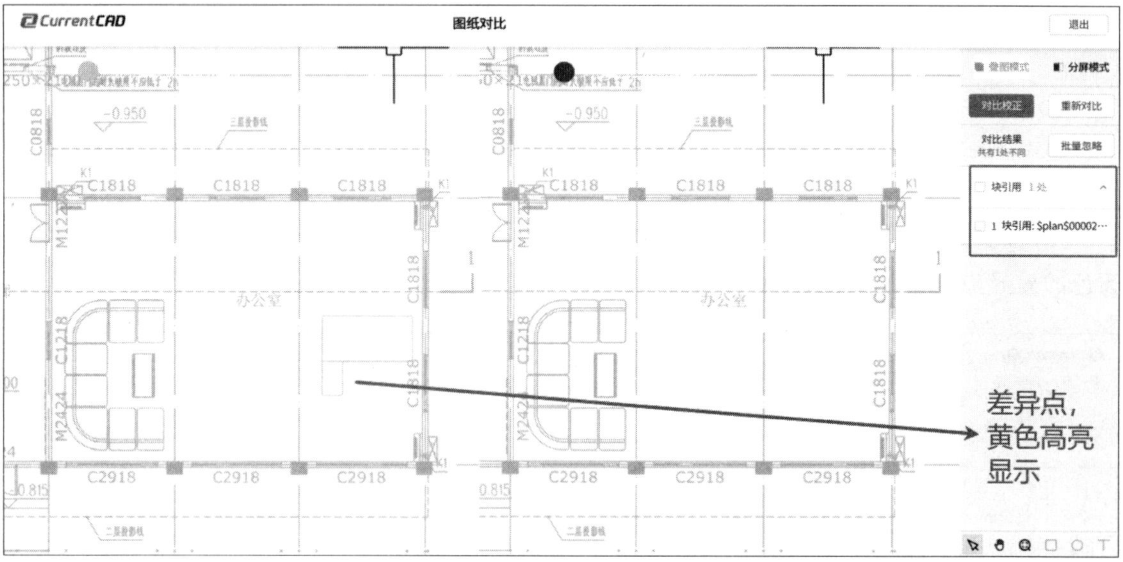

图 11-66 选择两个校准点及对比结果

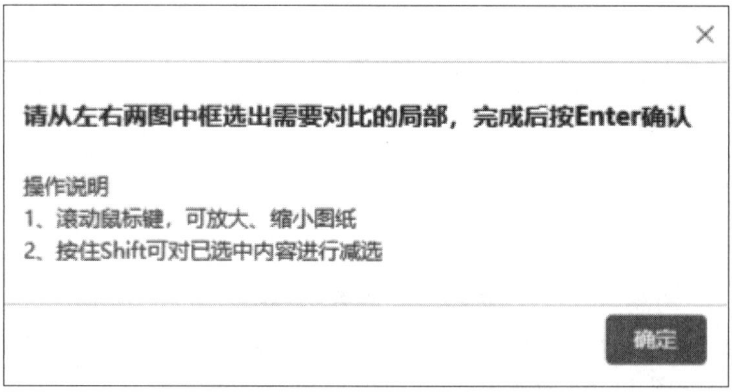

图 11-67 局部对比操作说明

在两张对比图纸上分别框选对比的区域，按 Enter 键，图纸进行对比，并将对比结果显示在右边展示区域，如图 11-68 所示。

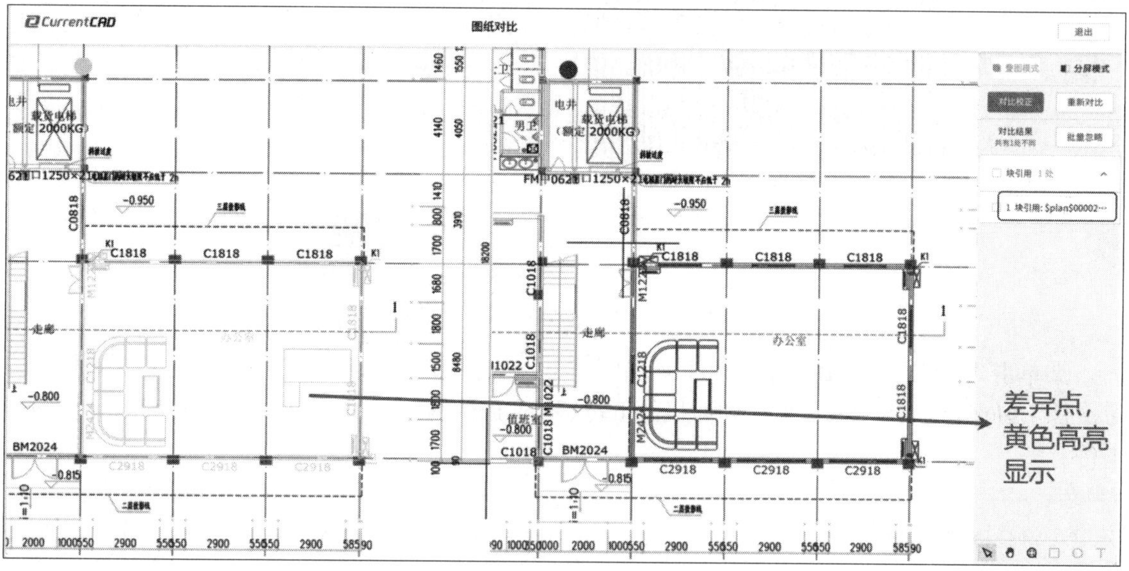

图 11-68　框选对比区域

11.3　协同设计

在多人协作的设计项目中，项目组成员在同一张图纸上并行设计、实时同步，成员间基于图纸的实时沟通与工作进展同步是至关重要的。卡伦特 CAD 凭借其先进的协同技术，创新性地推出了协同设计、外部参照及协同批注功能，这些功能赋能多位设计师与工程师在同一项目空间内无缝协作。团队成员间通过实时的在线交流、合作与信息同步，有效规避了因信息传递滞后而引发的设计矛盾或重复作业，从而提升设计工作的效率与质量。

11.3.1　协同设计

云端多人协同设计是卡伦特 CAD 的基础功能，它可以实现多人在线协作设计的工作模式，允许不同地点的多个设计团队成员在线实时共享和编辑绘制图纸。

11.3.1.1　协同设计的使用

下面通过一个实例介绍如何使用协同设计，本书配套素材中练习文件“协同设计图纸 .dwg”。

这是一张两层楼的设计平面图，包含了两个楼层的平面图，因为工期比较紧，1 楼平面图由设计师 A 设计，2 楼平面图由设计师 B 设计，两个设计师在同一张图纸上进行并行设计。该练习的具体操作步骤如下：

(1) 新建项目，上传本书配套素材中练习文件“协同设计图纸 .dwg”，将该文件授权给设计师 B 编辑权限。

①单击【公司项目】|【公司项目】|【创建通用项目】，在弹出的面板里面输入“协同设计项目”，单击【确定】按钮，如图 11-69 所示，创建“协同设计项目”。

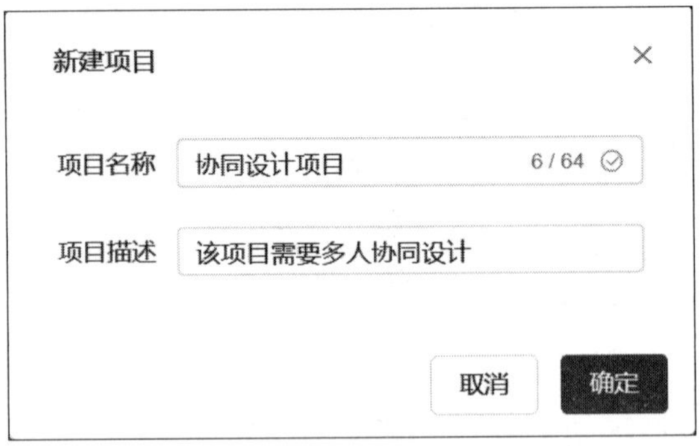

图 11-69　协同设计项目创建页面

②单击“协同设计项目”打开文件夹，单击【上传文件】，弹出的面板中，将本书配套素材中练习文件“协同设计图纸 .dwg”拖曳到面板的上传区域，单击【确认上传】，如图 11-70 所示，完成图纸上传。

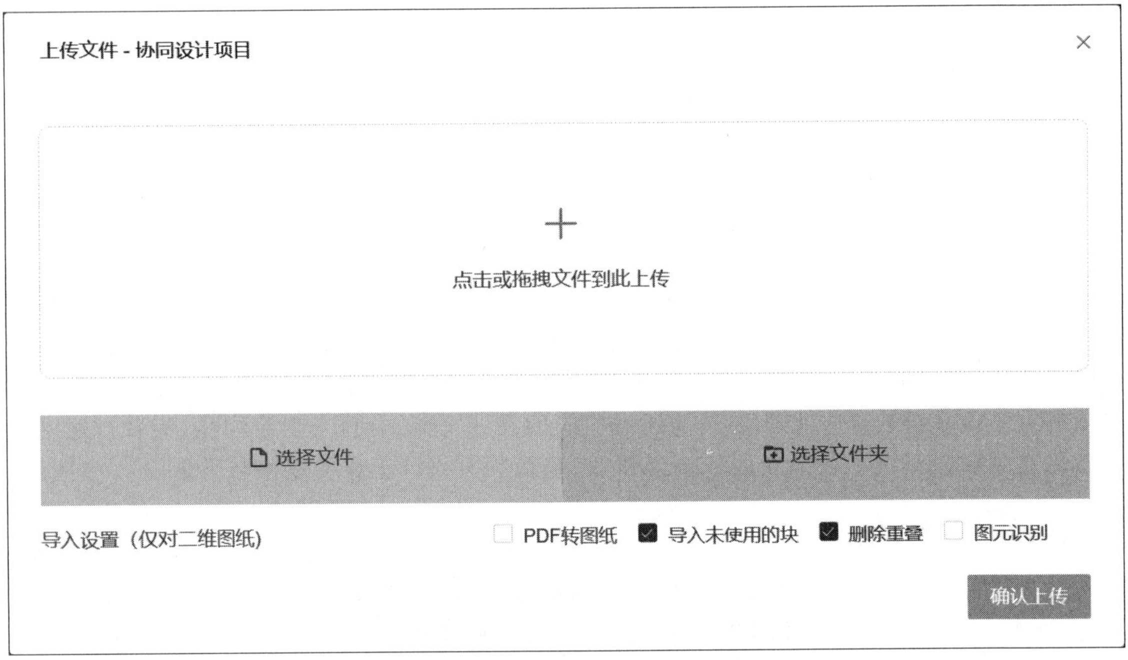

图 11-70　协同设计图纸上传页面

③按照本章 11.2.2 节所列的操作步骤，分别对设计师 A 和设计师 B 授予编辑者权限，如图 11-71 所示。

(2) 设计师 A 和设计师 B 在自己的电脑上登录卡伦特 CAD 系统，并在【公司项目】|【公司项目】|【协同设计项目】下分别打开“协同设计图纸 .dwg”，并且在各自打开的图纸上进行绘图。设计师 A 可以在打开的图纸上进行设计，在图纸上能看到设计师 B 的“二楼平面图”设计进展，在图纸右上角会看到设计师 B，鼠标放上去后弹出【正在协同设计 ...】的面板，如图 11-72 所示。设计师 B 在打开的同一张图纸上也同样能看到设计师 A 的协同设计。

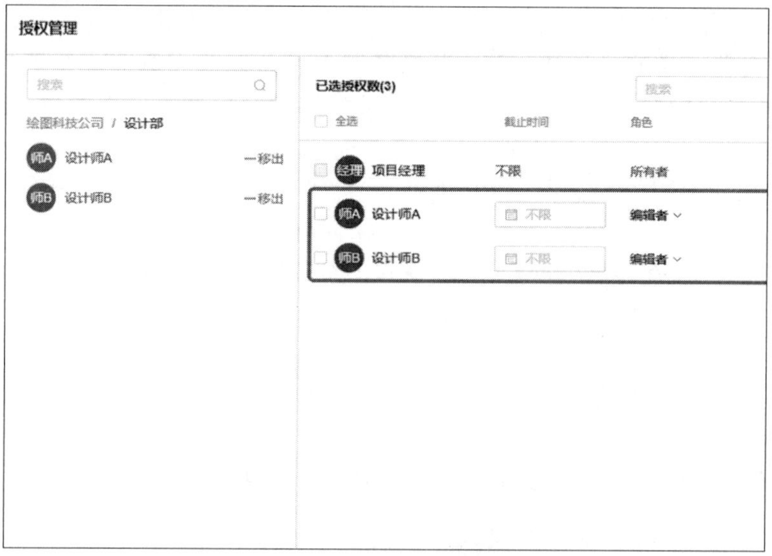

图 11-71　图纸授权页面

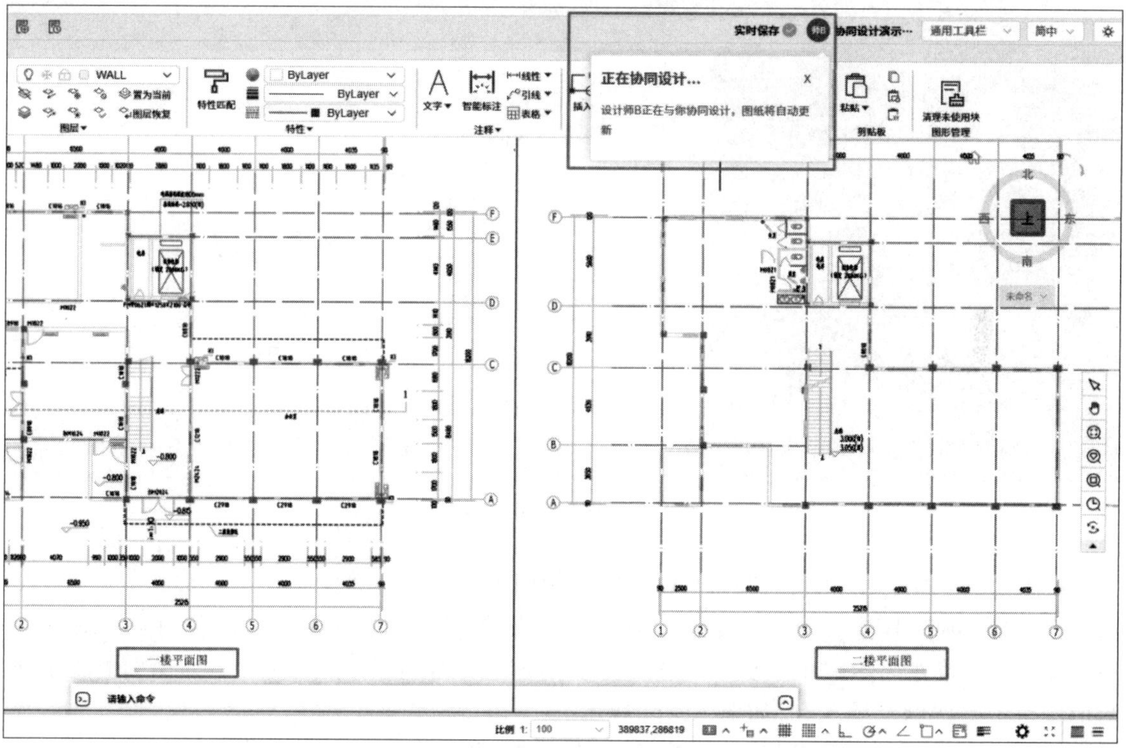

图 11-72　协同设计页面

11.3.2　外部参照

外部参照是卡伦特 CAD 协同设计的重要组成部分，该功能允许设计师将一个图形文件作为参照，附着到当前工作的图形中。这种引用关系并不直接改变当前图形文件的内容，而是记录了对外部文件的引用路径。因此,当外部参照的源文件发生变化时,被引用的图形部分也会自动更新,保持与源文件的一致性。这一特性使得外部参照技术成为正在进行中的分工协作项目的理想选择。卡伦特 CAD 协同技术,给外部参照的应用带来一次革命,远程的设计师对参照图形进行修改,一旦该设计师确定图纸修改完成并选择发送,当前图形可以立刻从状态栏的“参照内容更新提醒”处接到更新的通知,重新载入后马上反映参照图形的变化。帮助设计师及时地了解协作伙伴的进展,并对图纸进行及时修改。

在卡伦特 CAD 中,允许将 .dwg、.dxf 格式图纸作为外部参照文件,本节只讲 .dwg 文件的外部参照。

此操作示范,请参阅数字资源 11-3。

数字资源 11-3

11.3.2.1 外部参照的命令

激活外部参照命令的方法如下:

- 功能区:【插入】|【外部参照】|【附着】按钮,支持附着 .dwg、.dxf 文件,如图 11-73 所示。

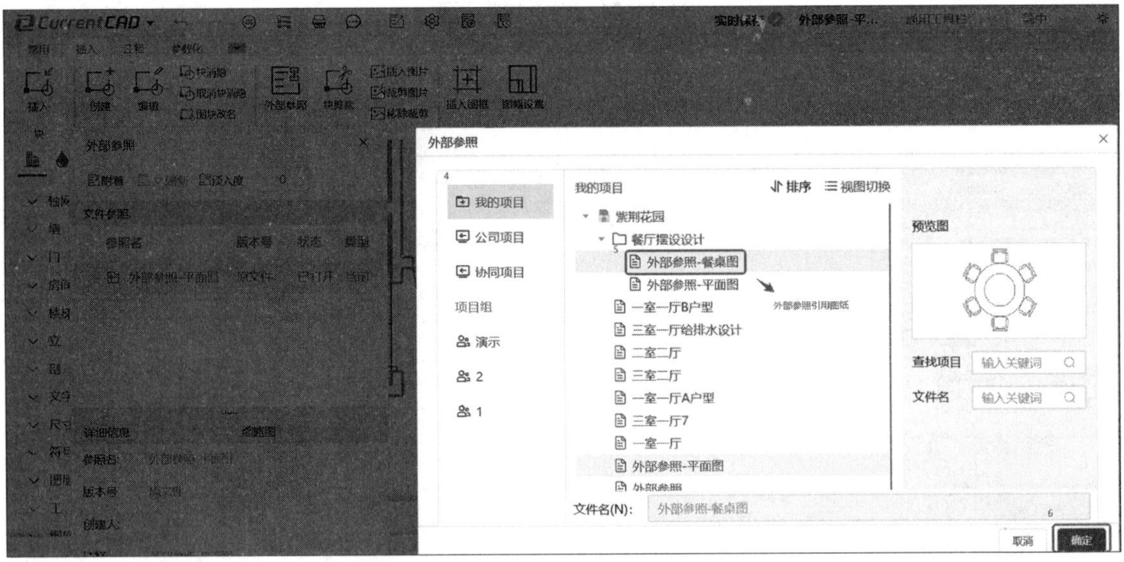

图 11-73 选择外部参照图形页面

- 命令行:ER,XREF(EXTERNALREFERENCES)↙ - 外部参照。

在【我的项目】或【公司项目】中,设计师选择有权限访问的 .dwg 文件附着到当前图形中,在弹出的【附着外部参照】面板上,可以选择“附着”或“覆盖”类型,也可以设置外部参照在当前图形中的比例及插入点,如图 11-74 所示。

卡伦特 CAD 支持“附着”和“覆盖”两种外部参照。

- “附着”:可以看到多层嵌套参照。即如果 B 图采用附着方式参照了 C 图,当 A 图参照了 B 图时(不管是采用附着还是覆盖方式),在 A 图中既可以看到 B 图,也可以看到 C 图。
- “覆盖”:看不到多层嵌套参照。即如果 B 图采用覆盖方式参照了 C 图,当 A 图参照了 B 图时(不管是采用附着还是覆盖方式),在 A 图中可以看到 B 图,但看不到 C 图。

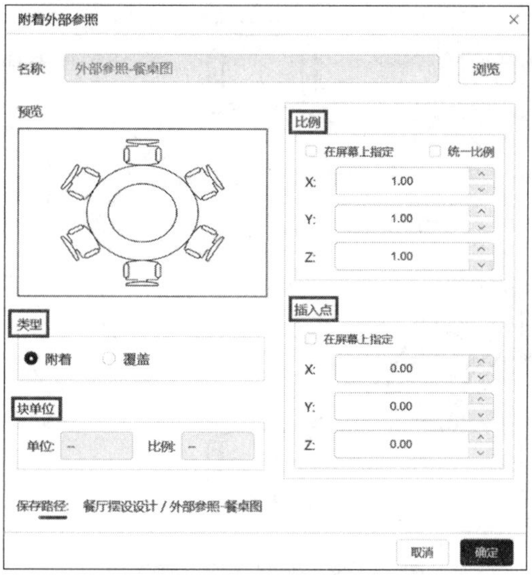

图 11-74　外部参照操作页面

11.3.2.2　外部参照的使用

下面通过一个实例介绍如何使用外部参照，打开本书配套素材中练习文件“外部参照 - 平面图 .dwg”和“外部参照 - 餐桌图 .dwg”，如图 11-75 和图 11-76 所示。

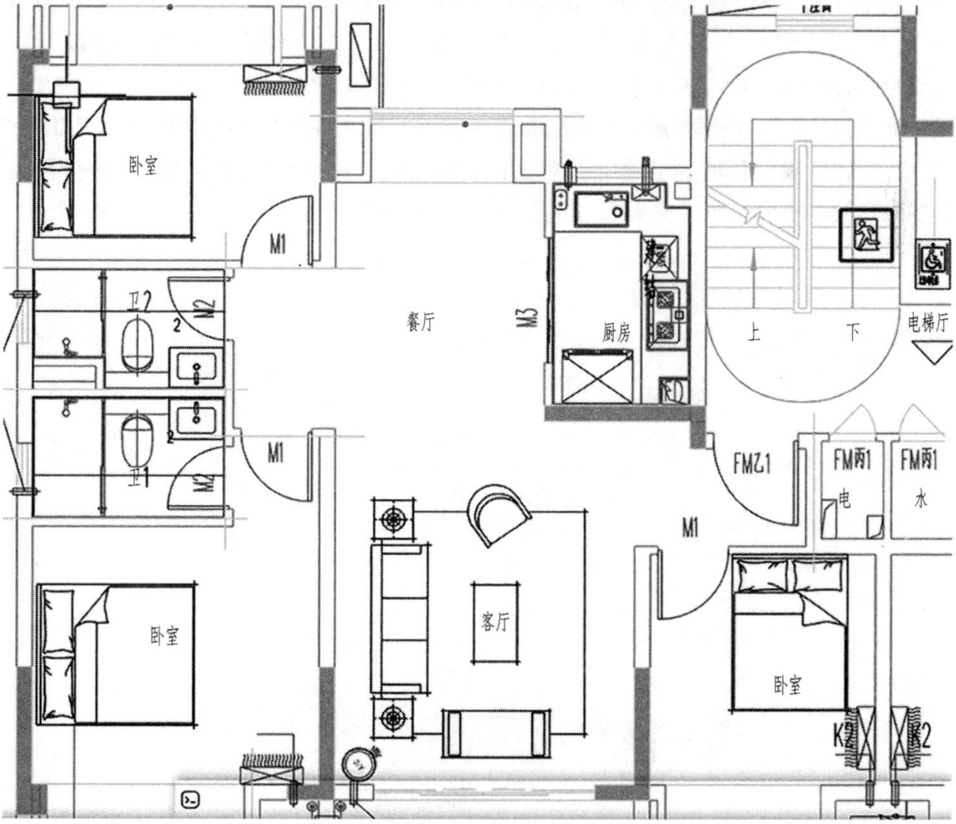

图 11-75　外部参照 - 平面图

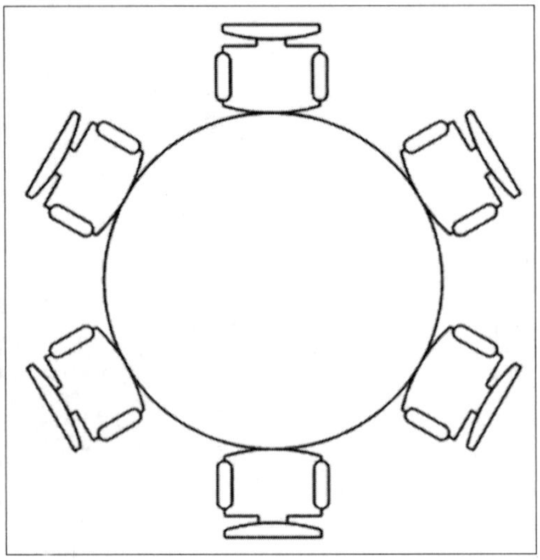

图 11-76　外部参照 - 餐桌图

假设这是由设计师 A 和设计师 B 分工完成的工作，文件"外部参照 - 平面图 .dwg"中是一个项目设计平面图，由设计师 A 设计。文件"外部参照 - 餐桌图 .dwg"中是该项目中餐厅部分的餐桌设计图，由设计师 B 设计。设计师 A 需要经常了解设计师 B 的进度，他可以将设计师 B 的餐桌设计图"外部参照 - 餐桌图 .dwg"参照到当前设计总图"外部参照 - 平面图 .dwg"中，如果设计师 B 对文件"外部参照 - 餐桌图 .dwg"进行了修改，那么它可以选择将此消息发送给设计师 A，设计师 A 会马上得到一个参照变更通知，单击确认重新载入后设计师 B 的改动马上会反映到设计师 A 的图纸上。该练习的具体操作步骤如下：

(1)设计师 A 打开文件"外部参照 - 平面图 .dwg"，在命令栏输入"ER，XREF(EXTERNALREFERENCES)"，按 Enter 键或者空格键，打开【外部参照】对话框，如图 11-77 所示，再单击左上角的【附着】按钮，在项目文件中选择"外部参照 - 餐桌图 .dwg"，如图 11-78 所示。

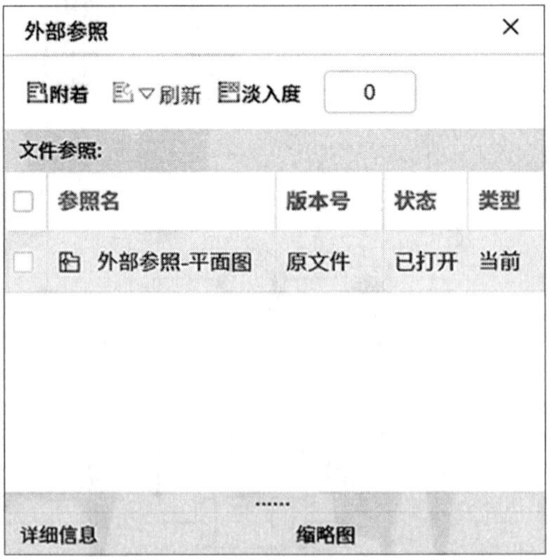

图 11-77　外部参照页面

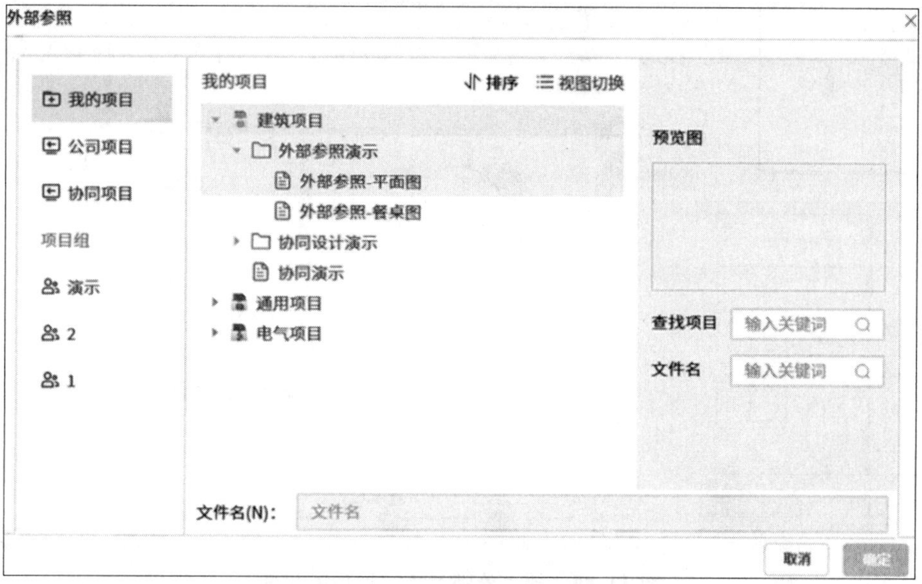

图 11-78 【外部参照】选择页面

(2)单击【确定】按钮，打开【附着外部参照】对话框，如图 11-79 所示。

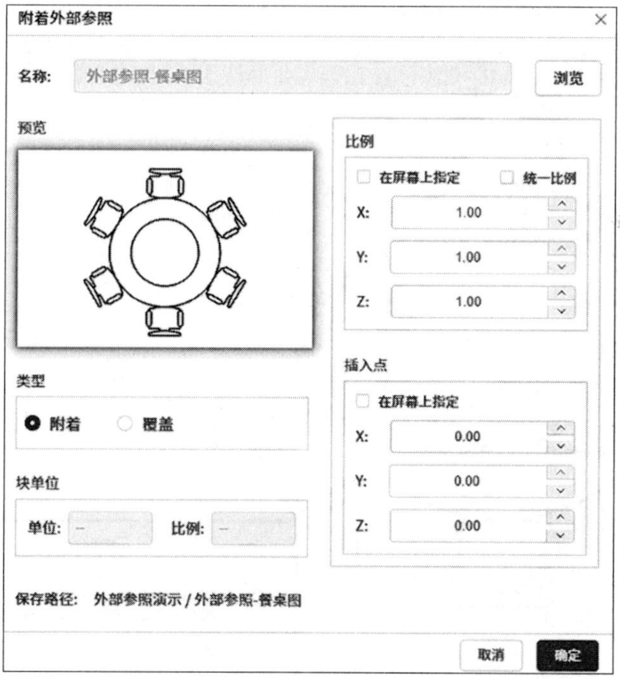

图 11-79 【附着外部参照】设置页面

(3)勾选上右下角的“在屏幕上指定”，再单击右下角的【确定】按钮即可将“外部参照 - 餐桌图 .dwg”作为外部参照插入当前图形“外部参照 - 平面图 .dwg”中，如图 11-80 所示。

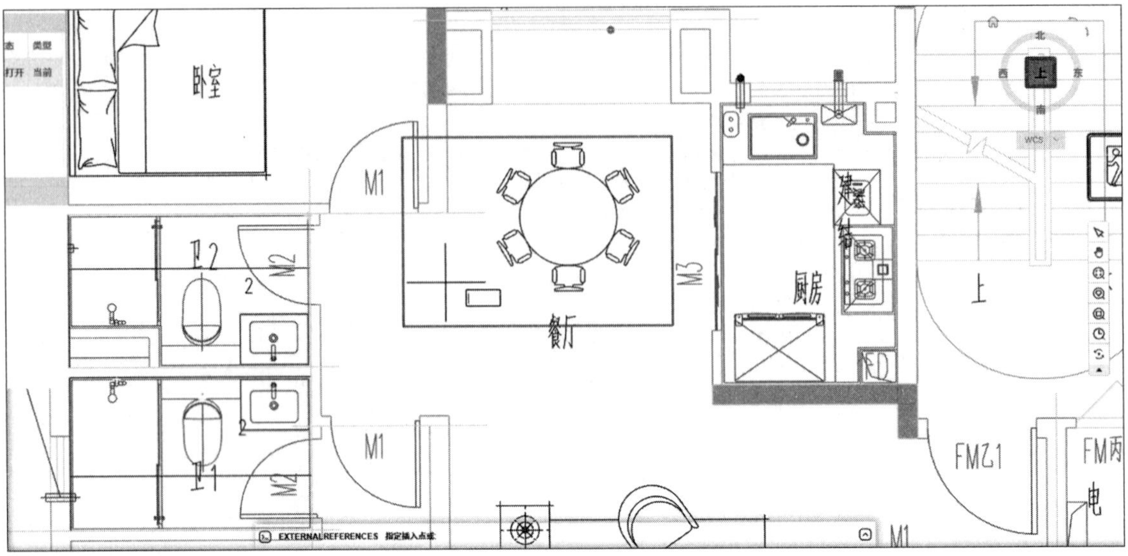

图 11-80　插入外部参照图形后的页面

(4)将当前图形切换到图形“外部参照 - 餐桌图 .dwg”中,对图形进行修改,在餐桌中间增加一个 $R300$ 的圆作为转盘,再单击右下角的按钮,会弹出是否发送更新提示的弹窗,如图 11-81 所示。

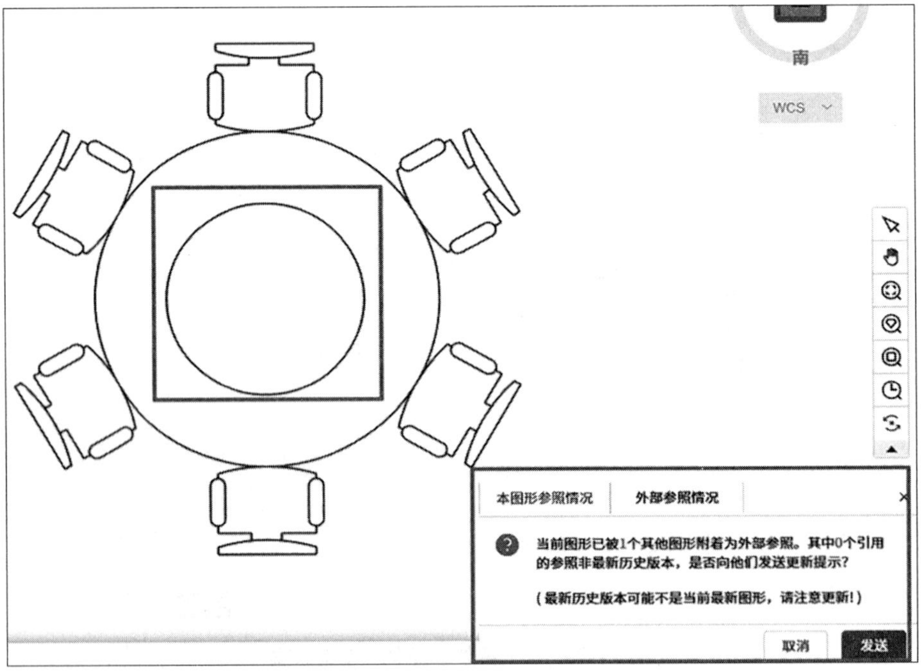

图 11-81　外部参照图形变更发送页面

(5)单击【发送】按钮,再将当前图形切换到图形“外部参照 - 平面图 .dwg”中,此时会发现屏幕右下角的状态栏托盘中出现一个弹窗,告诉用户“外部参照‘外部参照 - 餐桌图 .dwg’已更改,是否需要重新载入”,如图 11-82 所示。

图 11-82　外部参照更新重新载入页面

（6）单击弹窗中的【确定】按钮，“外部参照 - 平面图 .dwg”会更新插入的外部参照“外部参照 - 餐桌图 .dwg”，如图 11-83 所示，可以看到在餐桌设计图中增加的餐桌转盘已反映到了总图中，并且被标记为了蓝色，反之被移除的部分则会被标记为黄色，这使得设计师 A 可以清楚地知道设计师 B 在“外部参照 - 餐桌图 .dwg”中都做了哪些改动。最后单击上方的【保存重载内容并退出比对模式】即可完成外部参照图纸的更新。

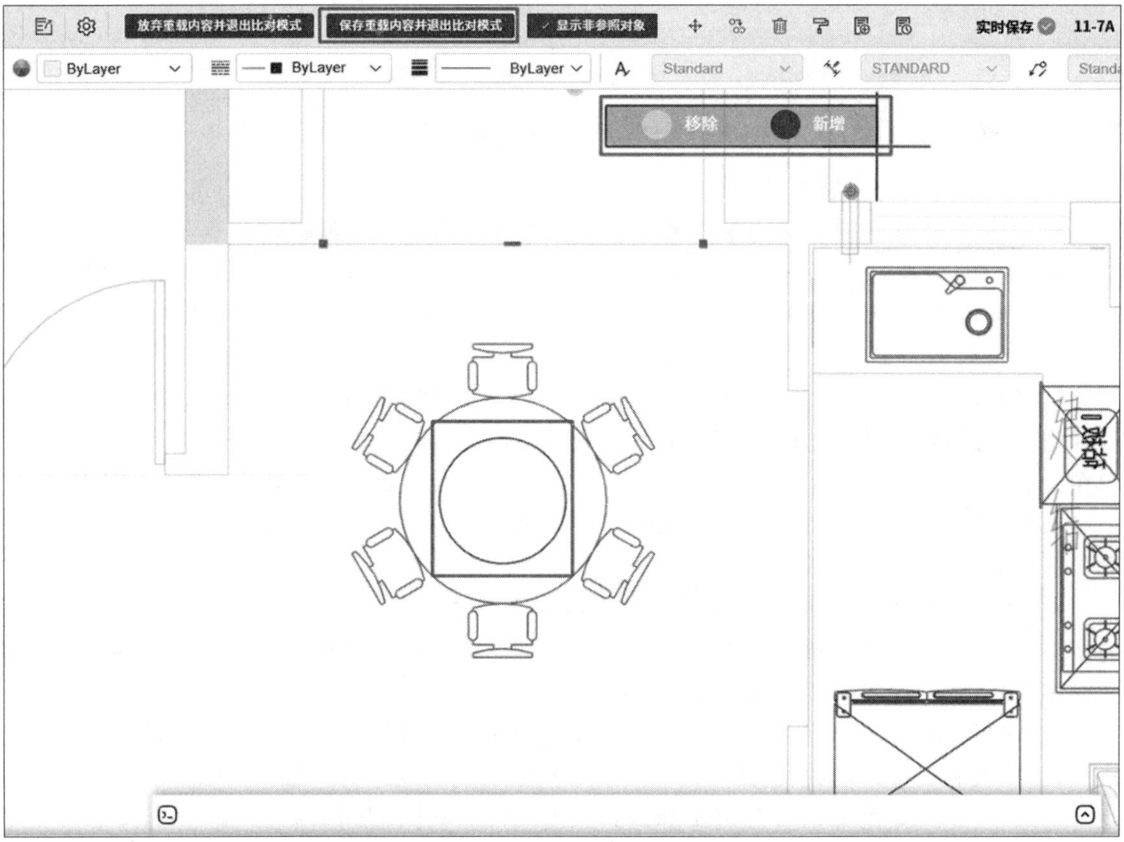

图 11-83　外部参照更新后页面

11.3.2.3　外部参照的管理

卡伦特 CAD 的外部参照使用【外部参照】选项板进行管理，如图 11-84 所示，该选项板的激活方法及附着功能使用方法同本章 11.3.2.1 节。在参照的文件名上右击鼠标，弹出【外部参照】快捷菜单，如图 11-85 所示。

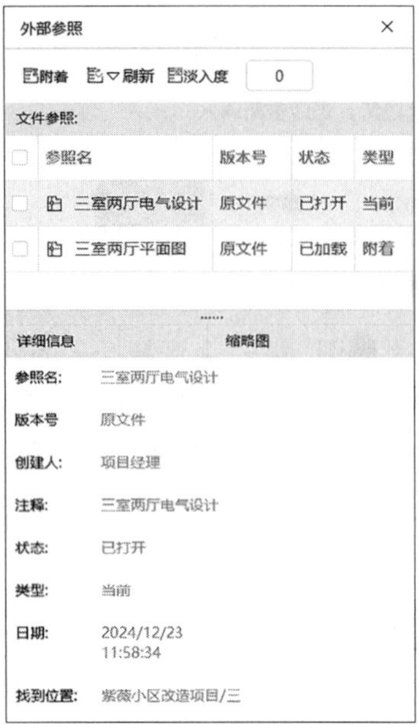

图 11-84 【外部参照】管理页面

图 11-85 【外部参照】快捷菜单

快捷菜单选项功能如下：

- “打开”选项：用于在新建窗口中打开选定的外部参照进行编辑。
- “附着”选项：附着的作用和复制参照是一样的，选择“附着”选项将直接在绘图区域复制一份该外部参照，绘图区域输入或者单击插入点，插入该参照，但引用的是同一份参照，所以文件参照列表不变。
- “卸载”选项：用于卸载一个或多个外部参照。已卸载的外部参照可以很方便地重新加载。与拆离不同，卸载不是永久地删除外部参照，它仅仅是绘图区域不显示，但外部参照的定义依旧存在，设计有需要时可以通过【重载】快速重新生成，这有助于提高当前应用程序的工作效率。
- “重载”选项：在一个或多个已卸载的外部参照上选择“重载”选项，参照选项将重新读取并显示最新的图形版本。
- “拆离”选项：用于从图形中拆离一个或多个外部参照，从定义表中清除指定外部参照的所有实例，并将该外部参照定义标记为删除。“拆离”选项只能拆离直接附着或覆盖到当前图形中的外部参照，不能拆离嵌套的外部参照。
- “绑定”选项：用于使选定的外部参照及其依赖的命名对象（如块、文字样式、注样式、表格样式、图层和线型）成为当前图形的一部分。绑定分为“绑定”和“插入”两种方式。

①绑定：将选定的外部参照定义绑定到当前图形。在【图层特性管理器】中，外部参照图层融入了当前文件，命名为“文件名 | 图层名”；当前文件的块定义中增加了名为外部参照“文件名”的块定义，如果此外部参照有多层嵌套或有引用块，则块定义中相应增加了名为“文件名 0 块名”的块定义。

②插入：直接将文件作为块插入进来，在【图层特性管理器】中看不到源文件的痕迹，参照文件的图层完全融入了当前文件，当前文件增加了名为“文件名”的块定义，如果此外部参照有多层嵌套，则块定义中相应增加了嵌套参照“文件名”的块名，以及引用块的块名。

- “类型”选项：包括“附着”和“覆盖”两种类型，参见本章 11.3.2.1 节的内容。

图 11-86　外部参照版本检查结果提示

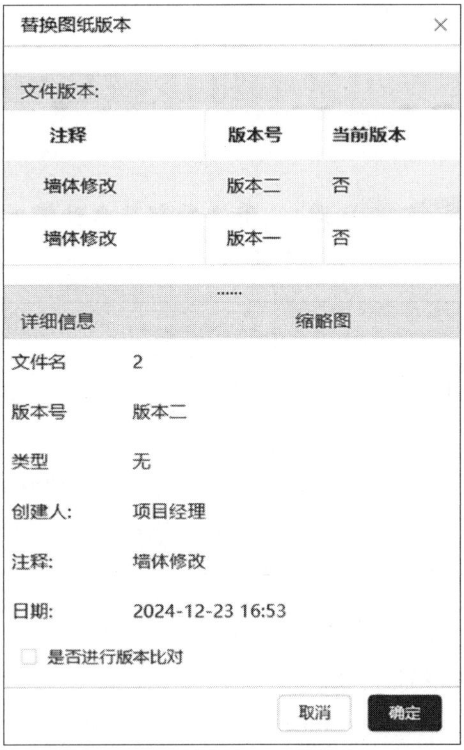

图 11-87　替换图纸版本页面

- “隐藏”选项：打勾该选项，绘图区域引用的外部参照图形将不可见。
- “更新为最新图纸版本”选项：当外部参照引用的图纸存在多个版本时才会显示该选项。如果系统存在该选项，单击该选项，系统将检查当前外部参照是否最新版本，如果是最新版本，将弹出提示，如图 11-86 所示，如该参照图纸不是最新版本，则会重新加载为最新版本的图纸。
- “替换为其他历史版本”选项：单击该选项，弹出“更换图纸版本”面板，选择具体版本，单击【确定】按钮，系统加载该版本进行更换；系统提供“是否进行版本比对”功能，设计师可以先与当前版本进行比对后再进行更换，如图 11-87 所示。

11.3.3　协同批注

为了确保 CAD 图纸设计的一致性和准确性，图纸在绘制过程中或者完成绘制后，往往需要组织多个设计、校审人员共同对图纸进行审核、标注、解释和沟通。基于传统桌面端 CAD 软件，缺少多人在线实时协同能力，只能通过线下会议、线下纸质版或电子版审核方式进行，协作效率低下；而卡伦特 CAD 的云端协同批注功能，允许跨区域多用户同时对同一张图纸进行审核、标注、解释和沟通，帮助用户提高设计效率和准确性。

卡伦特 CAD 协同批注功能基于云计算、协同技术、数据安全技术，内置即时通讯功能，支持文本、语音、图片等多种沟通方式，让设计师能够随时随地进行交流。同时，即时编辑功能允许用户在图纸上直接进行修改，所有更改均会实时同步至云端，确保团队成员都能看到最新的设计成果。

此操作示范，请参阅数字资源 11-4。

数字资源 11-4

11.3.3.1　协同批注的命令

使用协同批注时，首先需要将图纸进行授权或分享，让参与协同批注的用户都能通过卡伦特 CAD 访问到该图纸，然后在系统上打开该图纸。

激活协同批注的方法如下：

- 功能区：单击添加批注按钮，如图 11-88 所示。
- 命令行：TJPZ↙。

激活添加批注，如图 11-88 所示。在绘图区右边出现一个批注面板，面板中上部是批注展示区域，面板底部是全局批注添加区。在绘图区域的图纸上单击要添加批注的地方会出现输入批注的面板。系统支持文字批注、语音批注和图片批注 3 种。

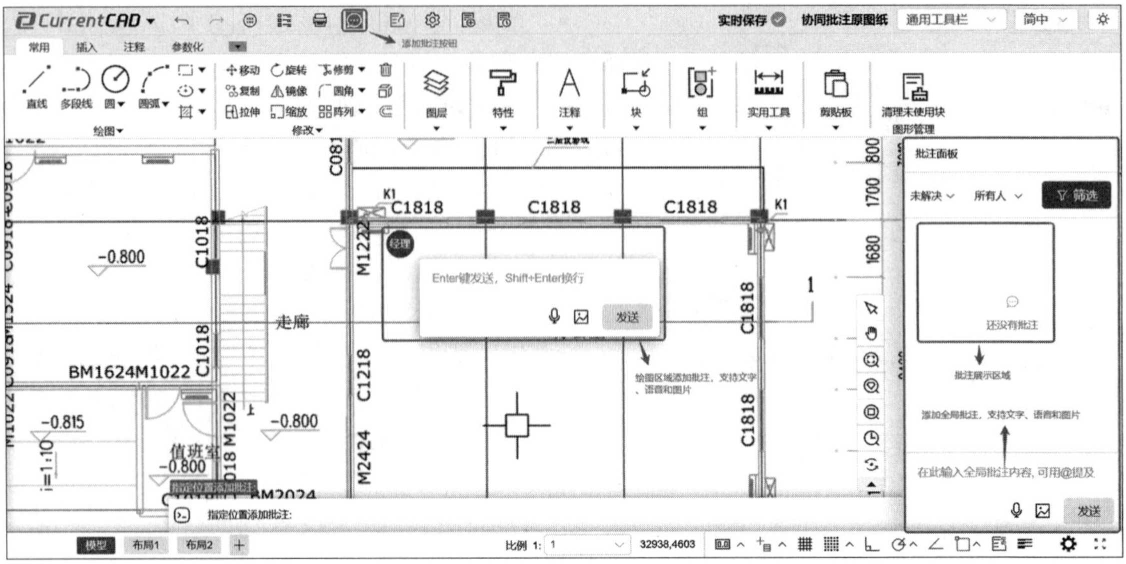

图 11-88　添加批注

批注展示区域提供批注类型、批注解决状态、外部批注、批注用户、批注时间等多种筛选条件，方便对批注进行筛选展示，分别如图 11-89、图 11-90 和图 11-91 所示。

图 11-89　根据类型筛选

图 11-90　外部批注筛选

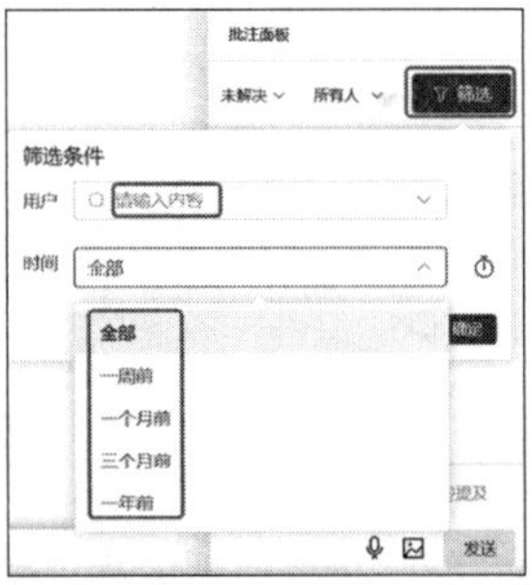

图 11-91　根据时间筛选

批注右侧默认有删除、回复与是否已解决 3 个操作按钮。

- 批注是当前用户发起，且批注状态是未解决（图标浅灰色为未解决），则该条批注删除、回复与是否已解决 3 个按钮都可见，如图 11-92 标 1 框所示。
- 批注是发给当前用户，且批注状态是未解决，则该条批注只能看到回复按钮，用户直接单击回复按钮即可输入回复批注，如图 11-92 标 2 框所示。
- 批注是当前用户发起，且批注状态是已解决（图标绿色为已解决），则该条批注只能看到已解决按钮，批注置灰，所有人只能查看，如图 11-92 标 3 框选所示。

图 11-92　批注操作按钮

11.3.3.2　协同批注的使用

下面通过一个实例介绍如何使用协同批注，本书配套素材中练习文件“协同批注图纸 .dwg”。

这是一套办公楼平面图，该图纸初稿为设计师 A 设计，需要组织设计师 B 和设计师 C 三个人一起对该图纸进行审核及修改。其中设计师 A 和设计师 B 都拥有系统账号，设计师 A 通过图纸授权方式给设计师 B 开通权限；设计师 C 为外部人员，但通过外网能访问到卡伦特 CAD 系统，设计师 A 通过图纸对外分享方式给设计师 C 开通权限。该练习的具体操作步骤如下：

(1) 新建项目，上传本书配套素材中练习文件“协同批注图纸 .dwg”，将该文件授权给设计师 A 和设计师 B 编辑权限。

(2) 选择按照本章 11.2.2 节所列的操作步骤，对设计师 B 授予编辑者权限，如图 11-93 所示。

(3) 选择按照本章 11.2.3 节所列的操作步骤，对图纸生成对外分享信息，并发给设计师 C，如图 11-94 所示。

图 11-93　给设计师 B 授权

图 11-94　图纸生成对外分享

(4) 设计师 A、设计师 B、设计 C 同时打开图纸“协同批注图纸 .dwg”，3 个设计师按照本章 11.3.2.1 节的操作方式在图纸上通过批注的方式进行沟通、图纸修改及确认，如图 11-95 所示。

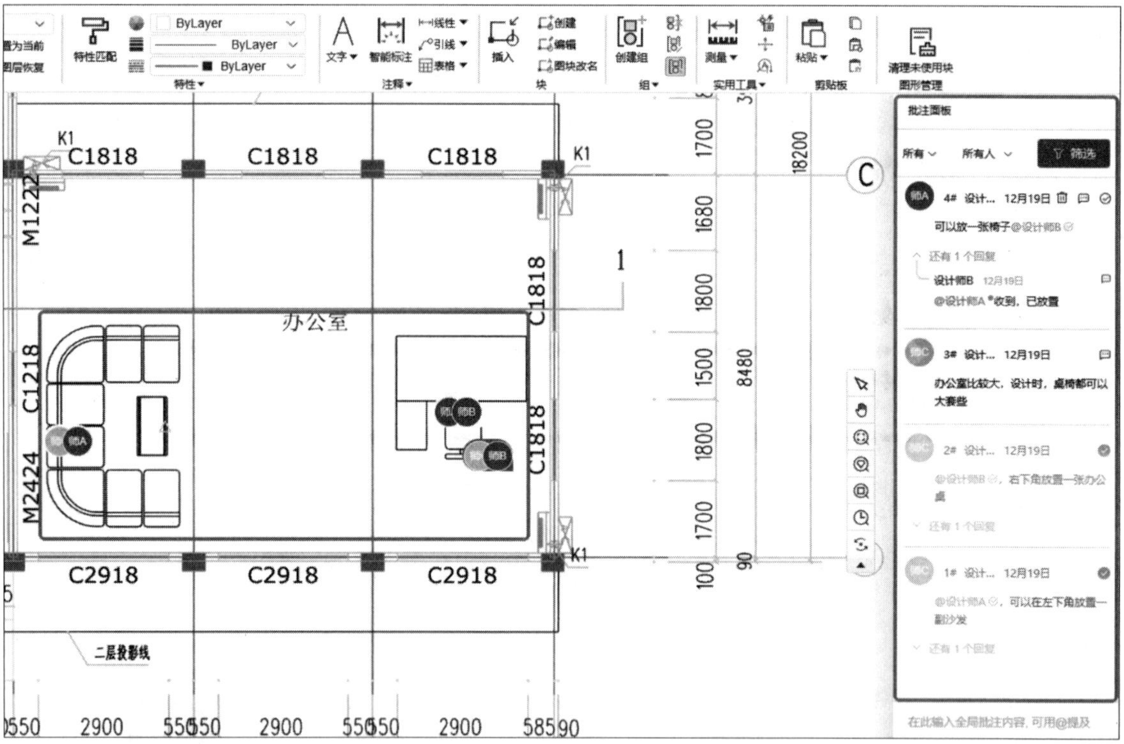

图 11-95　协同批注

具体批注步骤如下：

①由设计师 C 在图纸办公室的左下角位置向设计师发起批注“@ 设计师 A，可以在左下角放置一副沙发”。

②设计师 C 在办公室的右下角位置向设计师 B 发起批注“@ 设计师 B,右下角放置一张办公桌”。

③设计师 C 通过全局批注方式发起批注“办公室比较大,设计时,桌椅都可以大套些”。

④设计师 A 和设计师 B 实时收到设计师 C 发起的批注,完成图纸修改后,通过单击批注右侧的回复,批注回复设计师 C。

⑤设计师 A 实时看到设计师 B 放置的办公桌,发现缺少一张椅子,及时在图纸相应位置处向设计师 B 发起批注“可以放一张椅子 @ 设计师 B”。

⑥设计师 B 实时看到设计师 A 发出的批注,直接在图纸上添加椅子,并在批注上单击回复设计师“收到,已放置”。

⑦图纸的修改实时同步,设计师 A、设计师 C 收到其他设计师回复的批注,第一时间审核图纸上的修改,符合预期,直接单击批注右侧的未解决按钮,将批注设置为已解决。

本章练习

1. 图层管理

创建一个包含多个图层的二维建筑平面图,并按照以下要求进行设置:

第 11 章练习文件

(1)图层名称　创建至少 5 个图层,分别命名为“墙体”“门窗”“家具”“电气”和“注释”。

(2)颜色　为每个图层指定不同的颜色(例如,墙体为红色,门窗为蓝色,家具为绿色,电气为黄色,注释为黑色)。

(3)线型　为“墙体”图层设置实线,为“门窗”图层设置虚线,为“家具”图层设置点划线,为“电气”图层设置双点划线,为“注释”图层设置实线。

(4)线宽　为“墙体”图层设置 0.7 mm 线宽,为“门窗”图层设置 0.35 mm 线宽,为“家具”图层设置 0.25 mm 线宽,为“电气”图层设置 0.18 mm 线宽,为“注释”图层设置默认线宽。

(5)锁定与冻结　将“墙体”图层锁定,将“电气”图层冻结。

2. 图框设置

创建一个符合国家标准的 A3 图纸图框,并添加标题栏。

(1)图框尺寸　根据 A3 图纸的标准尺寸(420 mm × 297 mm),绘制一个完整的图框,包括边框和装订边。

①标题栏:在图框的右下角添加一个标准的标题栏,包含以下信息:

②项目名称:自定义项目名称。

③图纸编号:自定义图纸编号。

④比例尺:1∶100。

⑤制图人:您的姓名。

⑥审核人:自定义审核人姓名。

⑦日期:当前日期。

⑧备注:自定义备注信息。

(2)对齐与布局　确保标题栏中的文字和线条对齐整齐,布局合理,符合国家标准。

3. 字体设置

在一个二维机械零件图中，使用标准化的字体设置注释和尺寸标注。

(1) 字体选择　使用 ISOCPEUR 字体，并确保所有注释和尺寸标注均使用该字体。

(2) 字体大小　将注释文本的字体大小设置为 3.5 mm，尺寸标注的字体大小设置为 2.5 mm。

(3) 注释内容　在图纸上添加必要的注释，说明零件的关键特征（如材料、表面处理、热处理等）。

(4) 尺寸标注　为零件的主要尺寸进行标注，确保标注清晰、准确，符合国家标准。

4. 打印样式表设置

创建一个自定义的打印样式表（CTB 文件），并将其应用于一个复杂的二维建筑平面图。

(1) 打印样式表创建　根据项目的具体需求，创建一个新的 CTB 文件，定义不同图层的颜色、线型和线宽在打印时的表现。

(2) 墙体　打印为黑色，实线，线宽 0.5 mm。

(3) 门窗　打印为灰色，虚线，线宽 0.3 mm。

(4) 家具　打印为浅灰色，点划线，线宽 0.2 mm。

(5) 电气　打印为黑色，双点划线，线宽 0.15 mm。

(6) 注释　打印为黑色，实线，线宽默认。

(7) 应用打印样式表　将创建的 CTB 文件应用到当前图纸，并预览打印效果，确保各图层的打印表现符合预期。

(8) 打印输出　将图纸以 PDF 格式导出，检查输出文件的打印效果是否符合要求。

5. 协同设计

组成 4 个人的项目团队，其中项目经理 1 名、设计师 3 名，项目组围绕练习文件“三室两厅平面图 .dwg”“双人床 .dwg”“四人餐桌 .dwg”“沙发 .dwg”4 张图纸进行协同设计，共同完成对图纸上厅、房间的桌椅、床等的摆放设计。具体分工为项目经理负责设计图纸的管理、整体协调、设计图纸审核；设计师 A 负责房间设计，参与图纸审核；设计师 B 负责客厅和餐厅的设计，参与图纸审核；设计师 C 负责床、桌子的设计。

(1) 项目经理创建项目，上传图纸，配置权限。

(2) 项目经理通过协同批注功能进行设计安排。

(3) 设计师 A 和设计师 B 引用设计师 C 设计的床、桌椅作为外部参照。

(4) 设计师C的设计变更后，通过外部参照发送更新通知，设计师A和设计师B进行同步更新。

(5) 设计师 A 和设计师 B 按照项目经理的安排进行并行设计，完成后通过协同批注功能通知项目经理。

(6) 项目经理组织项目组通过协同批注功能进行图纸审核。

(7) 图纸审核通过后，由设计师 A 执行外部参照的绑定命令，将外部参照图纸融合到当前图纸。

参考文献

[1]刘朝儒,吴志军,高政一,等.机械制图[M].5版.北京:高等教育出版社,2007.

[2]程绪琦,王建华,张文杰,等.AutoCAD 2020中文版标准教程[M].北京:电子工业出版社,2020.

[3]杨谆,杨水成,雷光明.土木工程制图[M].3版.北京:科学出版社,2022.

[4]杨谆.土木与建筑类CAD技能一级(二维计算机绘图)AutoCAD培训教程[M].北京:清华大学出版社,2010.

[5]张建平,杨谆.土木与建筑类CAD技能等级考试试题集[M].北京:清华大学出版社,2015.

[6]张建平,胡振中,杨谆.全国BIM技能等级考试试题集[M].北京:清华大学出版社,2019.

[7]孙铁红.AutoCAD2017计算机辅助设计教程[M].北京:北京理工大学出版社,2018.

[8]何煜琛,习宗德,沈丹.三维CAD习题集[M].北京:清华大学出版社,2010.

[9]李巍,李爱军.机械制图——AutoCAD[M].3版.北京:北京邮电大学出版社,2019.

[10]管殿柱.计算机绘图(AutoCAD 2022版)[M].北京:机械工业出版社,2023.

[11]国家技术监督局.技术制图　字体:GB/T 14691—1993[S].